Dédicace

Je dédie ce livre avec amour et

confiance à mes enfants:

François, Marjolaine, Mathieu et

Joffré et à mes petits-enfants.

Puisse le travail être pour toi un

moyen de t'accomplir dans l'humanité,

et non toi, un moyen d'exécuter

du travail dans la fonctionnalité.

Remerciements

Merci Denise, sans tes compétences exceptionnelles en matières linguistiques, sans ton encouragement dans les moments les plus difficiles, sans ta patience et, surtout sans ton amour, ce livre n'aurait jamais pu voir le jour.

Merci François de m'avoir poussé dans le dos au moment où je ne trouvais pas les convictions et l'énergie nécessaire pour entreprendre le monumental travail qu'exige l'écriture d'un livre, merci de m'avoir soutenu par ton aide professionnelle et par ta générosité à me trouver de l'aide au-delà de mes compétences. Sans toi, ce livre, s'il avait vu le jour, mériterait-il d'être publié?

Merci à mes amis qui ont bien voulu lire et relire des chapitres et des parties du livre, vous vous reconnaîtrez dans certaines orientations déterminantes de celui-ci et dans une foule de petits détails subtils mais si significatifs qu'ils font parfois la différence entre un travail ordinaire et une œuvre de professionnel.

Merci aussi à ceux qui ne sauront jamais qu'ils ont permis un prolongement du travail de pionnier qu'ils ont réalisé par engagement personnel et par amour pour la vérité scientifique.

Merci à tous les militants de la santé et de la sécurité du travail qui ont œuvré pendant des décennies à promouvoir et sauvegarder ces valeurs toujours vitales mais toujours menacées que sont la vie, la santé, la sécurité et la vitalité des travailleuses et des travailleurs.

Mes derniers remerciements mais non les moins ressentis vont au Comité paritaire pour la formation professionnelle et le perfectionnement de l'Université de Montréal, pour m'avoir accordé, en tant que chargé de cours, une aide financière qui m'a aidé à réaliser certaines recherches qu'exigeait l'écriture de ce livre.

LA SST:
UN SYSTÈME DÉTOURNÉ DE SA MISSION

Un état de la question des lésions professionnelles

ESSAI

Par

Florian Ouellet

Septembre 2003

Édition produite par:

Le groupe de communication Sansectra Inc.
Case postale 1089, Napierville (Qc) J0J 1L0
http ://www.travailetsante.net

et

Impact, Une division des éditions Héritage Inc.,
300 rue Arran, Saint-Lambert (Qc) J4R 1K5

Catalogage avant publication
de la Bibliothèque nationale du Canada
Ouellet, Florian
La SST : un système détourné de sa mission

(Collection Travail et santé)
Publié en collaboration avec Impact,
Une Division des Éditions Héritage

1. Hygiène industrielle.
2. Sécurité du travail.
3. Maladies professionnelles.
4. Travail-Accidents.
5. Cindyniques.
6. Hygiène industrielle-Québec (Province).
I. Groupe de communication Sansectra. II. Titre

HD7261.093 2003 363.72'95 C2003-941475-2

Tous droits réservés
© Le groupe de communication Sansectra Inc. et
Impact, une Division des Éditions Héritage Inc.

Il est illégal de reproduire une partie quelconque de ce livre sans l'autorisation de la maison d'édition. La reproduction de cette publication, par n'importe quel procédé, sera considérée comme une violation du copyright.

Dépôt légal : 3ième trimestre 2003
Bibliothèque nationale du Québec
Bibliothèque nationale du Canada
ISBN 2-9804804-4-4

Édition produite par :
ÉDITION PRODUITE PAR:
LE GROUPE DE COMMUNICATION SANSECTRA INC.
CASE POSTALE 1089, NAPIERVILLE
QUÉBEC, CANADA J0J 1L0
HTTP://WWW.TRAVAILETSANTE.NET
et
IMPACT
UNE DIVISION DES ÉDITIONS HÉRITAGE INC.
300, RUE ARRAN, SAINT LAMBERT
QUÉBEC, CANADA J4R 1K5

Coordonnateur du projet : ROBERT RICHARDS
Assistantes à la coordination : HUGUETTE BEAUCHAMP RICHARDS ET MARGUERITE PAYETTE
Révision du manuscrit : JOANNE HÉNAULT
Graphisme et page couverture : NANCY JACQUES, CHRISTIANE SAMSON
Photos page couverture : DANIEL DENEAULT

Avant-propos

Après trente années de recherches, de réflexions et d'interventions en éducation des adultes, ce livre est pour moi l'occasion de marquer le temps. Il s'agit à la fois d'un aboutissement et d'un commencement. L'aboutissement d'une carrière entièrement consacrée au développement d'une vision englobante de la santé et de la sécurité du travail ; le commencement d'une carrière de communicateur et d'animateur.

Écrire un livre par lequel on pense pouvoir livrer l'essentiel de ce que l'expérience, les échanges et la réflexion nous ont appris, c'est à la fois un immense bonheur et une grave obligation. Écrire un livre lorsqu'on est à la fois exigeant et généraliste dans un monde de spécialistes, c'est tout sauf la facilité. De tout ce que j'aurai réalisé durant ma vie professionnelle, cela fut de loin le plus difficile, ce qui m'a demandé le plus de force, le plus de courage, et Dieu sait combien j'en ai manqué à l'occasion.

Lorsque j'ai voulu tout balancer, oublier ce vieux rêve, le livre venait me hanter. Le jour, étant trop absorbé par le besoin d'écrire, de transmettre certaines convictions, trop distrait, je devenais désagréable pour les autres et dangereux pour moi-même. La nuit, il venait me réveiller, ce qui n'aidait en rien. Si je tenais à ma santé et à ma sécurité et, par ricochet à celle de mon entourage, je n'avais plus le choix d'y mettre l'effort long et intense que cela exige. Espérons que le résultat est digne du travail qu'il a exigé.

Étant généraliste en matière de santé et de sécurité du travail, je ne puis prétendre bien connaître une seule des nombreuses disciplines scientifiques s'y intéressant. Je ne puis non plus me référer à une pratique de terrain autre que celle de ma propre expérience de travailleur manuel et, pour la majeure partie du temps, de travailleur intellectuel en milieu universitaire. Mais un généraliste, nous disent les philosophes de la gestion, c'est une sorte de spécialiste du général et, par surcroît, cela est à la fois rare et précieux.

Le propre du généraliste est de tirer le meilleur de ce que les spécialistes ont à offrir en le situant dans une perspective globale. Mais encore faut-il pouvoir compter sur des bases épistémologiques adéquates pour le faire. C'est ce que me procure cette nouvelle discipline que, dans cet avant-propos, nous appellerons « science du danger ». Il demeure toutefois une tendance naturelle chez moi, on me pardonnera, c'est de faire parler les auteurs en ne me réservant que le rôle d'animateur, de celui qui, après avoir écouté les auteurs comme on écoute les avis des spécialistes réunis autour d'une table ronde, tire les leçons et les conclusions d'ensemble qui s'imposent. C'est un peu ce que prétend faire ce livre, un livre comme un moyen de marquer le temps.

Préface

Qu'un de nos concitoyens réussisse à faire la démonstration de l'état de situation relatif à la prévention des accidents du travail et des maladies professionnelles, dans les nombreux aspects de la qualité de vie au travail, voilà un défi brillamment relevé par un universitaire et chercheur à la retraite, qui a consacré sa vie professionnelle au vécu des éléments les plus actifs de la société, les travailleurs et travailleuses.

L'activité humaine du travail comporte des aspects de sécurité et de santé sous l'angle desquels il est de plus en plus envisagé par ceux qui accordent priorité aux valeurs humaines de cette activité. L'auteur fait une sérieuse analyse du régime juridique de la prévention des maladies professionnelles et des accidents du travail. Il va cependant beaucoup plus profondément dans la problématique en y analysant et en y donnant sa conclusion sur la portée socio-économique de la question.

L'auteur procède à un large horizon des questionnements, se référant à l'évolution antérieure, citant des exemples de catastrophes universelles contemporaines, rappelant à notre souvenir des mésaventures d'importance majeure au Québec, faisant état des études les plus récentes d'experts internationaux et en illustrant par un raisonnement justifié l'erreur sociale de l'institution dont l'objectif premier est précisément la prévention (la C.S.S.T.).

Il s'ensuit que c'est non seulement les liens salariés-employeurs qui sont à la base des obligations de santé et de sécurité du travail, mais aussi les niveaux supérieurs de la responsabilité publique, l'État et ses institutions idoines, et les organismes de recherche.

Monsieur Ouellet a donc pris avec hardiesse une initiative originale. Il présente à la société québécoise une œuvre jusqu'ici inédite sous l'angle du danger, à la base d'une nouvelle discipline scientifique : la *cindynique*, méthode de recherche et d'analyse qu'il estime essentielle à la réalisation de l'*ergocindynique*, néologisme signifiant la science du danger appliquée au travail.

Ayant eu la responsabilité de présider trois commissions d'enquête sur la santé et la sécurité du travail, dont le Comité d'études sur la salubrité dans l'industrie de l'amiante et la Commission d'enquête sur la tragédie de la mine Belmoral et les conditions de sécurité dans les mines souterraines, j'ai participé à la recommandation d'une CSST et donc à la réforme des mesures de prévention et des normes de sécurité dans les mines et dans les établissements industriels.

Le Comité d'études, dans son rapport préliminaire en 1976 (page 380) projetait d'ailleurs le principe opérationnel suivant : « En pratique, le travailleur ne doit plus se rendre au travail et en revenir avec l'idée que son gagne-pain l'expose inévitablement à la maladie ou à l'insécurité physique ; au contraire, il doit pouvoir exercer son métier avec l'assurance que sa santé lui est assurée».

Or, les progrès vertigineux des nouvelles technologies favorisent l'automatisation de la chaîne de montage, l'exigence des tâches répétitives et le procédé des gestes chronométrés à l'usage desquels des masses de salariés sont assignés. Ces transformations de l'aire de travail engendrent de nouvelles formes d'insécurité physique et de nouvelles circonstances favorables aux maladies professionnelles.

Par ailleurs, le recours en évolution de la sous-traitance dans les entreprises, occasionne un certain laxisme dans les interventions de prévention, davantage cependant dans les recours intérimaires et précaires.

Les constats et conclusions de l'auteur portent, à regret, à réaliser que l'objectif premier de la CSST a été écarté de la voie novatrice du début. Il y aurait alors avantage pour la santé et la sécurité des travailleurs et travailleuses de réformer les orientations et les pratiques de prévention de la CSST, inspirée par la réflexion suivante, si nécessaire: «Paradoxalement, il n'y a que dans l'évolution, la réforme et le changement que l'on peut trouver la sécurité». (A.M. Lindberg, la Sagesse du millenium, p. 11).

Assurément, l'auteur a particulièrement réussi à «marquer le temps» dans son sixième chapitre sur l'explosion des problèmes de santé mentale: le stress, l'épuisement professionnel et la détresse psychologique devenus réalités quotidiennes conséquentes à l'idéologie de la performance.

L'ouvrage de Monsieur Ouellet trouvera son utilité à toutes personnes, généralistes ou spécialistes, qui œuvrent dans le domaine de la santé et la sécurité du travail. Il alimentera la réflexion, la compréhension et la mise en œuvre d'une *cindynique* réaliste, vérifiable scientifiquement et prometteuse de bien-être dans le milieu de travail.

Dans sa conclusion, l'auteur estime que la mise en œuvre de la recherche scientifique doit déborder le cadre des enjeux locaux afin de penser et prévoir des solutions de type systémique et global à l'échelle mondiale. L'objectif est de taille, le projet de le réaliser est plus que légitime eu égard au développement des sciences du danger.

René Beaudry
Juge en chef-adjoint
retraité du Tribunal du travail

Penser globalement,
agir localement
(René Dubos)

Introduction

Pourquoi ce livre ? Pour combler un vide, une absence, un manque dans les moyens dont nous disposons pour comprendre la réalité complexe des accidents du travail, des malaises, des maladies professionnelles et de façon générale, la morbidité inhérente à l'activité de travail dans la société actuelle. Ce manque, c'est une vision large et une compréhension systémique de la problématique des lésions professionnelles.

Au cours des dernières décennies, des spécialistes d'horizons variés ont développé une nouvelle discipline scientifique appelée *cindynique* ou *science du danger* pour tâcher d'appréhender les risques de catastrophes technologiques majeures. Le corpus de connaissances structurées par les spécialistes des *cindyniques* pouvant, de l'avis de ses concepteurs, s'appliquer au danger inhérent à l'activité de travail, le néologisme *ergocindynique* est proposé pour nommer et circonscrire cette démarche scientifique originale.

Sur la base de trente années d'expériences relativement variées dans le domaine de la santé et de la sécurité du travail (SST), l'auteur de cet essai constate un certain nombre de faits qui dans l'ensemble sont assez troublants. Ce constat l'amène à formuler une critique qui se veut des plus constructives pour améliorer notre façon de voir, de penser et d'agir en SST. Il procède ensuite à une analyse systémique du régime d'indemnisation des lésions professionnelles à partir d'une hypothèse lourde de conséquences concernant l'imputabilité des lésions professionnelles.

Des constats

Une absence de conviction: Le premier constat concerne l'absence, chez les intervenants en SST de toutes les instances, de convictions profondes quant à la possibilité et la nécessité même de créer un milieu de travail sain et sécuritaire. Le bien-fondé des lois édictées sur la base des valeurs, pourtant universellement admises que sont la vie, la santé et la sécurité du travail, pour sauvegarder l'intégrité des travailleuses et des travailleurs m'apparaît ni parfaitement compris, ni généralement admis. L'écart entre ces valeurs et la réalité des conditions de travail me fait croire que nous n'avons pas la conviction qu'il est humainement, socialement et économiquement impératif de prendre tous les moyens connus et disponibles pour faire du travail une activité saine et sécuritaire, d'éliminer les lésions professionnelles ou, du moins, de les réduire à celles qui ne représentent pas un drame pour celles et ceux qui les vivent.

La question est fondamentale : sommes-nous convaincus qu'il est possible et souhaitable de considérer l'activité de travail, une activité pour le moins centrale et déterminante de l'accomplissement de soi, un opérateur de santé et de vitalité, tant au plan physique que psychique ? Ne préfère-t-on pas croire que le travail est une activité usante et vidante que l'on fait au maximum de ses capacités jusqu'à s'épuiser, jusqu'à se brûler ?

Il suffit pourtant de suivre les grandes lignes de l'histoire de la SST pour réaliser la place impérative et déterminante de l'engagement en faveur de ces valeurs dans le développement de la culture, du cadre légal et des moyens techniques et professionnels de prévenir les lésions professionnelles. Toute amélioration profonde et durable des conditions de travail, notamment des conditions de santé et de sécurité de travail, est le résultat de luttes acharnées et parfois violentes en faveur d'un degré toujours plus élevé de civilisation.

Un manque de profondeur et d'envergure dans l'analyse des accidents du travail: Les blessures graves et mortelles n'ont pas été éliminées de l'activité de travail, au contraire, la complexité des systèmes de production et la vulnérabilité qui en est la contrepartie engendrent de nouveaux dangers pour la sûreté des équipements et la sécurité des personnes.

Cependant, le mode d'analyse des facteurs qui contribuent à la survenue des accidents graves est marqué, le plus souvent, par la seule recherche d'un responsable aux fins de l'indemnisation ou par un effort d'identification d'éléments techniques ou opératoires proches de l'exécutant, de l'opérateur.

Il est très rare en effet que les enquêtes des inspecteurs de la Commission de la santé et de la sécurité du travail (CSST) ou celles des entreprises mettent en cause l'organisation du travail, les modèles de gestion, la conception des équipements et la psychologie des dirigeants des organisations concernées. Pour ce faire, il faut généralement des accidents très graves, des accidents comportant plusieurs décès, des catastrophes en quelque sorte. Le cas de l'effondrement du toit de la mine Belmoral à Val d'Or, le 20 mai 1980, en est un bel exemple. Le rapport d'enquête est explicite et remonte jusqu'aux causes systémiques de l'événement(1).

Les facteurs expliquant la survenue des maladies professionnelles sont complexes alors que les critères de reconnaissance de ces lésions sont simples: Le modèle de gestion sociale de la problématique des lésions professionnelles date d'un siècle. Il a été conçu pour atténuer et corriger, dans une certaine mesure, les conséquences néfastes de l'industrialisation sur la santé et l'intégrité *physique* des travailleurs et des travailleuses de l'époque.

De la révolution industrielle, nous sommes passés, au cours du XXe siècle, à la révolution cybernétique. Au cours de cette période, le travail et les conditions de travail se sont radicalement transformés alors que le régime de protection légale n'a subi que des ajustements relativement superficiels.

Les procédés chimiques et les conditions physiques de travail se traduisent par une foule de maladies du travail dont la conséquence ultime est trop souvent l'absence de reconnaissance de ces maladies aux fins de l'indemnisation et la mort prématurée d'autant de travailleuses et de travailleurs.

Les personnes aux prises avec des problèmes de santé mentale sont laissées à elles-mêmes: Depuis déjà une décennie, le Bureau international du travail (BIT) nous informe sur l'existence d'un problème typique de la fin du XXe siècle, il s'agit des désordres relatifs à la santé mentale devenus chose courante : le stress, la détresse, la dépression et le burnout, si bien que le BIT en fait le plus grave problème de santé du travail de l'heure en Occident.

Face à cette problématique prise dans le contexte de la globalisation des marchés et de l'hégémonie économique, la culture des organisations ne sait pas non plus mettre des limites, plus préoccupée qu'elle est de voir son monde réaliser des performances olympiennes que de prendre le temps de se ressourcer pour renouveler son énergie vitale, son identité, ses désirs existentiels et son imaginaire créateur. Il est à se demander sérieusement si nous ne courons pas à la catastrophe en prenant un risque psychologique majeur.

Une vision morcelée de la SST: L'*ergocindynique* renvoie à un univers vaste et complexe dont le fonctionnement doit être compris comme celui d'un véritable système. Toutes les composantes du système évoluent en interactions, aucune ne doit être isolée des autres. Ou bien un système fonctionne en ouverture, en favorisant les interactions entre toutes les composantes et génère alors une dynamique positive ; ou bien il ne se reconnaît pas comme système mais comme un ensemble de facteurs ou d'objets morcelés, indépendants les uns des autres, et fonctionnant dans l'isolement et la fermeture, le système a alors la vilaine tendance à demeurer stagnant et même à régresser.

Le drame, c'est qu'il n'est que très rarement considéré et compris comme système. La tendance est de n'y voir qu'un ensemble de questions et d'actions isolées : l'attitude des travailleurs, l'application d'une loi, le financement du régime, le développement de la connaissance, les relations patronales syndicales, la facture des cotisations, les stratégies d'intervention, la reconnaissance du droit à l'indemnisation, la gestion de l'appareil bureaucratique, etc.

Le système n'intègre pas les acquis scientifiques du XXe siècle: Les avancées scientifiques des dernières décennies nous permettent de croire qu'il est possible et éminemment souhaitable de repenser certains de nos modèles, de revoir certaines de nos conceptions et de nos pratiques en matière de santé et de sécurité du travail.

Depuis que les travaux de Lagadec[2] nous ont alertés quant aux risques technologiques majeurs, depuis que Dejours a fondé scientifiquement la notion de charge psychique au cœur d'une nouvelle discipline qui s'est appelée psychopathologie du travail, avant de se symboliser définitivement par le terme psychodynamique du travail[3], depuis que Kervern et Rubise ont fait la démonstration de la nécessité et de la potentialité d'une approche systémique du danger en publiant « L'archipel du danger »[4], nous disposons d'un corpus scientifique applicable à l'étude du danger, qu'il soit relié aux catastrophes en général ou aux lésions professionnelles en particulier.

Avec ces nouveaux outils, nous pouvons commencer à prendre au sérieux une approche globale du danger inhérent à l'activité de travail, une approche jusque-là manquante pour comprendre le phénomène des lésions professionnelles. Ces nouvelles bases s'ajoutent à l'ergonomie, à la psychodynamique du travail, à la médecine et à l'hygiène du travail pour tenter d'appréhender le danger et la peur.

À ces acquis scientifiques s'ajoutent des éléments théoriques d'une vision renouvelée de la gestion ainsi que des préoccupations d'ordre éthique qui nous autorisent à penser que le XXIe siècle saura civiliser les excès de l'économie triomphante, de la globalisation des marchés, comme le XXe a su civiliser le capitalisme sauvage de la fin du XIXe siècle.

Une hypothèse

La non-application de plus en plus systématique du principe d'imputabilité des coûts des lésions professionnelles au détriment des travailleuses et des travailleurs: Depuis sa création, le régime québécois d'indemnisation des lésions professionnelles s'est largement limité à couvrir les lésions accidentelles alors que le développement de la production s'est fait à la faveur d'une transformation profonde des moyens physiques et technologiques de production, un processus dont l'incidence sur la santé des travailleuses et des travailleurs n'est plus à démontrer. Le cas des cancers professionnels, produit de la chimification du travail opérée en accéléré au cours du XXe siècle, constitue une bonne illustration de ce phénomène.

Autre illustration, nous assistons depuis une quinzaine d'années, au fur et à mesure que le problème des absences du travail pour cause de santé mentale devient une réalité d'envergure épidémique, à une modeste implication de la CSST dans la reconnaissance et l'indemnisation de ces affections. Cette implication n'a cependant pas de commune mesure avec celle des compagnies d'assurances qui couvrent l'immense majorité des cas.

Ces transformations n'ont pas été accompagnées de changements législatifs pour tenir compte de leur complexité. Le régime d'indemnisation date du début du siècle, à l'époque où les dangers du travail se répercutaient en blessures physiques dont l'observation relevait de l'évidence ; il demeure axé sur la nécessité de faire la preuve hors de tout doute du lien d'exclusivité entre la cause de la pathologie et sa conséquence.

Par ailleurs, la limitation de la notion d'intégrité à sa composante physique comme on l'a fait au cours du XXe siècle et comme on continue de le faire dans la loi québécoise sur la santé et la sécurité du travail, apparaît non seulement comme un anachronisme mais comme une aberration sur le plan épistémologique. Il n'y a d'intégrité qu'intégrale pensons-nous, dès lors qu'on qualifie l'intégrité d'une personne, on en limite le sens jusqu'à sa négation.

Au fur et à mesure que ces affections physiques et psychologiques se développent, on assiste donc à un transfert graduel de responsabilités en matière d'indemnisation des lésions professionnelles, de la CSST vers les compagnies d'assurances privées d'une part, vers le régime gouvernemental de santé publique d'autre part.

Cette absence d'engagement dans la reconnaissance et l'indemnisation des nouvelles affections de type totalement ou partiellement professionnel, apparaît de plus en plus comme un véritable désengagement par rapport aux obligations des entreprises à assumer leur part d'imputabilité en cette matière.

Ce processus très graduel n'est pas le fait d'un plan machiavélique, fruit des astuces malveillantes des dirigeants, mais plutôt le fait de l'inaptitude de l'institution à intégrer les nouvelles réalités. Cette inaptitude se manifeste par la fermeture du système, par l'absence d'une dynamique d'intégration des nouvelles réalités, par une sorte de sclérose administrative, fruit d'une insensibilité bureaucratique face aux nouveaux besoins au fur et à mesure de leur apparition.

En somme, ou bien les assurances privées ou le régime public prennent la relève, ou bien ce sont les personnes qui assument elles-mêmes les conséquences délétères du travail. Dans les deux cas, les citoyens payent pour un service qui normalement passe par un régime financé en totalité par les employeurs.

Le fait de dissocier ainsi les coûts des indemnités des entreprises qui sont entièrement ou partiellement responsables des lésions comporte une conséquence plus grave encore : ce divorce enlève aux entreprises le poids des incitations économiques à la prévention. En définitive ce transfert de responsabilités plus ou moins conscient, plus ou moins voulu, dessert toutes les composantes de la société, en particulier les travailleuses et les travailleurs.

Bibliographie

(1) Commission d'enquête sur la tragédie de la mine Belmoral et les conditions de sécurité dans les mines souterraines. Volume 1, rapport final sur les circonstances, les conditions préalables et les causes de la tragédie du 20 mai 1980, p. 15. Voir aussi revue Travail et santé, Vol. 16 no. 4 décembre 2000, p. 6-11

(2) Lagadec, P. (1981) La civilisation du risque. Éditions du Seuil, Paris

(3) Dejours, C. (Réédition 1993) Travail : usure mentale, nouvelle édition augmentée. De la psychopathologie à la psychodynamique du travail. Éditions Bayard, Paris

(4) Kervern, G.-Y. & Rubise, P. (1995) L'archipel du danger, Éditions Économica, Paris

Table des matières

Table des matières (suite)

Table des matières (suite)

Table des matières (suite)

Liste des tableaux

Liste des tableaux (suite)

Liste des tableaux (suite)

Liste des graphiques

Liste des graphiques (suite)

Liste des figures

PARTIE I

L'*ergocindynique* et ses fondements

Sans orientation philosophique, il ne peut y avoir de véritable politique de la SST et sans politique ancrée dans des valeurs et des principes fondamentaux, les pratiques risquent toujours de dériver au gré des intérêts à courte vue, des rapports de forces momentanés et des contingences politiques. *«Il n'y a pas de vent favorable à qui ne sait où il va»* disait Sénèque ; il n'y a pas non plus de direction évidente pour qui ne connaît l'histoire, pour qui ne sait d'où il vient.

Partant d'un effort de compréhension de l'histoire de la santé et de la sécurité du travail, d'un état de la question, des assises scientifiques de la SST, ce livre propose, à partir d'une approche systémique, de questionner l'actualisation des orientations qui sont à la base des politiques et des pratiques de santé et de sécurité du travail.

Cela fait trente ans que l'auteur de ces pages s'intéresse à la problématique des accidents du travail et des maladies professionnelles, à la protection des personnes en emploi, à la prévention des lésions professionnelles et à la leur reconnaissance par les institutions chargées d'indemniser ceux qui en sont atteints.

En 1971, le président des États-Unis, Richard Nixon, disait dans son rapport à la nation concernant l'application de la loi américaine, Occupational Safety and Health Act (OSHA), mise en application l'année précédente, que les maladies professionnelles faisaient 100 000 morts par année dans son pays, soit sept fois plus que les accidents du travail. Des recherches scientifiques réalisées au cours des années 1970 estiment en effet qu'à cette époque, aux États-Unis, le travail faisait 390 000 nouvelles maladies et provoquait la mort de 100 000 travailleuses et travailleurs[1].

Ces données provenant de sources scientifiques apparaissent en contradiction complète avec celles des diverses commissions chargées d'appliquer les lois américaines en matière de lésions professionnelles.

Dans ce monde par trop positiviste dans lequel nous vivons, ce qui n'est pas l'objet d'une certaine promotion risque fort d'être oublié, de ne pas exister. Il n'est pas rare d'entendre dire : la SST a commencé avec la Loi sur la SST en 1979. Quoi de plus faux ! Déjà dans l'antiquité, à l'époque des Grecs, les effets du plomb sur la santé humaine étaient connus par les esclaves aussi bien que par les citoyens.

Il importe donc de savoir que les acquis de la SST sont parfois fort anciens, que des lésions professionnelles sont reconnues depuis la révolution industrielle du XIXe siècle et que les travailleurs n'ont jamais cessé de se battre pour améliorer leurs conditions de travail, sinon pour empêcher qu'elles se détériorent.

À travers cette expérience historique, il importe de comprendre le sens de l'immense travail accompli par des milliers de personnes, professionnels et militants, pour actualiser les valeurs sociales profondes que sont la santé, la sécurité et la vie des travailleuses et des travailleurs. Ces fondements culturels sont indispensables à la compréhension de la SST, ils en sont une dimension aussi significative que l'histoire, les législations et la technologie.

Le dernier chapitre présente les assises scientifiques de l'*ergocindynique*. Le lecteur y découvrira d'abord l'origine de la *cindynique* à partir de l'étude des catastrophes technologiques les plus marquantes du XXe siècle. Suivront la définition du terme, une présentation des bases des connaissances acquises au cours des vingt dernières années et la logique justifiant son application à la SST, pour ainsi constituer le concept *ergocindynique*.

Bibliographie

(1) Ashford, N. A. (1976) Crisis in the Workplace, Ojal Disease and injury, MIT Press, Cambridge

«Nous sommes faits en grande partie de mémoire
et cette mémoire est faite en grande partie d'oubli»
(Borges)

«Ceux qui ne peuvent se rappeler
l'expérience sont condamnés à la répéter»
(Santayana)

Chapitre 1

La SST, de la révolution industrielle à nos jours

Introduction

Lorsqu'il s'agit de faire un effort pour comprendre une problématique sociale d'une grande envergure, comme c'est le cas du rapport au danger inhérent à l'activité de travail, la connaissance des assises historiques est si importante qu'on ne peut en faire l'économie sans risquer d'errer quant à ses fondements. N'étant pas historien, cependant, je n'ai pas la prétention d'écrire ici un des chapitres manquants de l'histoire, celui de la santé et de la sécurité du travail. En procédant à un minimum d'exploration de ce qui a marqué l'évolution de la société québécoise en cette matière, nous pourrons saisir au moins un peu du sens profond de cette évolution, en dégager des éléments de philosophie et tenter de comprendre le sens premier des politiques mises en place par les gouvernements, les institutions sociales et les entreprises.

Notre objectif est donc de sensibiliser le lecteur à la dynamique sociale qui a marqué la mise en œuvre des lois et la création des institutions chargées de les appliquer. Ce chapitre portant sur l'histoire se veut une illustration des conditions de santé et de sécurité du travail au cours de quatre périodes significatives pour le domaine: avant 1885, de 1885 à 1931, de 1931 à 1979 et de 1979 à nos jours. Pour chacune de ces périodes, nous situons le contexte social de l'époque et pour ce qui a trait à la SST, nous présentons des cas particulièrement bien documentés de façon à illustrer les conditions de vie et de travail de même que les pratiques sociales, légales et organisationnelles en cette matière. Nous analysons de façon particulièrement approfondie les fondements, la signification, les acquis et les principaux problèmes que pose la *Loi des accidents du travail* de 1931, une loi qui a profondément marqué l'histoire sociale du Québec.

Le rapport au danger, en tant que phénomène inhérent à l'activité humaine, ne date pas d'un passé récent. Nous pourrions en suivre à rebours l'évolution en remontant l'investigation jusqu'à l'origine de l'humanité. Il est facile de supposer, sans trop risquer de se tromper, par exemple, que dans le groupe humain qui a domestiqué le feu, il doit bien y avoir eu quelqu'un pour s'y brûler les doigts, soit par curiosité, soit par mégarde. La domestication du feu représente une étape dans le vaste processus de domestication de l'énergie. Qu'il s'agisse de l'énergie naturelle, animale, mécanique, électronique, etc., la domestication de ces énergies, tous en conviendront, a comporté et comporte encore un risque pour la vie, la santé et la sécurité de ceux qui actualisent ces énergies en production par l'activité de travail.

Il existe une croyance bien ancrée voulant que toute conquête humaine sur la nature, sur la matière, comporte un prix; que tout progrès comporte un risque. Refuser d'assumer ce risque serait refuser le progrès de l'humanité. C'est dans cet esprit qu'il faut comprendre les paroles prononcées par le président des États-Unis, Ronald Reagan, au lendemain de la tragédie de la navette spatiale Challenger dans son *in memoriam* aux sept astronautes morts dans cette catastrophe technologique: *«L'avenir n'est pas gratuit: l'histoire de tous les progrès humains est celle d'une lutte contre des forces supérieures»*[1]. Tous ceux qui ont étudié l'événement sont d'avis que les causes de l'explosion se trouvaient dans des forces bien inférieures à celles de la providence, des causes systémiques et techniques bien plus inhérentes à l'organisation du travail de la NASA qu'à la fatalité... Nous pourrions certainement accorder crédit à cette croyance si, dans les faits, l'enjeu était clairement le suivant: l'énergie est un moyen que l'humain prend le risque de domestiquer pour se développer en tant que fin.

Le phénomène n'est cependant ni aussi limpide ni aussi simple. L'humanité est pluraliste de par ses finalités alors que ses moyens s'inscrivent dans des problématiques qui n'excluent aucunement les rapports de force et les inégalités. Voyons comment les fins et les moyens se confondent parfois.

L'histoire récente comporte des situations parfaitement connues où, il faut bien l'admettre, on a domestiqué l'énergie humaine en tant que moyen; ce moyen étant le fruit d'une appropriation de certains humains par d'autres humains à des fins pas très humanitaires. Il n'est pas nécessaire pour s'en convaincre de faire des fouilles archéologiques ni même de consulter les anthropologues. Non, il suffit de se rappeler que l'esclavagisme a été largement présent dans la construction de ce grand pays tout neuf que sont les États-Unis d'Amérique.

Comme pour la domestication de l'énergie, il sera facile de se convaincre que toutes les formes de domination humaine comportent des risques évidents pour ceux et celles qui les subissent. Comment, en effet, peut-on être en bonne santé et se sentir en pleine sécurité tout en étant, à un degré ou à un autre, la richesse d'un autre; une richesse à la disposition d'un système, d'une entreprise, d'une personne?

Ainsi, lorsqu'on affirme que les travailleurs sont la principale richesse d'une entreprise, je me pose des questions. S'agit-il d'une richesse pour les travailleurs eux-mêmes ou d'une richesse à la disposition de quelqu'un d'autre? Il n'y aurait rien d'étonnant, me semble-t-il, à entendre un riche propriétaire américain, personnage d'un film sur l'esclavagisme des Noirs, affirmer avec déférence: les travailleurs d'origine africaine sont ma principale richesse. Nous n'en sommes heureusement plus là.

1.1 Les antécédents de la SST (avant 1885)

En Occident, la fin du XIXe siècle constitue une période historique marquée par l'accélération du processus d'industrialisation. C'est l'époque des grandes constructions: chemins de fer, canaux de navigation, grandes manufactures, fabriques industrielles, etc. Avec le développement du machinisme industriel et des premières technologies complexes de production de masse, la révolution industrielle marque un gain de productivité extraordinaire. L'industrialisation provoque également une transformation profonde dans l'organisation de la production et dans la gestion des entreprises. Ces transformations se font à la faveur d'un progrès économique remarquable.

Au plan social, l'époque marque le passage du mode de production de l'artisan à celui de l'ouvrier industriel. Le producteur artisan perd alors le contrôle de la création du produit, des méthodes de production, des conditions de son travail, de l'environnement dans lequel il travaille. Ce sont les ingénieurs et les bureaux d'études associés à la direction des entreprises qui s'approprient la partie créatrice du travail. Le travailleur industriel du début du siècle devient à la limite un simple exécutant de ce qui a été conçu, planifié et organisé par la direction de l'entreprise. Certains artisans refusent alors de se soumettre à cette nouvelle organisation du travail, ce qui conduit les entreprises à faire appel au travail des femmes et des enfants, dans des conditions d'hygiène et de sécurité invivables, avec les conséquences que nous verrons plus loin dans ce chapitre.

Sous le règne de l'artisan, la famille et la communauté d'appartenance s'occupent des blessés comme elles s'occupent généralement des autres indigents. Avec la révolution industrielle, la multiplication des accidents du travail provoque la création d'organisations humanitaires destinées à soulager les familles des victimes de lésions professionnelles graves.

L'organisation des caisses de secours mutuel: En même temps que l'artisan devenait ouvrier industriel, que l'accident prenait un caractère social, que le Code civil apparaissait de moins en moins applicable, les travailleurs et les patrons du XIXe siècle ressentent le besoin d'organiser des caisses de secours mutuel qui sont ni plus ni moins les précurseurs de l'assurance du risque professionnel.

L'organisation de ce genre de secours est à ce point vital qu'il arrive parfois qu'unions syndicales et secours mutuel se confondent. *«La ligue Allan, écrit Fernand Harvey, assure ses employés à la compagnie d'assurance Citizens moyennant une prime annuelle de 9.12$ pour une protection de dix heures par jour seulement»*[(2)].

Le système n'apparaît ni équitable ni très honnête, tant sur le plan financier qu'administratif: *«L'ouvrier, ajoute Harvey, doit débourser une prime plus élevée que la moyenne et il ne reçoit aucun document établissant son droit à une réclamation»*[(3)].

Ce sont les patrons qui insistent pour mettre en place les sociétés de secours mutuel, un genre d'assurance avant le terme. *«Le système qui prévaut à la compagnie Grand-Tronc n'est guère meilleur. L'employeur a forcé ses ouvriers à former une société de secours mutuel à laquelle ils contribuent dans une proportion de 80%, le reste étant défrayé par la compagnie»*[(4)].

Comme c'est généralement le cas, la société de prévoyance du Grand-Tronc est strictement contrôlée par la direction. Plus étonnant encore: aucun mécanisme de surveillance ne met les ouvriers à l'abri des manipulations des fonds qu'ils y versent. Une des clauses du contrat de la compagnie Grand-Tronc porte particulièrement à réflexion: *«La compagnie impose à ses employés une clause par laquelle elle se décharge de toute responsabilité en cas de mort par accident de ses employés, sans aucune compensation de sa part»*[(5)].

Une entreprise, dans l'esprit de cette clause, n'a de compte à rendre à qui que ce soit, sauf à la personne avec qui elle a un lien contractuel. L'ouvrier étant mort, le lien est coupé. Il ne faut pas s'étonner du sarcasme qu'une telle situation inspire à Jules Helbronneur, chroniqueur à « La Presse », dans les années 1880 : *« Les hommes tués coûtent moins cher à la Compagnie de chemin de fer du Grand-Tronc que les hommes blessés, dit-il »*[6].

Les conditions de travail du XIXe siècle ne se résument pas, loin de là, à l'atelier de l'artisan non plus qu'à la terre familiale du fermier qui, de tout temps, furent des exemples d'organisations adaptées aux caractères et aux besoins des opérateurs propriétaires. À cette époque, l'esclavage existait encore aux États- Unis d'Amérique, la construction de bâtiments se faisait sans règles de sécurité adaptées aux édifices industriels. C'est le libéralisme économique à l'état pur, exempt de toute réglementation, un libéralisme que les historiens ont qualifié de capitalisme sauvage.

À la fin du XIXe siècle, il était question de misère ouvrière et non de santé et de sécurité du travail. On ne s'étonnera pas d'apprendre que la souffrance extrême de certains groupes de travailleurs provoqua la révolte et le scandale. L'utilisation de travailleurs irlandais pour la construction du canal de Lachine et de Chinois pour celle du chemin de fer canadien sont des exemples historiques.

La descente des rapides de Lachine en « trains de bois »: Bien avant la construction du canal de Lachine, une des scènes les plus typiques du Canada était peut-être la descente du Saint-Laurent et des rapides en train de bois, ou pour employer le terme du métier, en cage[7]. Partant de Kingston en Ontario, la cage descendait le fleuve jusqu'à Québec avant d'être chargée sur un navire en direction de l'Angleterre.

Un train de bois avait en moyenne une superficie de trois cents pieds sur soixante-quatre, ceux qui devaient descendre les rapides étaient formés de petites cages au nombre de cinq ou six qui s'appelaient drames, reliées entre elles par de gros câbles. Ce train de bois comptait environ quatre pieds d'épaisseur de billes ou de plançons enchevêtrés les uns dans les autres et retenus par de fortes branches de merisier, un pied seulement surnageant au-dessus de l'eau.

Le gros du voyage se faisait dans le calme et exigeait pas plus de sept à huit hommes. C'est la descente des rapides de Prescott, du Côteau, et des plus terribles, ceux de Lachine, qui exigeaient un surplus considérable de main-d'œuvre. À l'instar de l'historien Robidoux qui, après avoir passé en revue l'ensemble de la littérature relative aux cageux, s'en remet à la très belle description qu'en fait l'auteur de Marie Calumet, le roman bien connu des Québécois, nous reproduisons quelques passages de ce récit :

> *« Soudain, parurent de chaque côté du radeau, six longs canots montés chacun par vingt Indiens de Coughnawaga.*
>
> *[...]*
>
> *Les rameurs tirèrent leurs canots après eux, et montèrent sur la cage.*
>
> *[...]*
>
> *Vingt minutes plus tard, la grande cage était transformée en cinq radeaux que vingt-quatre rameurs, douze à l'avant et douze à l'arrière de chaque drame, mettaient à distance pour les empêcher de se broyer les uns contre les autres.*
>
> *[...]*

Les radeaux sont entraînés dans un gouffre béant où la mort semble ouvrir tout grand ses deux bras décharnés.
Voici les rapides au milieu d'un bruit assourdissant.
On dirait des hurlements de fauve dans la nuit des solitudes. Imminent est le danger.
En tous sens les courants se croisent. Ici, un récif à fleur d'eau; là, une fosse; plus loin, tourbillonnent avec une force indomptable des remous dans lesquels se cache la mort.
Cette vague vous pousse en avant; cette autre vous rejette en arrière.
[...]
Les drames sont à demi submergées. Les rameurs tout à fait sur le devant ou à l'arrière, courbés sur leurs rames énormes qui plient, ont de l'eau jusqu'aux genoux. Ils vont se briser contre ces roches, sombrer dans cette fosse!
[...]
Quelques moments encore, et les braves ont passé une fois de plus sains et saufs cet abîme, où tant d'infortunées victimes ont laissé leurs os»[8].

Ce long extrait a le mérite d'illustrer, en plus de l'utilité du canal de Lachine, et sous réserve de la nature romanesque de la source, des conditions de travail extrêmement dangereuses ainsi que l'utilisation d'un groupe social particulier comme cela se faisait souvent à l'époque pour accomplir, moyennant rémunération, la partie la plus dangereuse de l'emploi.

Le cas des Irlandais employés dans la construction des canaux de Lachine et de Beauharnois: Dans son livre intitulé «*Les Irlandais et le canal de Lachine*», Raymond Boily décrit les événements qui ont conduit à l'une des premières, sinon la première grève au Québec, une grève sauvage s'il en fut, puisqu'elle s'est fait dans la violence à une époque ou il était illégal de se concerter en vue d'une action commune. Pourtant, comme nous le verrons, les conditions de travail et de subsistance des 3 000 travailleurs de la construction des canaux de Beauharnois et de Lachine étaient si précaires et misérables qu'ils n'ont pas eu d'autre choix que de se révolter, à la faveur d'un minimum d'organisation concertée, afin d'éviter des conséquences plus extrêmes encore. Le 13 juin 1843, le chantier de Beauharnois fut le théâtre d'une émeute sanglante réprimée à l'aide d'environ 50 soldats d'infanterie et 30 autres appartenant à la cavalerie. Il y eut officiellement six morts, le nombre de blessés demeure inconnu.

Chassés de leur pays par la grande famine qui a décimé une partie de la population, immigrés au Canada et aux États-Unis, des travailleurs d'origine irlandaise s'étaient spécialisés, si l'on peut dire, dans la construction des grands canaux de navigation. Le travail manquant aux USA, ils se déplacèrent vers le Canada, notamment vers Montréal, pour y exercer leur métier.

Au cours des premières années, les travaux relevaient directement du Service des travaux publics, les conditions y étaient dures mais relativement justes pour l'époque. «*Fait capital:*

en 1843, l'État abandonne la direction des travaux pour en confier l'exécution à l'entreprise privée»[9]. Peu scrupuleux, les entrepreneurs modifièrent les conditions de travail et de vie jusque-là convenues.

Ces immigrants vivaient dans un environnement pour le moins hostile:

> *«Non seulement les Irlandais étaient-ils eux-mêmes divisés, les catholiques s'opposant aux protestants, les nouveaux arrivants aux anciens, mais encore ils se heurtaient aux autochtones, de langue et de coutumes différentes. [...] les deux haïssaient, mortellement parfois, l'entrepreneur impitoyable; et ils s'en prenaient à l'habitant moins misérable qu'eux»*[10].

De trois chelins par jour, le salaire des ouvriers chuta à deux et demi et devint variable, le témoignage de l'entrepreneur Andrew Elliott devant la commission d'enquête qui a suivi est sans équivoque: *«Le taux des gages en général est de deux chelins et demi par jour; mais j'ai donné à plusieurs deux chelins et dix-huit sols; j'ai même donné à un petit nombre trois chelins»*[11].

Les heures de travail connurent une progression inverse, passant de douze à seize en plus d'être irrégulières, voici ce que révèle un témoignage:

> *«Sur environ 250 jours ouvrables, Donnely n'en a travaillé que 112. Alors qu'il lui fallait un minimum de 625 chelins pour subsister, il n'en a reçu que 280! C'est une pitance. [...] Les entrepreneurs de l'époque sont persuadés,* écrit Boily, *qu'il est néfaste de payer leurs employés à des intervalles réguliers et rapprochés. [...] De l'aveu même de Francis Dunn, l'associé de Crawford, les travailleurs de la section 1 n'ont rien reçu en mai, ni en juin»*[12].

Il faut dire que pendant ce temps, conformément à une pratique assez répandue à l'époque, les ouvriers des chantiers n'avaient d'autre choix que de s'approvisionner en linge et en nourriture dans des magasins appartenant aux entrepreneurs:

> *«Il est rare que l'ouvrier touche sa rémunération en argent: il reçoit plutôt un bon encaissable au magasin de l'entreprise seulement. [...] N'étant payés qu'une fois le mois,* écrivent les commissaires enquêteurs, *les travailleurs étaient obligés de prendre aux magasins des entrepreneurs, tous les articles nécessaires à la vie dont ils avaient besoin»*[13].

On ne trouvait pas, au surplus, dans ces magasins les produits de base qui auraient permis aux familles d'utiliser leur argent de façon rationnelle:

> *«Aussi, ceux qui étaient chargés d'une famille se trouvaient le jour fixé pour balancer les comptes, avoir dépensé le peu d'argent qui leur revenait pour acheter le pain, le lard, le thé, le café, et d'autres aliments d'un prix élevé, tandis qu'ils auraient pu employer leur argent avec plus d'avantage à se procurer des patates, de la farine, du blé d'inde, du lait, des œufs, etc. si on les eût payés à des intervalles convenables»*[14].

Les ouvriers sont même forcés à payer de forts loyers pour les minables huttes en bois construites par les entrepreneurs et qui devaient leur être fournies gracieusement. La misère est telle que: *«Ils sont réduits quelques fois, nous dit Joseph Bergevin cultivateur de Saint-Timothée, à manger des herbes bouillies»*[15]. Les cultivateurs ne s'étonnaient d'ailleurs pas du fait que ces pauvres gens soient réduits, afin de survivre, à voler des clôtures de bois pour se chauffer.

Après plusieurs demandes formelles et menaçantes de rétablir les conditions qui prévalaient au cours des années antérieures, c'est le fusil sur la poitrine que les premiers patrons des chantiers furent contraints, en pleine nuit ou tôt le matin, à signer des engagements garantissant aux ouvriers le retour aux conditions antérieures. Le manège fonctionna jusqu'à la rencontre fatale, devant l'hôtel de Grant, là où le patron du plus gros chantier les attendait en compagnie du juge Laviolette, un écuyer nommé juge de paix pour faire régner l'ordre et la tranquillité sur les chantiers. Les soldats et les cavaliers avaient été placés en position de combat pour accueillir ces visiteurs belliqueux.

Laissons à l'auteur du livre le soin de décrire la scène :

> *«Crowford dira: " L'homme qui paraissait être à la tête du mouvement, cria: Halte, et la foule s'arrêta devant la maison". Campbell précisera même: "Les gens les plus en avant parmi la foule étaient éloignés de 25 à 30 pas de la troupe; la foule n'avait pas avancé, elle ne fit même aucune tentative d'avancer sur la troupe, elle se contentait de passer et de repasser sur le grand chemin". On dirait que toute idée de violence a disparu. Il n'y a alors que 200 manifestants.*
> *Mais du côté des forces de l'ordre, c'est la terreur.*
> *C'est ainsi que Laviolette monte, presque en fuyant, au deuxième balcon, "tenant à la main, nous dit-il, un morceau de papier où était écrite la Proclamation du Riot Act", Campbell, se rendant compte de l'état paniqué et presque ridicule de Laviolette, lui demande de redescendre au premier balcon. Le magistrat s'exécuta et il alla se blottir presque, à gauche du major, pour lire le Riot Act. La deuxième fois en quelques heures! Sa lecture faite, Laviolette intima aux ouvriers de se disperser. Quolibets, sifflets, vociférations, clameurs surtout, ébranlèrent son esprit.*
> *Le pire arriva.*
> *Laviolette se tourne vers l'officier: "Major Campbell, faites feu". Campbell cria l'ordre. Les salves éclatèrent. À bout portant. Puis la Cavalerie chargea.*
> *Les travailleurs courent au hasard, éperdus, la Cavalerie occupant la route, l'infanterie les broussailles. Du haut de son moulin, Stephen May entendit des coups de feu intermittents.*
> *C'est alors que se déroule la scène que nous avons décrite au début. Falvey s'emploie à prodiguer les secours spirituels.*
> *Sur les lieux mêmes les soldats arrêtèrent vingt-sept personnes. Et d'autres, les jours suivants.*
> *Le nombre des blessés reste indéterminé.*
> *On compte officiellement six morts: William Dowie, Miles Higgins, Thomas McMannus, Bernard Gormley et deux inconnus.*
> *Morts et blessés, pour la plupart, avaient été tirés dans le dos»*[16].

Les troubles de 1843 se préparaient depuis plusieurs mois sans recueillir de sympathie de la part des dirigeants comme en témoignent les journaux de l'époque, *La Minerve* sous la direction de Duvernay et *Les Mélanges religieux*, porte-parole de l'archevêché de Montréal: le lundi rouge, c'est ainsi qu'on désigne symboliquement l'événement, avait consterné l'opinion publique: *«L'État et la classe dirigeante tentèrent immédiatement de reprendre les choses en mains»*[17].

À la lecture du rapport des commissaires enquêteurs, on a l'impression que cette violence qualifiée de massacre aurait pu être évitée si le simple bon sens avait guidé les dirigeants économiques et politiques de l'époque, lisons un extrait:

«[...] nous pensons que le Bureau des Travaux Publics devrait, dans l'intérêt de la société en général, contraindre les entrepreneurs sous peine de nullité de leurs contrats:

1. *De payer en argent tous les travailleurs et autres personnes qu'ils emploient, et cela, tous les quinze jours, sinon à la fin de chaque semaine.*
2. *De s'abstenir de tenir des magasins, et,*
3. *De payer le taux des gages, et de se conformer aux heures de travail, qui seront réglés et établis par le Président du Bureau des Travaux Publics au commencement de chaque saison»*[18].

En d'autres mots: si les entrepreneurs avaient tout simplement respecté les contrats qui les liaient aux travaux publics, il n'y aurait sans doute pas eu de révolte et aucun travailleur n'aurait été tué ou blessé par les balles des limiers.

L'événement fit scandale, l'Église et les notables prirent parti pour les travailleurs en révolte et le chantier fut complété dans des conditions légèrement moins intolérables. Ce ne fut hélas ni la première ni la dernière révolte ouvrière à avoir marqué positivement l'évolution de la société.

<u>Les Chinois et la construction du chemin de fer canadien</u>: Le cas des travailleurs chinois employés de 1880 à 1885 dans la construction du chemin de fer canadien n'est pas moins pathétique que celui des Irlandais.

Également chassés de leur pays par la guerre et la famine, 17 000 travailleurs chinois, après un séjour en Oregon pour 1 500 d'entre eux, sont venus de Chine par bateau, dans des conditions pour le moins misérables, puisque 10 % mouraient pendant la traversée, pour travailler à la construction du chemin de fer canadien à travers les montagnes Rocheuses[19].

À l'époque, on considérait que l'utilisation de ces immigrants était un mal nécessaire et non un apport au développement du pays[20]; aussi, ces hommes devaient retourner dans leur pays une fois les travaux terminés, 1 000 seulement ont pu le faire. Les autres se dispersèrent sur le territoire nord-américain. En 1911, vingt-six ans plus tard, le Canada comptait 8 000 citoyens d'origine chinoise.

Itinérants sans identité reconnue, forcés d'exécuter les tâches les plus dangereuses[21] de dynamitage et de transport des débris de roc, y compris au fameux canyon Fraser surnommé *la porte de l'enfer*, les Chinois devaient se contenter d'un demi-salaire. Ces travailleurs mouraient comme des mouches des suites d'accidents de travail (quel euphémisme!), de malnutrition et du scorbut. Il faut ajouter que les hôpitaux ne soignaient que les Blancs.

Le sort de cette communauté, dont l'histoire est moins connue que celle des buffles de l'Ouest canadien, ne valait guère mieux que celui de ces bêtes qu'on abattait pour le plaisir de la chasse, pour ensuite les abandonner aux oiseaux de proie.

L'affaire fit également scandale. Voilà que le symbole même du pays canadien, le chemin de fer, est l'occasion des pires formes d'exploitation qu'on puisse faire subir à des humains. Des députés dénoncèrent cet état de fait, il y eut enquête, les faits furent reconnus, et le gouvernement du Canada prit certains moyens pour restaurer un tant soi peu son honneur souillé.

Ainsi, en l'absence de normes sociales et d'interventions gouvernementales, diverses formes d'exploitation, qu'il faut bien qualifier de barbares et sauvages, ne sont pondérées que par les révoltes, les dénonciations, les manifestations ouvrières et les scandales.

1.2 L'intervention de l'État s'impose (1885-1931)

Alors que le processus d'industrialisation continue à s'intensifier, les conditions d'existence des personnes employées dans les manufactures demeurent terriblement dures. L'industrie offre des conditions de travail minables dans lesquelles les anciens artisans ne reconnaissent ni leurs compétences ni leur dignité; de plus, l'industrie crée de nouveaux dangers. Des exemples tirés des rapports des premiers inspecteurs du travail, ceux de la dernière décennie du XIXe siècle, nous aideront à les illustrer.

Combien de travailleurs sont morts à cause de l'explosion des fameuses machines à vapeur, source d'énergie de l'époque ? Une seule explosion pouvait tuer 20 ou 30 personnes et on ne compte pas le nombre d'explosions qui sont survenues ainsi avant qu'on décide de les localiser à l'extérieur des murs des manufactures, de les remplacer par les moteurs à combustion interne et, plus tard, par l'électricité. Incidemment, de nombreux ingénieurs travaillaient à l'époque à la création d'une bouilloire à vapeur fiable, une machine qui ne serait plus un risque mortel. La découverte vint effectivement en même temps que sa désuétude, on n'eut jamais l'occasion d'en profiter pleinement.

L'année 1885 marque un événement d'une grande importance symbolique: la première intervention législative de l'État dans les entreprises industrielles dans le but de protéger les employés, soit *«L'acte des manufactures du Québec»*, également appelé: *«Acte pour protéger la vie et la santé des personnes – enfants, jeunes filles et femmes surtout – employées dans les manufactures»*[22]. Ces diverses appellations laissent transparaître l'objet de la législation: protéger la vie et la santé des personnes en emploi. L'esprit de l'époque transpire également: le protectionnisme des autorités à l'endroit de ceux et celles parmi les citoyens qui sont alors considérés comme étant non responsables d'eux-mêmes: les femmes (18 ans et plus) les jeunes filles (14 à 18 ans) et les enfants (12 à 14 ans). Les hommes 14 ans et plus, pour leur part, étant considérés entièrement et seuls responsables de ce qui leur arrivait, ne se reconnaissaient pas dans les visées protectionnistes de la loi.

Le contenu de la loi touchait les conditions de travail en général: un maximum de 10 heures de travail par jour, un maximum de 60 heures par semaine et l'interdiction du travail de nuit pour les femmes et les enfants. Une importance symbolique avons-nous dit, oui, parce que le principe seul fut admis. Les stipulations qu'il comportait ne furent appliquées qu'après 1894. Les exhortations du premier ministre de l'époque, Honoré Mercier, fondées sur des observations pour le moins troublantes concernant une épidémie de rachitisme chez les femmes et les enfants montrent bien l'extrême nécessité d'une intervention de l'État. Dans un discours prononcé à l'assemblée législative de la province de Québec au cours de la session 1890-1891, il s'inquiète pour la survie de l'espèce:

> *«Si vous laissez aller vos enfants dans les manufactures empoisonnées, leurs corps deviendront faibles et rachitiques et quand ils entreront dans le ménage, ils enfanteront des enfants faibles et rachitiques; à la seconde génération, je ne sais pas si vous aurez la force naturelle nécessaire pour continuer la propagation indispensable à l'espèce»*[23].

En 1894, l'État passe résolument et définitivement à l'action en adoptant la *«Loi des établissements industriels et commerciaux»* dont l'esprit en général, de même que diverses stipulations s'appliquent encore aujourd'hui. On nomma des inspecteurs munis de pouvoirs bien réels, quoique limités, pour en assurer l'application.

Il ne faut cependant pas croire que la philosophie fataliste et culpabilisante de l'époque disparaissait avec l'apparition des inspecteurs du gouvernement. L'exemple de cette jeune fille de 14 ans qui, après avoir été happée par une courroie de transmission de l'énergie, fut littéralement scalpée par l'engin, en témoigne. Il faut dire que ces énormes courroies tournaient à air libre, sans gaine de protection. Les autorités firent enquête, on conclut que cette personne était la cause de sa propre blessure, « blâmer la victime » dira-t-on plus tard. Elle fut jugée fautive parce que, si elle n'avait pas sauté, il ne lui serait rien arrivé.

Bien que l'histoire nous ait appris que les inspecteurs du travail étaient généralement bien accueillis dans les entreprises, ils n'avaient cependant pas beaucoup de pouvoir et leur autorité formelle était parfois mise à rude épreuve. Ils étaient confrontés, faut-il le dire, à des dogmes fortement ancrés dans les valeurs des patrons de l'époque: la liberté de faire ce qu'ils voulaient dans leurs entreprises et la discrétion de priver le regard public de tout ce qui relevait de l'entreprise privée. Le récit de la mésaventure très imagée d'un de ces courageux inspecteurs en dit plus que toutes les explications théoriques:

> *«Dans un établissement, j'ai été même éconduit par la force. Le patron me prit par le bras et me poussa vers la porte de sortie. Comme je protestais en disant que j'avais un devoir à remplir comme inspecteur envoyé par la loi, il me donna force coups de pieds et coups de poings jusqu'à ce que je fusse hors de l'établissement»*[24].

Pas étonnant que la « Commission royale d'enquête sur les relations entre le capital et le travail au Canada » ait été amenée à confirmer que l'industrialisation se faisait sous le signe de l'exploitation des populations rendues disponibles par l'immigration d'une part, par la migration des familles de fermiers vers les villes d'autre part.

1.3 L'assurance du risque professionnel (1909-1931)

À l'époque où Napoléon rédigeait le Code civil, soit au tout début du XIXe siècle, le principe même de l'assurance, l'accès à une indemnité en contrepartie du paiement d'une prime de risque, apparaissait aller à l'encontre du principe de la responsabilité universelle de tout geste posé par une personne.

Le choix d'une portée historique fait par la société québécoise en 1931 comporte beaucoup plus qu'une intervention de l'État pour protéger les citoyens contre les abus de l'industrialisation. Quel est ce choix ? C'est celui de l'assurance obligatoire contre les risques inhérents au travail industriel. C'est celui de l'indemnisation sur une base normative des victimes du travail industriel. Plutôt que de s'attaquer aux sources, la société québécoise de 1931 a choisi l'option négative : la gestion des conséquences, au détriment de l'option positive : la prévention des lésions professionnelles.

1.3.1 Un choix qui se préparait depuis une cinquantaine d'années

L'industrialisation marque également une transformation profonde dans l'organisation de la production et dans la gestion des entreprises. Ces transformations se font à la faveur d'un progrès économique remarquable. C'est l'apogée du libéralisme économique.

Les accidents posent un problème aux sociétés industrialisées: Cette transformation profonde des sociétés occidentales ne se fait cependant pas sans heurts. Au-delà des crises aiguës de la fin du siècle, un problème en particulier conduira les sociétés à modifier les règles, jusque-là admises, y compris dans le cadre du travail, du rapport légal entre les personnes. Ce problème, c'est la multitude d'accidents liés à l'équipement industriel de production et de service.

> *«L'accident, écrit François Ewald, cet événement au fond minuscule et toujours un peu insignifiant, qui semble ne devoir concerner chacun que dans son intimité individuelle et familiale, est devenu, selon un processus complexe qui pourrait bien servir à caractériser l'histoire de nos sociétés, un phénomène social, générateur de devoirs et d'obligations propres»*[25].

En termes plus concrets, le problème s'articule comme suit : le travail industriel fait des victimes, des morts, des blessés, des malades ; cette morbidité fait scandale, l'opinion publique réclame des coupables, les travailleurs s'organisent, certaines victimes du travail parviennent à poursuivre leur employeur en vertu du Code civil et, dans certains cas, les gains des travailleurs mettent littéralement en faillite des entreprises. Dans d'autres cas, les entreprises se mettent elles-mêmes en faillite, pour éviter de verser les indemnités.

Confrontés avec le problème de la morbidité reliée au travail, les pays industrialisés font systématiquement, les uns après les autres, le choix qui s'avérera sans doute le plus déterminant de l'histoire sanitaire et sécuritaire du travail: l'abandon de l'application du Code civil en matière d'accidents du travail et son remplacement par une nouvelle forme de droit. Désormais, la responsabilité des dommages corporels sera déterminée sans égard à la faute, et les victimes jouiront, en principe, d'un droit universel à l'indemnisation. La solution semble logique et même généreuse. Nous verrons que le choix est plus profond et plus engageant qu'il n'en a l'air à première vue.

Avant de préciser la portée historique du choix de 1931, examinons d'un peu plus près deux des phénomènes qui travaillaient les sociétés industrielles du temps: la déqualification de l'artisan et le caractère social qu'acquiert l'accident du travail.

La responsabilité du travail passant de l'artisan à l'entreprise: La responsabilité conséquente des dommages causés aux personnes par ce travail devait, tôt ou tard, suivre le même trajet. Autant le transfert de la responsabilité organisationnelle s'est fait rapidement, autant le rythme du transfert de la responsabilité des dommages s'est fait et continue à se faire lentement. Dans le premier cas, le patron s'approprie les attributs qui donnent à l'artisan son statut traditionnel et son pouvoir de marchandage. Dans le second cas, le transfert est de nature à créer du droit nouveau et à engager des fonds considérables.

La responsabilité de ce qui nous arrive étant un des fondements de la culture occidentale, nous devons comprendre que cette valeur était fortement ancrée dans la culture ouvrière. Cela signifie qu'en admettant qu'il n'était plus responsable de ce qui lui arrivait dans le cadre de son travail, l'ouvrier admettait la perte de son statut, la perte de la légitimité de son pouvoir, la déchéance de ses compétences traditionnellement admises.

En somme, le patron payait d'une main ce qu'il gagnait de l'autre. L'ouvrier, pour sa part, se trouvait face à un piège à la grecque: en réclamant un dû d'une main, il confirmait de l'autre la perte d'un pouvoir bien plus considérable que le gain immédiat. Un des enjeux les plus importants du choix de 1931 apparaît ici dans toute sa lucidité: comment s'approprier le contrôle sur le travail ouvrier sans se rendre pleinement responsable de ce qui arrive à ce dernier? Il faut bien comprendre ici qu'en vertu du vieux Code civil, patron et ouvrier sont considérés égaux et libres et que tout acte de l'un qui puisse nuire à l'autre est une faute civile. Ce sera donc en contournant les règles du Code civil que nous trouverons la clef de l'énigme.

L'accident du travail prend un sens social: Il y a toujours eu des accidents. Ce n'est cependant qu'avec la révolution industrielle que l'accident du travail acquiert le caractère social qu'on lui connaît aujourd'hui.

> «*Ce n'est qu'à la fin du XIXe siècle,* écrit François Ewald, *que le terme "accident" perd son sens abstrait de "ce qui arrive par hasard" pour s'associer à l'idée de dommage à réparer...*»[26].

L'accident ne désigne dorénavant plus seulement un type d'événements, il désigne une modalité du rapport à autrui.

Ce caractère social n'apparaît pas dans les définitions des dictionnaires. L'événement accidentel que par définition on attribue au hasard, à la fortune, à l'aléa; cet événement qui, de par sa nature serait inconstant, imprévu, inopiné, ce même événement que nous persistons à qualifier d'accidentel obéit dorénavant aux lois rigoureuses de la statistique. Les accidents deviennent prévisibles, calculables, assurables.

Le phénomène observé pour la première fois en 1868, en France, est devenu trivial: nous ne savons ni comment cela se produira ni à qui cela arrivera, mais nous savons que, d'année en année, toute chose étant égale par ailleurs, le taux d'accidents et la gravité des dommages aux personnes ne varieront que très peu. La régularité de l'accident, malgré l'exclusion constante des supposés prédisposés, est davantage liée à la vitesse de production, à la quantité de travail accompli, à la densité de la population ouvrière d'une entreprise donnée qu'à la conduite individuelle.

Au XIXe siècle, les accidents de chemin de fer et les accidents du travail font tellement de victimes que les gouvernements d'Europe sont contraints à se poser la question suivante: une société peut-elle tolérer la permanence d'une activité tout en sachant qu'elle fera des victimes personnalisées? En se fondant sur la pensée juridique classique, le législateur prussien fut le premier en 1838 à traduire le Code civil en loi s'appliquant aux accidents de chemin de fer. *«Tout accident, quelle qu'en soit la cause, serait imputable à la faute de l'exploitant»*[27].

Cette stipulation légale n'avait pas beaucoup de sens eu égard au progrès industriel de l'époque, nous dit François Ewald. Voici pourquoi: il n'était pas possible d'asseoir le progrès, qui par définition faisait des victimes, sur le développement de l'industrie, qui par voie législative devenait fautive. En d'autres mots, si la société voulait accéder au progrès industriel, elle devait dégager les propriétaires industriels des services et des moyens de production des conséquences morbides de ce progrès. Il fallait que la société l'assume en tant qu'acteur. Pour ce faire, il fallait se défaire des contraintes inhérentes au Code civil. L'assurance allait naître.

Un autre enjeu se précise: ne pouvant plus imputer à une personne le tort fait à autrui sans nuire au bien commun, il fallait trouver un nouveau coupable et inventer de nouveaux mécanismes de réparation des torts faits aux malheureuses victimes. Le progrès deviendrait le nouveau coupable; un coupable, qui par définition est impunissable, et l'assurance deviendrait le nouveau mécanisme équitable et neutre de réparation des torts.

On ne stopperait pas le progrès de l'industrie pour quelques victimes. On le civiliserait plutôt en garantissant l'immunité aux industriels et en protégeant la survie économique des ayants droit: les victimes et ceux qui en dépendent.

Un troisième enjeu est en voie de se clarifier: face au risque à la fois politique, légal et financier que représente l'application du Code civil pour les patrons, et face aux difficultés énormes et aux coûts exorbitants que représente le recours aux tribunaux pour les ouvriers, les deux parties cherchent un compromis pragmatique, un compromis qui, dans l'immédiat, serait avantageux pour les deux parties. Les ouvriers n'ont pas les moyens de refuser cette assurance et les patrons de leur côté ne pourront s'objecter à ce que le régime soit géré par un organisme public.

Transformer l'organisation du travail, remettre en cause l'application du Code civil, donner un sens social à l'accident du travail et créer un régime privé d'assurances fonctionnant en parallèle avec les règles de l'appareil juridique, voilà qui prépare de nouveaux rapports entre les personnes et la société. La société québécoise, à l'instar des autres sociétés industrialisées, s'apprête à légiférer.

1.3.2 La loi de 1931 : L'émergence d'un contrat social... non négocié

La Loi des accidents du travail apparaît à première vue comme étant la conquête par les ouvriers d'un nouveau droit, pas n'importe lequel, un droit universel à l'indemnisation. Ce droit qui consacre l'accès à l'indépendance économique des victimes du travail et de leur famille ne représenterait que des avantages pour les travailleurs et, tout compte fait, ne représenterait que des inconvénients administratifs et comptables pour les patrons.

On découvre, à l'analyse, que cette loi vient consacrer le changement social que représente l'industrialisation. Ce qu'en dit François Ewald en parlant de la loi française de 1898 vaut tout autant pour celle du Québec de 1931 :

> *«Avec cette loi, un monde bascule. La société française assume le fait de l'industrialisation et reconnaît, non sans angoisse, que cela la contraint à se changer elle-même, dans sa morale, son droit, sa manière de penser»*[28].

Avec la loi de 1931, la faute n'entraîne plus la responsabilité civile ni les conséquences qui en découlent. Lorsqu'on dégageait une responsabilité d'un événement accidentel en vertu du droit commun, on le faisait en identifiant une faute qui, du même coup, déterminait le responsable des conséquences de l'événement. Par jugement, le responsable de cette faute se trouvait dans l'obligation de faire acte de réparation du tort causé à la victime.

En créant la Commission des accidents du travail comme intermédiaire entre le responsable d'une faute et la victime des conséquences de cette faute, la loi de 1931 mettait fin à un rapport d'égalité entre des personnes considérées libres devant la loi. En d'autres mots, ce n'est plus la personne unetelle qui réclame du patron untel la réparation des conséquences personnelles d'une faute commise. C'est maintenant une victime anonyme qui réclame de la société l'indemnité à laquelle elle a droit pourvu qu'elle en fasse la preuve.

En matière d'accident du travail, la liberté de l'un ne s'arrête plus là où commence celle des autres : dorénavant, on peut faire du tort à autrui, au nom du progrès, moyennant le versement d'une prime d'assurance. La liberté de l'un ne s'arrête plus là où commence celle de l'autre, car la liberté de l'autre n'est plus : elle a fait place à un droit, un droit qu'on réclame d'un tiers, la société représentée par la Commission des accidents du travail (CAT) et mandatée par l'État.

Avec la loi de 1931, les responsabilités des entreprises se modifient et se précisent: On distingue formellement la responsabilité relative aux causes d'une part, de celles relatives aux conséquences d'autre part. En ce faisant, on se donne le moyen de traiter différemment, inégalement l'une et l'autre. C'est ainsi qu'une poignée d'inspecteurs continueront à essayer de faire appliquer, tant bien que mal, les lois relatives aux conditions sanitaires et sécuritaires de travail alors qu'une lourde bureaucratie viendra s'occuper de gérer les dommages physiques faits aux personnes.

La distinction formelle entre les deux législations fait disparaître du même coup, de façon quasi totale, le recours à l'organisme juridique qui jusque-là faisait le lien entre la cause et la conséquence: le tribunal civil. L'établissement de ce lien porteur de blâme n'est plus nécessaire puisque, par définition, la responsabilité de la conséquence sera assumée par la personne juridique de l'entreprise.

On passe d'une responsabilité civile, avec ses règles traditionnelles, à une responsabilité administrative qui se fait les dents en élaborant de nouvelles règles. Ce qui oblige à faire acte de réparation du tort causé, c'est la relation de cause à effet entre le travail et le dommage; ce n'est plus, par conséquent, la faute nominale d'une personne à l'égard d'une autre personne.

Ce qu'il y a de plus important dans ce partage législatif et administratif entre la source profonde et le traitement de ses effets les plus détestables, c'est le degré relatif de contrainte que comporte l'un et l'autre des cadres légaux. Si, par exemple, le taux de cotisation est de 2,5 %, on pourra bien faire quelques tours de passe-passe, on devra payer 2,5 % d'un certain montant. Si, par contre, le bruit dépasse la norme de 3 ou 5 dB, il se pourrait bien qu'il ne se passe jamais rien.

À l'instar des dames patronnesses très populaires à l'époque, le législateur de 1931 a choisi d'assurer les conséquences pour qu'elles cessent d'être un blâme manifeste contre les patrons, contre l'État et contre l'industrialisation. N'ayant plus le scrupule des conséquences, on s'occuperait des causes à notre convenance. C'est ainsi que depuis 1931, la seule exigence stricte, assujettie à aucune convenance, c'est de payer le régime d'assumation des conséquences. À côté de cette coercition, les contraintes faites aux entreprises pour qu'elles respectent les règlements et les normes de S.S.T. ressemblent à de timides incitatifs, à de simples invitations.

Après plus d'un demi-siècle d'application de cette loi, le patronat a beau jeu. Il peut bien se plaindre que la facture est fort élevée, il oublie de mentionner que la balance comporte deux plateaux: dans le premier, le financement du régime; dans le second, l'obligation moins contraignante de procurer des conditions de travail respectueuses d'autrui.

Si nous regardons la réalité sur une plus grande période, on constate que si le régime est devenu ruineux, c'est parce que le degré de morbidité du travail est très élevé et si cette morbidité est à ce point considérable, c'est parce qu'on a laissé se détériorer les conditions sanitaires et sécuritaires de travail. Tel est le cercle vicieux de la morbidité du travail. Il est la conséquence directe du choix de 1931. Et plus on tardera à briser ce cercle vicieux au lieu de le nier, plus la facture sera grosse et plus la désolante morbidité du travail nous inspirera de la honte.

La loi de 1931, en légalisant la présence du danger dans le travail, consacrait une nouvelle normalité. C'est ainsi que le danger cesse d'être causé par une négligence ou une imprévoyance du patron à l'égard d'autrui pour devenir quelque chose d'inhérent à un secteur industriel, à un type de production, à une technologie, à une machine, etc.

Dès lors qu'il devient légal qu'on assume les conséquences morbides du travail sans égard aux causes, il devient normal que le travail soit dangereux. Katherine Lippel, dans sa thèse présentée à la Faculté de droit de l'Université de Montréal, va plus loin. En parlant de la loi de 1909, une version préliminaire de la loi de 1931, version qui ne donnait pas encore au patron le pouvoir absolu dans son usine : *«L'indemnité payée n'était pas encore le prix du permis de blesser, mutiler ou tuer ses ouvriers»*(29).

La liberté n'était pas encore totale puisque la loi de 1909 maintenait la notion de faute inexcusable, notion qui avait une grande importance dans la jurisprudence jusqu'en 1926, date où elle disparaît totalement.

En parlant de la France, François Ewald exprime particulièrement bien le concept de normalité qui sera dorénavant rattaché aux accidents du travail :

> *«S'il y a des morts au travail, elles sont normales et légales; c'est la rançon d'un progrès encore insuffisant, de la faiblesse humaine qui n'a pas encore su développer suffisamment les sciences et les techniques.*
>
> *Cette loi a pour effet de légaliser et de légitimer l'ordre de l'atelier comme ordre fermé, obéissant à des lois qui lui sont propres, science et technique, et qui échappe au droit commun»*(30).

On devine déjà ce qui devra arriver à la prévention et à la promotion de la santé et de la sécurité comme valeurs à intégrer au fonctionnement des entreprises et de la société.

La loi de 1931 met fin aux incitatifs à la prévention. Sous l'égide du Code civil, la pratique juridique se faisait, en matière d'accidents du travail, sur la base de critères techniques qui devenaient de plus en plus contraignants. Ces critères étaient autant d'incitatifs à la prévention qui se traduisaient immédiatement sous la forme d'un incitatif économique. En effet, le montant de l'indemnité variait du simple au double selon que le patron avait respecté les règles de l'art en matière de prévention.

Un autre incitatif à la prévention devait disparaître : le fait que les jugements se pratiquaient devant juge et jurés incitait les magistrats à une prudence élémentaire.

L'abandon de cette pratique représente par ailleurs un degré de plus dans la liberté des patrons. C'est ainsi qu'on consacre la privatisation intégrale de l'administration de ce qui est pourtant un bien supérieur par excellence : la vie, la santé et la sécurité des travailleuses et des travailleurs. On n'insistera jamais assez sur le fait que ce n'est que dans les rapports de travail que ce bien supérieur est géré par une instance privée, les gestionnaires d'entreprises. *«C'est ainsi que le législateur,* écrit Katherine Lippel, *en feignant de donner des droits à l'ouvrier, venait en fait de lui en retirer de beaucoup plus importants»*[31].

La loi de 1931 minimise le statut social de la personne en emploi. Ce phénomène est également bien illustré par la thèse de Katherine Lippel : *«Ce caractère transactionnel* [de la loi] *transformait le droit à une indemnité découlant de la responsabilité civile, en une prestation de sécurité sociale»*[32].

Parlant de l'attitude de la CAT en rapport avec le secret professionnel, Lippel explicite la perte du statut social des ouvriers :

> *«Les droits à l'indemnité et aux services médicaux pour les ouvriers accidentés sont formulés, écrit-elle, non pas comme un mode de paiement de dommages en matière de responsabilité civile mais comme s'il s'agissait d'une forme "d'assistance aux gens défavorisés", on se permet d'abroger les droits de ces "assistés"-là d'une manière qu'on ne supporterait pas à l'endroit du citoyen ordinaire»*[33].

Nous sommes bien plus près d'un nouvel ordre social que de l'ajout d'un droit pour les uns et d'une contrainte pour les autres. Nous sommes loin de la logique qui a servi de justification politique, suivant laquelle, l'assurance du risque professionnel allait régler du même coup deux problèmes majeurs : la difficulté d'obtenir justice pour les travailleurs et le risque de faillite pour le patron. En somme, le contrat social de 1931, c'est la liberté d'exploiter des uns et le droit de se défendre des autres.

1.3.3 Le choix de 1931 : La gestion des conséquences

L'ordre social sous-jacent à la loi de 1931 suppose qu'on peut minimiser les conséquences morbides du progrès industriel et miser sur ce même progrès pour améliorer le sort de tous. Cela ressemble aux paroles sarcastiques de la chanson de Raymond Lévesque *«Pour qu'il y ait un meilleur temps, il faut toujours quelques perdants»*.

C'est dans le sillon de ce choix de société que l'État et les entreprises ont effectivement géré le sort des quelques perdants : ils ont organisé et mis en œuvre une vaste gestion des conséquences. On laissera aux générations futures le soin de s'attaquer aux causes profondes et aux sources du phénomène. On s'évertuera à ne gérer que ce vaste cataplasme historique que sont l'indemnisation et la compensation.

La gestion des conséquences, une gestion « négativiste »: Les ouvriers ayant perdu le recours aux notions d'égalité et de liberté, on leur a donné en prix de consolation, des droits. Or, ces droits ont très souvent subi les foudres des gestionnaires du régime.

Prenons deux exemples :

- le droit à l'indemnité fut et demeure objet de contestation. Chaque demande d'indemnisation est un cas d'espèce, un cas qu'on scrute à la loupe pour voir s'il ne cacherait pas la moindre erreur, le moindre soupçon, la moindre faille qui ouvrirait la porte à la contestation et à la négation du droit à l'indemnisation ;

le droit de vivre avec un revenu décent fait toujours l'objet de discussions publiques. Sur ce plan, le discours patronal se distingue par sa constance et sa cohérence. En 1922, les mémoires patronaux présentés à la commission Roy sur la réparation des accidents du travail visaient *«à minimiser l'apport patronal dans la caisse d'indemnisation des accidents du travail»*[34]. Par ailleurs, le patronat demandait *«l'exclusion des maladies industrielles»*[35]. En 1908, devant la commission Globenski sur le même sujet: *«... les patrons, bien que divisés, s'étaient objectés à l'idée d'une assurance obligatoire à moins que les ouvriers en assument les primes,...»*[36].

Mais, en 1922 l'assurance obligatoire était devenue inévitable: mieux valait faire cette concession pour pouvoir s'objecter sur d'autres points. Nous pourrions ajouter pour faire écho aux revendications patronales des années 80: il sera toujours temps d'y revenir.

Le droit à la réadaptation et à la réinsertion fut longtemps considéré comme étant de l'aide sociale. C'est ainsi qu'on a stocké, en dehors de toute activité de travail, ceux qui n'étaient pas en mesure de faire le travail qu'on aurait voulu qu'ils fassent.

La gestion des conséquences, une gestion culpabilisante: Avant 1931, la chose est reconnue, les juges donnaient le plus souvent raison aux ouvriers dans les causes d'accident du travail. Après 1931, la notion de faute est disparue des considérations légales, mais la culture de la faute est cependant demeurée. Elle sert encore de nos jours à trouver des coupables et à les punir, le cas échéant.

L'outil de cette gestion culpabilisante semble bien être depuis plus d'un siècle le règlement d'entreprise; c'est le Code civil des entreprises. Constitué à la fois de règles morales et opératoires, le règlement d'entreprise prohibe certaines attitudes, interdit certains comportements, scénarise des gestes opératoires, dicte une conduite exemplaire.

Devant la commission d'enquête sur les relations entre le capital et le travail au Canada en 1887-1888, les témoignages portant sur les règlements d'entreprises se résument en trois mots, selon Fernand Harvey: *«discipline, obéissance et rendement»*[37].

Généralement inapplicables intégralement, n'ayant jamais fait l'objet de validation scientifique, ces règlements sont bien trop répandus et beaucoup trop constants et homogènes pour ne pas avoir d'utilité. Ils en ont au moins une: lorsqu'on fait une enquête maison sur les causes d'un accident du travail, on peut toujours découvrir qu'un règlement d'entreprise n'a pas été respecté, et que par conséquent, il y a faute. Et, s'il y a faute, il y a un coupable à punir.

Les rôles sont radicalement changés: aucune entreprise ne risque plus de faire faillite, mais cependant il peut arriver qu'un travailleur soit congédié pour une faute réglementaire.

La gestion des conséquences, une gestion comptable: En ramenant, en quelque sorte, la gestion des conditions sanitaires et sécuritaires de travail à un simple taux de cotisations payables périodiquement, le nouveau régime tend à faire de cette question des plus complexes une simple affaire de comptabilité.

De la même façon qu'il nous faut payer la facture d'électricité, il nous faut également payer la facture des accidents du travail. De la même façon qu'on assume le coût des rebuts de production, il faut assumer l'usure de ladite *ressource humaine*, ce qui nous ramène à la distinction faite plus haut entre la fin et les moyens. Comme tout le monde paye des impôts pour prendre charge des problèmes sociaux, l'entreprise paye un impôt spécial pour que la CSST prenne charge d'un problème social particulier. C'est le prix de l'imperfection : nous n'avons pas le choix, il faut payer.

Tant et aussi longtemps que les entreprises ont pu transférer les coûts aux victimes et à la société, elles ont eu l'impression de sauver de l'argent et d'éviter le problème. Cette gestion micro-économique devait, tôt ou tard, atteindre sa limite pratique dans la mesure même où elle comporte une limite théorique assez évidente. L'entreprise (publique et privée), étant le gestionnaire opérationnel de l'économie et des finances, ne peut éviter indéfiniment de payer indirectement ce qu'elle a refusé de payer directement dans le passé. En ne gérant que les conséquences directes, on renvoie aux générations futures la facture grandissante de l'élimination des causes et des conséquences indirectes : humaines, sociales, politiques et économiques.

La gestion des conséquences conduit inévitablement à l'intervention de l'État. Lorsque l'ordre économique et la paix sociale sont en jeu, lorsque, en d'autres mots, les revendications ouvrières se traduisent en conflits de travail, lorsque l'opinion publique flaire le scandale, lorsque les enjeux sont clairs, l'État intervient.

Au Québec, il est intervenu en 1885, et à diverses occasions depuis, pour édicter des règles et des normes sanitaires et sécuritaires de travail à respecter. Le système d'inspectorat qu'on a mis en place pour faire respecter ces règles n'est pas et n'a jamais été l'équivalent des tribunaux. C'est une autorité légale qui peut en référer aux tribunaux, mais ce n'est pas une instance formelle et sans appel.

Des milliers d'articles de règlements et des centaines de normes ont été édictés, identifiant ainsi autant de risques et de dangers que les patrons introduisaient de façon plus ou moins inconsidérée dans les entreprises. Combien a-t-il fallu de morts, de malades et de blessés graves pour qu'on installe ces milliers de feux de circulation préventifs ? Combien en faudra-t-il encore ? Cela ne veut pas dire pour autant que ces règles et ces normes ont été respectées et appliquées.

En somme, le choix de la gestion des conséquences fut et demeure inscrit dans le cadre légal et dans le contrat social non négocié de 1931. La seule obligation stricte qui soit faite aux entreprises ce n'est pas de respecter la vie, la santé et la sécurité des personnes en emploi, ce n'est pas de mettre en application les règlements et les normes, ce n'est pas encore moins de promouvoir la santé, la sécurité et l'épanouissement des personnes par le travail, mais c'est de payer le prix grandissant de leur police d'assurance.

Cela ne veut pas dire que l'entreprise ne fera pas de prévention. Cela veut dire, cependant, que si elle fait le nécessaire pour empêcher les dangers de s'actualiser en morbidité, elle le fera dans la mesure où cela lui apparaîtra rentable. Cette rentabilité est déterminée par le coût relatif de la prévention et de la non-prévention, par le risque de ternir l'image publique de l'entreprise, par le risque de conflits de travail que représente une situation donnée, etc. Ce qui est impératif, ce n'est pas la santé-sécurité, c'est l'économie. Il n'y a cependant pas d'économie à faire à ne pas s'occuper de santé et de sécurité du travail.

1.4 L'émergence de la prévention (1931-1979)

Après la crise, le contexte en est un de progrès. D'innombrables découvertes scientifiques et technologiques transforment les modes de production des entreprises et les habitudes de consommation des citoyens. La seconde guerre mondiale marquera une accélération du progrès économique à la faveur d'applications technologiques, de découvertes scientifiques, y compris en matière de prévention des accidents du travail. La pénurie de main-d'œuvre qui marqua la seconde guerre mondiale favorisa deux évolutions marquantes : la nécessité de faire attention à la *ressource humaine* et l'arrivée des femmes sur le marché du travail pour compenser l'absence des hommes partis au front.

L'ergonomie s'est rapidement développée en Grande-Bretagne lorsque les militaires réalisèrent que les engins de guerre tuaient les utilisateurs aussi bien que les ennemis parce qu'ils étaient mal conçus. La machine en général avait besoin d'être raffinée, on ne pouvait plus, dans les entreprises de pointes, risquer l'absence prolongée ou la perte de travailleurs qualifiés, la ressource devenant rare, il fallait la protéger, le calcul coût/bénéfice se mit à jouer en faveur de la sécurité.

En favorisant l'entrée en masse des femmes dans l'industrie, l'économie de guerre provoqua l'émergence d'un phénomène infiniment plus important qu'une solution « temporaire » à la pénurie de main-d'œuvre, elle provoqua la prise d'autonomie des femmes. Elles devinrent un peu plus libres, un peu plus organisées en syndicats ou autrement, plus fortes aussi et plus que jamais convaincues de la nécessité vitale d'obtenir un statut d'égalité avec les hommes. C'est de cette période que sont issues les Madeleine Parent, Marie-Claire Kirkland-Casgrin, Simone Monet-Chartrand et tant d'autres qui ont marqué par leur clairvoyance, leur courage et leur génie, l'histoire du Québec contemporain.

L'expression « les trente glorieuses » exprime bien l'état d'esprit enthousiaste qui a marqué la période allant de la guerre à la crise du pétrole des années 70. Sur le plan social et politique, l'époque est marquée successivement par le régime très conservateur de Maurice Duplessis et par celui très libéral de Jean Lesage, le chef d'orchestre de la révolution tranquille, un régime qui a permis au Québec de faire un certain rattrapage par rapport au reste de l'Amérique du Nord.

Sur le plan de la SST, mise à part la création de la division de l'hygiène industrielle en 1936, l'époque fut marquée par une absence quasi totale de législation importante. Même si le progrès économique favorise des pratiques plus préventives dans les entreprises, il ne faut pas croire que l'amélioration des conditions de santé et de sécurité du travail allait de soi, la pensée dominante demeurait trop souvent celle de l'exploitation éhontée des travailleuses et des travailleurs. Pour illustrer cette période riche en événements, nous verrons deux exemples nous situant avant et après la seconde guerre mondiale : le cas de la mine et de l'usine de silice de la Canada China Clay and Silica Ltd de Saint-Rémi d'Amherst et celui de la grève de l'amiante de Thetford Mines et d'Asbestos en 1949.

Le cimetière blanc de Saint-Rémi d'Amherst: Bien que relativement peu connue du grand public, l'histoire effroyable des travailleurs de la mine et de l'usine de silice de la Canada China Clay and Silica Ltd situées à Saint-Rémi d'Amherst, à quelques kilomètres au nord de St-Jovite dans les Laurentides, est d'une grande importance tant pour l'histoire de la SST que pour le symbole qu'elle représente dans l'évolution sociale des Québécois. L'entreprise alors associée de près à la Noranda Mines opéra de 1931 à 1948, les propriétaires décidèrent finalement de faire disparaître toutes traces des installations dans des circonstances particulières que nous verrons ci-après.

Alors que le développement des ressources minières du Nord québécois faisait l'objet de discussions très fermes entre le premier ministre Duplessis et les représentants de grandes entreprises minières de New-York, un réputé scientifique américain du nom de Burton Ledoux, collaborateur occasionnel du journal *Le Devoir* et de la revue *Relations*, l'austère revue des Jésuites, découvre la situation scandaleuse qui prévaut à St-Rémi d'Ahmerst, le petit village qui héritera du nom brutal de « village frappé » à la suite du passage de Ledoux et du directeur de *Relations*, Jean-d'Auteuil Richard.

Ledoux avait appris de ses grands-parents l'existence sur les rives du Saint-Laurent d'un peuple dont il appréciait les traditions culturelles et la piété exemplaire. Ne parlant pas vraiment français, il n'en disait pas moins, pour exprimer son appartenance affectueuse : « US French Canadians ». Son intérêt pour les mines et pour la culture rurale encore très vivante au milieu du vingtième siècle, l'amène à St-Rémi où il fait la découverte de la mine de silice dont l'aspect extérieur lui apparaît pour le moins suspect :

> *«À mesure qu'on s'approche de la mine et de l'usine, le paysage subit une extraordinaire transformation. Le sol devient gris sale, tandis que la végétation, feuillages et branches, est couverte d'une couche de poussière siliceuse, blanc neige, qui peut atteindre un demi-pouce d'épaisseur. La moindre brise soulève dans l'air des milliards de ces particules qui, semblant obéir elles aussi à l'universel instinct grégaire, rejoignent la poussière s'élevant de la mine et de l'usine pour former un nuage livré aux caprices du vent»*(38).

Estomaqué par les témoignages des citoyens, il décide, avec la complicité du Père Richard, de faire une enquête et d'en publier les résultats dans la revue des Jésuites. Le directeur de la revue prépare le lecteur à lire l'article empreint de réalisme de Ledoux par un éditorial au titre évocateur : *«Les victimes de Saint-Rémi sont nos frères...»*. À l'endos, une liste de 46 travailleurs, leur âge et la date de leur décès, intitulée :

> *«À la mémoire des Canadiens français de Saint-Rémi d'Amherst, morts de silicose, sacrifiés à la stupidité humaine»*

Et au bas de la liste cette dédicace:

«À la trentaine de grands malades de Saint-Rémi atteints de silicose et à leurs familles, "Relations" offre cette livraison spéciale en témoignage de sympathie et comme amorce du redressement que la société organisée doit apporter à une situation trop longtemps tolérée»[39].

Le texte de Ledoux est à ce point évocateur, qu'en faire le résumé ne rendrait pas justice à son auteur, aussi, préférons-nous reproduire ici quelques passages de l'article:

«Avant de décrire la situation qui a valu à Saint-Rémi d'Amherst et à ses environs le surnom de "pays des veuves", il nous semble donc nécessaire de déclarer catégoriquement: qu'il s'agit ici de négligence criminelle, d'un état de chose équivalent au meurtre légalisé, - sinon d'après la loi statutaire, au moins selon le droit commun.

[...]

Selon les besoins de l'exploitation, on fait sauter des quartiers de roc; pour cela il faut d'abord y percer des trous qu'on charge de dynamite. En attaquant le roc, les perforatrices mécaniques projettent dans l'air une grande quantité de poussière siliceuse. C'est un travail dur et les foreurs sont obligés de se pencher tout près du point d'où jaillit la poussière. Ils respirent donc avec force dans une atmosphère chargée de silice et sans bénéficier d'aucune protection digne de mention.

[...]

Quand la poussière est expédiée en gros, le chargement d'un wagon jette dans l'air une énorme quantité de poussière siliceuse dans laquelle le "loader" travaille durement et respire à pleins poumons. De plus, il lui faut entrer dans le wagon pour y étendre la poussière.

[...]

Pour que notre récit soit à jour, disons que récemment un jeune Canadien français de quinze ans accomplissait cette besogne. On l'a vu à plusieurs reprises essayer, d'un geste hésitant et maladroit, d'ajuster son masque avant de pénétrer dans le wagon, une telle tempête de poussière faisait rage à l'intérieur que le jeune garçon disparaissait aussitôt entré. Ce jeune homme est condamné à mourir dans un délai relativement court, s'il n'est immédiatement retiré de ce milieu.

[...]

Un géant canadien-français de 250 livres, célèbre dans les camps de bûcherons pour ses tours de force et son énorme appétit, travailla dans ces conditions et quitta l'usine après six mois de ce régime, ébranlé et ne pesant plus que 150 livres. Aujourd'hui, rongé par la silicose et la tuberculose, mortellement atteint dans sa fierté, dans son corps et dans son âme, cet homme gagne péniblement sa vie à nettoyer des écuries à Montréal.

[...]

À cause de la situation ethnique du Canada, la question suivante se pose: à la carrière et à l'usine de cette compagnie, y a-t-il distinction injuste au détriment des Canadiens français? Sans aucune espèce de doute, les Canadiens français à l'emploi de la compagnie ont été et sont l'objet de discrimination sérieuse. Ce n'est pas sans hésitation que cette phrase a été écrite, la discrimination pratiquée par la compagnie est si odieuse qu'elle dépasse celle que l'on trouve généralement dans les endroits où une nationalité est économiquement et politiquement subordonnée à une autre.
[...]
Pour les ouvriers de Saint-Rémi atteints de silicose, les dispositions et l'application de cette loi, Loi des accidents du travail, *ne furent, dans la plupart des cas, qu'une farce cruelle. La loi déclare qu'un ouvrier doit avoir été soumis à la poussière de silice pendant cinq ans au moins pour que lui ou sa famille ait droit à quelque indemnité. Mais nombre d'hommes de Saint-Rémi à l'emploi de la Canada China Clay y ont contracté la silicose en moins de cinq ans»*(40).

Le lecteur lira avec intérêt les rubriques du même article portant sur des cas individuels présentés par l'auteur, les batailles légales menées par les veuves des mineurs, les conséquences sociales et sanitaires de la silicose ainsi que le contexte économique et financier de l'époque. Un capitalisme encore bien peu civilisé, un gouvernement provincial complice de ce capitalisme (l'autre gouvernement semble totalement absent du paysage), des travailleurs traités en esclaves, des citoyens gardés dans l'ignorance, un peuple victime de discrimination, des veuves qui se battent en vain contre un appareil judiciaire stérile, des institutions qui appliquent des lois de façon arbitraire et froidement injuste, une misère sociale grandissante, voilà autant de symptômes décrits par des gens dignes de foi, des faits qui laissent penser que le Québec d'après la crise des années 30 aurait pu devenir l'Afrique du Sud de l'Amérique du Nord. Il reste au moins une certaine liberté d'expression ; il est intéressant de voir ce qui arriva à ceux-là qui ont eu le courage de l'exercer.

Pour comprendre la suite des événements, il nous faut faire un saut dans l'histoire, jusqu'en 1978, pour apprendre de Jean-Pierre Richard, journaliste à La Presse, les intrigues politiques et les drames personnels qui précédèrent la clôture de l'événement(41).

La société québécoise réagit d'un bloc : *«Le Devoir mena le combat,* écrit Richard, *plus de vingt articles. Les mouvements de jeunesse, d'agriculteurs, les syndicats, les églises, des médecins, des étudiants, des journalistes – ces chansonniers de l'air du temps – réagirent dans un beau désordre».*

La réplique des compagnies minières n'allait pas tarder. *«Au mois de mai 48,* rappelle Jean-Pierre Richard, *la revue Relations publiait un texte "d'un groupe de compagnies" [...] qui nie, qui dément, qui contredit, qui... dit n'importe quoi».* Le journaliste appuie son jugement sur des exemples : alors que les compagnies affirment qu'au cours des sept années précédant la publication aucun employé n'a contracté la silicose, il témoigne des cas de son père et du frère de ce dernier qui ont contracté la maladie durant cette période. Mais le démenti des compagnies fonctionne, le doute est créé, le cas de Ledoux est ainsi réglé, du moins temporairement, le jugement de l'histoire viendra plus tard.

Il demeurait un problème: le texte de Ledoux semblait porter le sceau de l'Église catholique. Les compagnies avaient fait des pressions au bon endroit au bon moment: *«À trois endroits,* écrit le journaliste, *chez Maurice Duplessis, premier ministre de la province de Québec et chef de l'Union nationale, chez Léon Pouliot, provincial des Jésuites et chez Joseph Charbonneau, archevêque catholique de Montréal»*.

En juillet 48, le supérieur de la Maison Bellarmin, éditrice de la revue *Relations*, signe un rectificatif à propos de Saint-Rémi d'Amherst, voici ce qu'en dit le journaliste de *La Presse* trente ans plus tard: *«Il est préférable de ne pas citer ce texte [...]. C'est un tissu d'inepties qui le dispute au texte des compagnies en reniements et inexactitudes»*. Cette rectification n'était rien d'autre *«...qu'un texte qui avait été soumis à Mgr Charbonneau par Hugh O'Donnell et que Mgr Charbonneau avait approuvé»*. Or, ce Hugh O'Donnell, gendre de Louis Saint-Laurent, était *«avocat de grandes sociétés comme la Noranda Mines, pas celle de Jésus»*.

Trente ans après que les compagnies eurent mis en doute le lien étiologique entre la silice et les décès rapportés par M. Ledoux, le journaliste rapporte le jugement de l'histoire: *«En fait, écrit-il, cette liste des morts par silicose était d'une rigueur sans faille»*. Comme l'était l'ensemble du document scientifique qui avait été contredit par des gens en conflit d'intérêts et par la complicité des gens d'église. Le directeur de la revue, Jean-d'Auteuil Richard, fut contraint de s'exiler à Winnipeg alors que Burton Ledoux dû cesser ses collaborations journalistiques, il fut même considéré *persona non grata* par le gouvernement de Duplessis.

«Pour plus de précaution, écrit le journaliste, *la compagnie avait quand même fait démolir en vitesse l'usine de Saint-Rémi dont les installations auraient pu constituer des éléments de preuve gênants»*. Avec cette tragédie à saveur de cendre, le sort du Québec était vraisemblablement en jeu et il aurait bien pu ballotter dans une espèce d'*apartheid* à l'américaine, plutôt que vers la modernité sociale démocrate. À ce chapitre, les événements qui marquèrent l'année suivante la fameuse grève de l'amiante qui débuta en janvier 1949, fut déterminant pour l'avenir du Québec.

La grève de l'amiante: Certains auteurs, Pierre Elliott Trudeau ancien premier ministre du Canada en tête, pensent que la manifestation extraordinaire de solidarité que fut cette grève, marqua le début de la révolution tranquille qui trouva son point culminant dans les années 60. La blessure encore vive laissée dans certaines couches de la population par l'horrible histoire des habitants trop nombreux du cimetière blanc de Saint-Rémi d'Amherst nous amène à penser que ces victimes silencieuses de l'industrie minière ne sont peut-être pas morts en vain. Les révolutions, mêmes tranquilles, n'ont-elles pas besoin de martyrs?

Les faits qui ont marqué la grève de l'amiante sont beaucoup plus connus et, de ce fait, bien que sans doute plus importants que ceux de l'année précédente, nous ne les présenterons qu'en complémentarité et en comparaison avec ceux de 1948. La grande différence réside dans un fait majeur: les mineurs de l'amiante sont organisés, ils possèdent un instrument pour se battre, ils ne dépendent pas uniquement de personnes vertueuses et dévouées, aussi compétentes qu'elles puissent être à mettre à jour la vérité scientifique. Les mineurs de l'amiante ne sont pas l'objet de la bataille des autres, ils se battent avec l'aide des autres: intellectuels, journalistes, aumôniers, église et population en général. Rappelons-nous que les paroissiens de tout le Québec étaient invités à aider les grévistes en contribuant quelques sous à leur fonds de grève à la quête du dimanche.

Les grévistes se battent d'abord et avant tout pour obtenir des conditions de santé et de sécurité du travail. Ils font ce que les syndicalistes appellent une grève pour la reconnaissance de leur dignité d'être humain. Ce genre de bataille, personne ne peut la faire à la place de ceux qui en sont les premiers concernés. Cette grande et profonde vérité historique, les mineurs de l'amiante l'avaient comprise, et c'est pour cela que leur grève a fait l'histoire. Cette vérité ne faisait pas partie de l'univers volontariste des Don Quichotte de 1948, c'est sans doute pour cela que le sacrifice des victimes de Saint-Rémi est passé à l'histoire comme au pire, un fait divers dramatique, comme au mieux une vaste intrigue de gens influents qui se disputent des parcelles de pouvoir au bénéfice dans certains cas, au détriment le plus souvent, de ceux qui en sont tragiquement dépourvus.

Charbonneau, qui s'était fait l'allié des hommes d'influence en 48, adopta en 49 une attitude totalement différente. Le clergé de l'époque militait pour l'implantation de la doctrine sociale de l'Église de Rome. Confortée par la pensée de Pie XI, le vieux sentiment antimatérialiste et anti-industrie, demeurait présent: *«Contrairement aux plans de la Providence, le travail destiné, même après le péché originel, au perfectionnement matériel et moral de l'homme, tend... à devenir un instrument de dépravation: la matière inerte sort ennoblie de l'atelier, tandis que les hommes s'y corrompent et s'y dégradent»*[42]. C'est dans cet esprit que la puissante Église québécoise avait œuvré à la création d'une centrale syndicale d'obédience catholique, la Confédération des travailleurs catholiques canadiens (CTCC), aujourd'hui la CSN. Les mineurs de l'amiante faisaient partie de cette jeune organisation. Chaque syndicat avait son aumônier, personnage dont l'influence morale était réelle, mais les syndicats demeuraient des organisations démocratiques et autonomes. Parlant des grévistes de l'amiante, le chanoine Lionel Groulx traduit bien l'esprit religieux de l'époque: *«Ils se battent proprement pour la défense de leur vie et celle de leurs filles et garçons contre une industrie meurtrière»*[43].

Charbonneau, l'homme d'église, allait inévitablement être confronté à l'homme politique le plus puissant de l'époque: Maurice Duplessis. Ce dernier qui se targuait, non sans raison d'ailleurs, de faire manger les évêques dans sa main, n'aimait pas la position dans laquelle la situation le plaçait face aux investisseurs américains; il n'aimait pas non plus les syndicats et les intellectuels qui les alimentaient d'idées plus progressistes que toutes celles qu'il était disposé à accepter.

Le premier ministre prit les grands moyens, ils se rendit à Rome pour demander au Pape Pie XII la destitution de Mgr Charbonneau, ce qu'il obtint. Celui qui, de son pouvoir hiérarchique avait forcé de façon arbitraire le directeur de la revue *Relations* à s'exiler dans l'Ouest canadien, se vit lui aussi contraint à l'exil par une autorité hiérarchique tout aussi arbitraire, et quelle autorité mon Dieu, celle du Pape. On ne saura jamais ce qui arriva à ce dernier lorsqu'il eut à paraître devant « l'Autorité suprême »...

Pour le reste, Duplessis utilisa les mêmes moyens qui avaient été employés à Beauharnois en 1843 : la lecture de la loi antiémeutes, même s'il n'y avait pas d'émeute, et faute d'armée, la police provinciale munie d'armes à feu. Les travailleurs entrèrent au travail sans avoir obtenu ce qu'ils demandaient. Cependant, les choses avaient changé, le Québec ne serait jamais plus le même, il ne sera pas l'Afrique du Sud de l'Amérique du Nord.

Duplessis et Charbonneau avaient une chose en commun écrit Jean-Pierre Richard : *«ils sont morts tous les deux dans la solitude. Charbonneau au bord du Pacifique, dans ce Canada anglais qu'il croyait supérieur au Québec, Duplessis dans un chalet de compagnie dans une région qu'il avait cédée à l'étranger»*[(44)].

<u>Vers une réforme du régime de SST</u>: Les travailleurs des mines d'amiante n'ont jamais cessé de revendiquer des améliorations à leurs conditions de santé et de sécurité du travail. Au début des années 70, suite à des études sur l'amiantose menées par le Mont-Sinaï Center de New York pour le compte de la CSN, les mineurs se remirent en grève pour obtenir de meilleures conditions de santé dans leur travail. Devant la pression syndicale croissante, le gouvernement du Québec en vint à mettre sur pied une commission d'enquête chargée d'étudier la question, la fameuse commission Beaudry allait faire des études et des recommandations qui guideront les syndicats dans un premier temps, les gouvernements par la suite, jusqu'au sommet socio-économique du 1977 et à la Loi sur la santé et la sécurité du travail de 1979.

De nombreuses grèves survenues au cours des années 70 ont porté sur des questions de santé et de sécurité du travail. Outre la grève des mineurs de l'amiante qui fut déterminante à maints égards, celle des métallos de la Union Carbide de Beauharnois mérite largement d'être mentionnée comme un des événements historiques de l'époque. Entrés en grève pour appuyer des revendications touchant leur régime de retraite, les travailleurs ont été amenés à un questionnement tout à fait différent lorsqu'ils réalisèrent brutalement que seulement un petit nombre d'entre eux pouvait statistiquement espérer en profiter tant leur espérance de vie à 60 ans était faible. Du coup, leurs revendications économiques se transformèrent en une exigence qu'ils obtinrent après six mois de grève, dont cinq avaient porté sur cette seule question : le droit de refuser d'exécuter un travail jugé dangereux, en vertu d'une disposition particulière du droit de grief.

Avec ce gain, le syndicat, une organisation intermédiaire, se donnait un moyen d'agir sur l'entreprise plus radical que les stipulations légales du gouvernement pour protéger la santé et la sécurité des travailleurs. Un tel atout était de nature à augmenter la légitimité politique des organisations syndicales au-delà de ce que l'État pouvait logiquement accepter. Le pouvoir politique démocratique se trouvait placé devant l'alternative suivante : laisser les syndicats occuper une partie du champ de la protection des biens communs et risquer de voir son autorité morale prendre de l'ampleur, ou bien rendre ce pouvoir local obsolète et inutile en l'étendant à l'ensemble des travailleurs. C'est la seconde option qui fut retenue, le droit de refuser un travail dangereux fait partie de la *Loi sur la santé et la sécurité du travail* de 1979.

Le début des années 70 a été marqué par des réformes majeures, notamment en santé avec l'assurance-maladie et l'établissement d'un système de soins et de services sociaux d'avant-garde. Il a fallu attendre la fin de la décennie cependant, pour que survienne un véritable projet de société. Après les efforts de rattrapage de la révolution tranquille, le Québec tend à assumer sa destinée sociale et politique en misant résolument sur le modèle social démocrate de société. Il s'agit d'accentuer davantage le rôle de levier économique de l'État, une stratégie qui l'avait bien servi au cours des deux décennies précédentes, et d'amener les « partenaires sociaux », en particulier les patrons et les syndicats, à se concerter pour favoriser un développement plus paisible et harmonieux du pays.

Comme il est intéressant de le noter, le tout premier consensus obtenu lors du premier sommet socio-économique du Québec, en 1977, portait sur la nécessité de procéder à une réforme du régime de la santé et de la sécurité du travail (SST). Le choix de la SST était à la fois audacieux et réaliste : d'une part, la question n'avait pas fait l'objet d'un engagement électoral ferme, il n'y avait pas d'urgence politique à procéder ; d'autre part, on savait que les pays qui ont expérimenté la concertation ont tous misé dans un premier temps sur cette question, le Québec n'allait pas faire exception. Le fait est que les questions de santé et de sécurité comportent des enjeux économiques (cotisations et investissements en prévention) et professionnels (le contrôle de la médecine du travail) de première importance pour le patronat. Comme il s'agit de questions vitales pour leurs membres, les syndicats avaient eux aussi toutes les raisons d'accepter d'y participer. En somme l'État offrait aux parties, syndicale et patronale, de gérer à trois l'élimination des dangers à la source. Le projet fut accepté, en l'annonçant, le premier ministre René Lévesque y allait d'une de ses mémorables formules : *«L'économie qui prétendrait encore faire passer l'homme après la machine serait vouée à l'échec»*.

Un grave événement survint qui servit alors d'ultime justification à la nécessité de légiférer en matière de SST : la mort tragique de 8 mineurs travaillant pour la Mine Belmoral Ltée au cœur de la Vallée de l'or.

L'effondrement du toit de la mine Ferderber de Val d'Or: Le 20 mai 1980, jour de référendum au Québec, entre 22hOO et 22hl5, peut-on lire dans le rapport de la *Commission d'enquête sur la tragédie de la mine Belmoral* présidée par le juge René Beaudry, le toit de la mine Ferderber s'effondrait :

«En quelques heures, plus de cent mille tonnes de boue s'engouffrent dans la mine. Cette boue, 60% plus dense que l'eau, balaie tout sur son passage. Elle arrache des murs et des

plafonds, les tuyaux d'air comprimé et les conduits d'aération qu'elle projette au fond de la mine dans un bruit d'enfer. Elle déplace des blocs de roc de plusieurs tonnes sur des distances de plusieurs centaines de pieds. Elle entraîne avec elle les épinettes de la surface.

Lorsque la boue aura cessé de couler, un grand trou en forme d'entonnoir apparaîtra à la surface: 60 pieds de profond, 235 pieds de diamètre; de quoi contenir deux fois l'hôtel de ville de Val d'Or.

Vingt-quatre hommes travaillaient ce soir-là à la mine. Huit d'entre eux mourront. Six dans les minutes qui suivront l'irruption de la boue. Deux trouveront refuge dans une poche d'air comprimé qui se formera au sommet de la monterie de ventilation qui aurait aussi servi de sortie de secours et qu'ils étaient en train d'aménager»[45].

Au terme de son enquête, la commission dégage six types de causes : une cause première, une cause principale, des causes directes, des causes reliées à la gestion administrative, d'autres qu'elle relie à l'ignorance, à l'omission ou à l'incompétence et d'autres reliées à l'autosurveillance ou à l'inspection. Rappelons-nous les plus importantes :

- *«Cause première:*
  De toute évidence, la témérité de l'exploitant quant aux dimensions de la couronne de surface, fut l'erreur première qui a causé l'accident.
- *Cause principale:*
  La Commission déduit, de l'enquête menée, que les ouvertures créées par la galerie d'exploitation 1-7, au niveau 100, et par le chantier d'abattage 2-7, entre les niveaux 200 et 100, sont la cause principale de l'effondrement.
- *Causes directes:*
  La Commission retient comme causes directes de l'effondrement (mentionnons les 2 premières de 6):
  - *une méthode de minage en chantier inappropriée à l'exploitation du gisement dans les conditions géologiques que l'on connaît;*
  - *une mauvaise application des techniques de soutènement en galerie et en chantier.*
- *Les causes reliées à la gestion administrative* (3 sur 5):
  - *l'engagement, pour la gérance, d'individus d'une grande expérience comme mineurs, mais sans la compétence pour prendre les décisions inhérentes à l'objectif poursuivi, principalement eu égard à la sécurité des ouvrages miniers;*
  - *l'absence à plein temps d'un ingénieur et d'un géologue spécialistes des mines;*
  - *l'association trop étroite des ingénieurs consultants à la promotion minière, toujours en cours au moment de l'accident du 20 mai 1980.*
- *Les causes reliées à l'ignorance, à l'omission ou à l'incompétence* (2 sur 5):
  - *l'insuffisance d'exploration près de la surface, dans la couronne même, afin de mieux connaître celle-ci;*

- *l'inaptitude du personnel de la mine à analyser l'ensemble des indices et les dangers d'un effondrement possible que ces indices révélaient.*

- *Les causes reliées à l'auto-surveillance ou à l'inspection:*
  - *le manque de discussion avec l'inspectorat relativement aux difficultés de stabilité des toits et des murs dans les ouvertures souterraines et spécifiquement dans la galerie 1-7 et le chantier 2-7;*
  - *l'absence totale d'inspection des constructions au rocher après novembre 1978 par l'inspecteur des mines»*[46].

La commission en est venue à rejeter le caractère fortuit de l'effondrement du 20 mai, pour ensuite conclure à son caractère prévisible, elle fait une distinction très nette à ce sujet entre:

- *«d'une part, la prévisibilité de l'effondrement dans le cas hypothétique d'une gérance minière normale où on retrouve tout le personnel qualifié capable de faire la synthèse des évidences géologiques et des incidents de parcours et de porter sur eux un jugement de valeur;*
- *d'autre part, la prévisibilité de l'effondrement en fonction des personnes en place dans les mois qui ont précédé l'effondrement du 20 mai 1980, à la mine Ferderber-Belmoral.*

Les conclusions auxquelles en arrive la Commission [...] l'obligent à souscrire, en dernière analyse, au caractère prévisible de l'effondrement dans des conditions normales d'opérations minières»[47]. La mine Ferderber-Belmoral n'opérant pas dans des conditions normales, loin de là.

Dans un article de la revue *Travail et santé*[48], nous avons fait ressortir le caractère systémique des nombreuses carences observées et documentées par la commission d'enquête. Certaines carences traduisent une méconnaissance des faits du passé, d'autres se distinguent par la non-utilisation de modèles structurés de connaissances, d'autres ont trait aux finalités du système en cause, aux règles de jeu de toute formation sociale, et enfin, certains problèmes se posent en termes de valeurs et d'éthique.

1.5 L'émergence de la SST (depuis 1979)

Les années 80 et 90 sont marquées par la montée du conservatisme dans le monde, la Grande-Bretagne et les États-Unis en tête, par la globalisation des marchés et par des crises dans la gestion budgétaire des gouvernements. C'est pendant cette période que le Canada et le Québec ont dû stopper la pratique des déficits budgétaires, à la faveur de grands sacrifices, notamment pour le personnel des services sociaux et de santé.

La précarité du travail et la montée des phénomènes de détresse psychique sont, avec l'augmentation du travail répétitif, les principales caractéristiques des conditions de travail spécifiques à cette période.

Au début des années 80, donnant suite au sommet de 1977 à la publication d'un *Livre blanc* sur la SST et tenant compte des nombreuses discussions parfois très ardues qu'elle avait suscitées, l'importante *Loi sur la santé et la sécurité du travail* (LSST) adoptée en décembre 1979 commençait à être mise en application. L'originalité de cette législation réside dans le fait qu'elle tend à résoudre les problèmes pouvant affecter la santé et la sécurité des personnes en emploi, en donnant aux patrons et aux syndicats certains moyens pour y parvenir. Il s'agit d'une forme nouvelle d'exercice du pouvoir législatif. Avec cette loi, la solution des problèmes ne passe plus nécessairement par l'imposition de nouveaux règlements et de nouvelles normes, ni par le renforcement des pouvoirs accordés aux inspecteurs pour tâcher de faire respecter le cadre normatif.

Pour l'essentiel, la LSST accorde des pouvoirs décisionnels à un conseil d'administration, celui de la Commission de la santé et de la sécurité du travail (CSST), composé de quinze membres, sept provenant du milieu patronal, autant du milieu syndical et un PDG nommé par le gouvernement. Ils sont chargés d'administrer le régime public de SST (indemnisation, prévention, réadaptation, recherche, etc.) y compris l'intervention médicale publique, confiée par contrat au ministère de la Santé et des Services sociaux. Quelques droits nouveaux apparaissent : le droit de refuser un travail dangereux, celui d'être retiré préventivement d'un travail pouvant affecter la santé d'une personne enceinte ou qui allaite, ou l'enfant à naître, etc.

Pour sa part, la *Loi des accidents du travail*, qui n'avait pas subi de changements de fonds depuis sa promulgation en 1931, est modifiée en 1985 pour devenir la *Loi sur les accidents du travail et les maladies professionnelles* (LATMP). Pour l'essentiel, la loi administrée par la CSST personnalise l'expérience des lésions professionnelles sur laquelle est basée la tarification des entreprises, ce qui a pour incidence de les responsabiliser davantage ; elle fait de la réadaptation un droit effectif et elle modifie de façon assez substantielle les indemnités auxquelles ont droit les personnes blessées ou malades.

La réforme de la SST s'est traduite par des améliorations des conditions de santé et de sécurité en général, mais surtout dans le domaine des blessures accidentelles. Nous verrons plus loin qu'elle ne semble pas adéquate pour régler le problème toujours aigu des maladies du travail et, en particulier, celui des maladies mentales et des détresses psychiques. Les dernières décennies marquent également :

- l'apparition de nouvelles institutions : associations professionnelles en hygiène et SST, en médecine du travail, en ergonomie, etc.;
- le développement de programmes d'études collégiales et universitaires ;
- l'intégration aux disciplines scientifiques et champs professionnels de préoccupations spécifiques à la SST;
- la création de la psychodynamique du travail, une nouvelle discipline spécialisée en SST;
- l'apparition de publications spécialisées notamment l'apparition de la revue Travail et santé ;
- l'éclosion d'une foule de consultants.

De nouvelles façons de voir et penser le rapport au danger inhérent à l'activité de travail se font jour : l'intégration stratégique de la SST aux autres fonctions de l'entreprise et la science du danger (*cindynique*) sur lesquelles nous reviendrons dans le chapitre des assises scientifiques de la SST. Dans la présente section de l'historique, nous ne présentons pas d'illustration ; les quatre chapitres suivants portant sur la situation contemporaine seront l'occasion de présenter de nombreuses illustrations de ce qu'était la situation à la fin du XXe siècle.

1.6 Le résultat de 70 ans de gestion des conséquences

Il ne faut pas s'attendre à un résultat époustouflant puisque nous parlons de l'application d'un cataplasme historique. Le résultat est globalement et succinctement le suivant:

- le travail demeure une activité dangereuse pour l'intégrité physique des travailleuses et des travailleurs, il le devient de plus en plus pour l'intégrité psychologique de ces personnes;
- on continue à créer des conditions de travail sans égard aux personnes: la production est encore l'impératif, l'humain, l'être adaptable capable de s'ajuster à cette production;
- le Québec fait vivre une véritable armée de techniciens, de fonctionnaires, de cadres et de professionnels de la gestion des conséquences. La gestion préventive apparaît insignifiante à côté de cette véritable industrie qu'est la surveillance, le curatif, tout ce négatif rendu essentiel par faute de protection, de prévention, de promotion et de prévoyance. La prévention ne compte que pour 6 à 7 % du budget de la CSST;
- l'utilisation à des fins industrielles de produits chimiques dangereux s'accélère depuis le début de la révolution industrielle et ce n'est que maintenant qu'on développe la toxicologie industrielle;
- la production industrielle prend de plus en plus la forme de systèmes sociotechniques complexes, ouvrant la porte à des risques technologiques dont on commence à peine à mesurer l'ampleur;
- les pressions sont fortes pour qu'on reconnaisse le droit à l'indemnité pour de nouvelles formes de morbidité: cancers, maladies cardiaques, maladies mentales, agressions, etc. Aujourd'hui, nous parlons de maladies de civilisation, de stress, d'anxiété, de burnout. Demain, il faudra payer;
- le degré de prise en charge de leur santé et de leur sécurité par les premiers concernés, les travailleuses et les travailleurs, est extrêmement bas: nous nous en remettons très facilement aux diverses autorités qui se proposent de le faire à notre place; il demeure un pourcentage élevé de professionnels qui sont forcés de subordonner leur engagement éthique aux exigences intéressées des entreprises.

Conclusion

Tout au long de ce chapitre, nous avons illustré des conditions de vie et de travail qui, tout en étant extrêmes, n'en étaient pas moins réelles. Les situations décrites, comme tant d'autres qu'il nous faut passer sous silence, ont marqué l'histoire de la société et du travail en général, l'histoire du rapport au danger en particulier; l'éclairage au grand jour de ces faits a causé autant de chocs brutaux mais salutaires qui ont obligé la société à réagir, à remettre ses pendules à l'heure des valeurs universelles auxquelles elle croyait.

C'est pour protéger ses éléments les plus vulnérables que, dans un premier temps la société québécoise, à l'instar des autres sociétés occidentales, est intervenue. Dans un contexte de développement technologique, économique et industriel sans précédent, d'une accélération également sans précédent de la productivité des efforts humains et des moyens matériels de production, de guerres mondiales, d'une forme d'émancipation politique de la classe ouvrière, d'enquêtes et de discussions publiques, d'expérimentation de législations; à la faveur aussi de la création de nouveaux dangers pour la santé et la sécurité des travailleuses et des travailleurs, le processus de protection a pris un caractère universel créateur par le fait même de nouvelles légitimités politiques.

Dans l'esprit protectionniste hérité du XIXe siècle, on s'intéressa au sort des femmes et des enfants parce qu'ils représentaient la capacité de « reproduction de l'espèce », suivant les mots de l'ancien premier ministre de Québec, Honoré Mercier. Le souci de protéger les travailleuses et travailleurs contre les dangers inhérents à l'activité de travail ne devint cependant jamais un véritable principe universel, au contraire, l'accent fut mis sur la protection de la survie économique des personnes blessées ou malades, la gestion des conséquences, si bien qu'au début du XXIe siècle, le travail demeure une activité dangereuse. Le principe de l'assurance inscrit au cœur de l'état providence, allait vraisemblablement être le seul à prendre un caractère universel.

Bibliographie

(1) Cité par Llory, M. (1996) Accidents industriels: le coût du silence, Éditions L'Harmattan, Paris, p. 181

(2) Harvey, F. (1978) Révolution industrielle et travailleurs, Montréal, Boréal express, p. 220

(3) Harvey, F. IDEM p. 220

(4) Harvey, F. IDEM p. 220

(5) Harvey, F. IDEM p. 220

(6) Helbronneur, J. Chronique ouvrière 1884-1894, chronique hebdomadaire publiée sous le pseudonyme de Jean-Baptiste Gagnepetit. Cité par Fernand Harvey IDEM p. 220

(7) Girard, R. (1946) Marie Calumet, roman, Éditions Serge Brousseau, Montréal, p. 180

(8) IDEM p. 181-185

(9) Boily, R. (1980) Les Irlandais et le canal de Lachine - La grève de 1843, Éditions Leméac, Montmagny, p. 19

(10) IDEM p. 9

(11) IDEM p. 46

(12) IDEM p. 47

(13) IDEM p. 47-48

(14) IDEM p. 48

(15) IDEM p. 45

(16) IDEM p. 41-43

(17) IDEM p. 63

Bibliographie (suite)

(18) IDEM p. 191-192

(19) Canal HISTORIA, 19 octobre 2000

(20) Yu, M. Human Right, discrimination, and coping behavior of the chenese in Canada. Canadian ethnic studies (Canada 1987) 19(3):114-124

(21) Ong, P. M. (1985) The central pacific railroad exploitation of chenese labor, Journal of ethnic studies, 13920 p. 119-124

(22) Chartier, R. L'inspection des établissements industriels et des édifices publics (1885-1900), Relations Industrielles (17) 1:44

(23) Mercier, O. cité par Guyon L., rapport de l'inspecteur du travail, 30 juin 1891.

(24) Chartier, R. IDEM, p. 166

(25) Ewald, F. (1986) L'État providence, Bernard Grasset, Paris, p. 15

(26) Ewald, F. IDEM p. 16

(27) Ewald, F. IDEM p. 18

(28) Ewald, F. IDEM, p. 10

(29) Lippel, K. Le droit des accidentés du travail à une indemnité : analyse historique et critique, p. 15

(30) Ewald, F. (1986) L'État providence, Bernard Grasset, Paris, p. 137

(31) Lippel, K. Le droit des accidentés du travail à une indemnité : analyse historique et critique, p. 111

(32) Lippel, K. IDEM p. 208

(33) Lippel, K. IDEM p. 254

(34) Commission Roy (1925) Rapport de la Commission d'étude sur la réparation des accidents du travail. Québec, p. 46

(35) Commission Roy IDEM p. 16

(36) Commission Globenski (1908)Rapport de la Commission sur la réparation des accidents du travail. Québec, p. 55

(37) Harvey, F. (1978) Révolution industrielle et travailleurs, Montréal, Boréal express, p. 220

(38) Ledoux, B. (mars 1948) revue Relations – La silicose (87) p. 67

(39) Ledoux, B. IDEM, p. 65-66

(40) Ledoux, B. IDEM, p. 70-74

(41) Richard, J.P. (1978) La Presse

(42) Pie XII cité par Jean-d'Auteuil Richard, (mars 1948) revue Relations – La silicose, (87) p. 65

(43) Groulx, L. (20 avril 1949) Le Devoir

(44) Richard, J.P. (1978) La Presse

(45) Commission d'enquête sur la tragédie de la mine Belmoral et les conditions de sécurité dans les mines souterraines. (mars 1981) Volume 1, rapport final sur les circonstances, les conditions préalables et les causes de la tragédie du 20 mai 1980, p. 15

(46) Commission d'enquête IDEM, p. 62-63

(47) Commission d'enquête IDEM, p. 64

(48) Ouellet, F. (décembre 2000) Catastrophe minière à Val d'Or, revue Travail et santé, vol. 16:4 p. 6-11

«Sans travail toute vie pourrit. Mais sous un travail sans âme, la vie étouffe et meurt»
(Camus)

«Il est vrai que nous sommes peu nombreux, mais pour preux et hardis nous le sommes»
(Chanson de Roland)

«Mais vous le savez, la peine, c'est la pierre angulaire»
(Laure Conan)

Chapitre 2

Aujourd'hui la SST

Introduction

Au moment d'écrire ces lignes, les décombres du World Trade Center, à New-York (WTC), fument encore, le nombre de morts et de disparus reste à établir avec précision : 3 000, 4 000 ? Dans ce contexte, nos conceptions fondées sur des normes éprouvées, sur des techniques de prévention simples, sur des approches individuelles et sur les seuls dysfonctionnements opérationnels, ne valent plus. Les 700 employés d'une même entreprise ont péri à l'occasion de leur travail et il ne s'agit pas d'accidents de travail. Peut-on parler d'une catastrophe technologique ? D'une catastrophe du système social du monde ? D'une crise du système de valeur du monde ? L'hégémonie spiritualiste est-elle en guerre contre l'hégémonie matérialiste ? Doit-on simplement parler d'un crime contre l'humanité, d'un crime dont il faut trouver et punir le coupable pour prétendre ensuite avoir réglé le problème ? On ne sait plus, tout se confond.

Aujourd'hui, les humains de la planète se posent tous des questions fondamentales, des questions d'ordre philosophique, sociologique et anthropologique : quelle est la nature et l'essence de l'humain, comment comprendre qu'on en soit là, et qu'on y soit au nom de ce que nous considérons comme sacré : la religion et la liberté ? On me permettra cette métaphore : lorsqu'on fait du ski de fond en famille, tous doivent aller à la vitesse du plus lent. Si on ne le fait pas, il n'y a plus de sens à la famille humaine. Aussi, le plus petit peut se perdre, se faire dévorer par l'ours ou apprendre à vivre selon les lois de la nature sauvage...

Ce long préambule avait pour but de donner un sens particulièrement actuel à l'importance qu'il faut accorder aux fondements culturels du rapport au danger inhérent à l'activité de travail, ce qui est l'objet de la SST. Nos façons de penser et d'agir sont ancrées dans notre culture, des enjeux vitaux sont vécus en lien avec le travail, des valeurs dites inviolables et inaliénables n'en sont pas moins violées et aliénées sans vergogne. L'avenir comporte pourtant des promesses fondées sur l'avancement de la science et de la conscience.

2.1 Le travail au cœur des questions vitales

Le travail étant à la fois le lieu où se vivent des enjeux vitaux et l'objet sur lequel agissent les praticiens de la SST, il importe de mettre en évidence les questions fondamentales qu'il pose encore et peut-être plus que jamais aujourd'hui.

Suivant l'étymologie latine, le mot travail vient de *trepalium* et signifie *instrument de torture.* À l'origine, le mot travail se rapporte aux instruments utilisés lors d'une action perpétrée sur une personne sans défense pour obtenir des aveux ou des témoignages incriminants. Il s'agit alors du travail sur une personne ou, plus précisément, de travailler une personne[(1)].

Non, bien sûr, on ne torture pas les gens pour les faire travailler. La notion de sacrifice et par conséquent de contrainte, voire de douleur, continue cependant d'exister. À la suite de mises à pied ou à la retraite massive, on demande aux personnes congédiées aussi bien qu'à celles qui demeurent, de faire des sacrifices pour maintenir des services, régler des problèmes de déficits budgétaires, maintenir le taux de profits, etc. Certains s'épuisent, d'autres se rendent malades physiquement et psychologiquement, la souffrance tend à se généraliser dans certains secteurs, tel celui des hôpitaux. Combien de fois n'avons-nous pas entendu des amis compter le temps qui les sépare de la retraite, de la libération... comme s'ils étaient incarcérés !

Le sens philosophique acquis par le travail à travers les âges le situe aux antipodes de son sens le plus ancien, témoignant ainsi de la démocratisation des valeurs et des pratiques sociales. Suivant le *Petit Larousse*, le travail peut se définir comme suit : *«Activité de transformation de la nature, propre aux hommes, qui les met en relation et qui est productrice de valeurs»*. La philosophie reconnaît un caractère ennoblissant au travail, faisant de son objet la transformation de la nature et de sa finalité : la création de valeurs.

Au cœur de la grande période de l'industrialisation, alors qu'on parlait du capital et du travail comme étant des entités fortement polarisées[2], le travail avait à la fois le sens de *population* active et celui de *facteur de production*. Le *Petit Larousse* le définit comme suit : *«Activité laborieuse de l'homme considérée comme un facteur essentiel de la production et de l'économie»*. L'accent est mis à la fois sur le caractère de dureté de l'activité professionnelle, la charge et l'effort qu'elle exige et sur son impersonnalité comme moyen d'assurer la production et de développer l'économie. Quoi de plus abstrait et impersonnel en effet qu'un facteur de production, fusse-t-il essentiel pour définir notre participation à la vie économique !

Cette définition que nous pourrions qualifier de « dix-neuvièmiste » demeure très actuelle. Une part importante du travail demeure une activité laborieuse, épuisante, dont le sens premier échappe à la personne qui le réalise concrètement.

Avec le XIXe siècle, la notion continue à évoluer, elle prend le caractère plus large et plus objectif de : *«Activité de l'homme appliquée à la production, à la création, à l'entretien de quelque chose»*. Le travail n'est plus nécessairement un labeur et il intègre l'entretien et la création de quelque chose. Or, le processus de création comporte ses exigences, la création se fait difficilement sans un certain degré d'autonomie et de liberté de la part du travailleur concerné, qu'il soit artiste, ingénieur, technicien ou opérateur. Ainsi, bien que la brisure entre la personne travailleuse et l'objet de l'activité professionnelle demeure présente dans nos conceptions du travail, nous nous approchons du sens philosophique du terme.

Dans un ouvrage de la collection *Que sais-je?*, le psychodynamicien Christophe Dejours propose une définition théorique du travail qui, tout en étant critiquable à certains égards, n'en demeure pas moins intéressante pour marquer l'évolution de la notion. Suivons-le dans sa définition : *«Le travail, c'est l'activité coordonnée déployée par les hommes et les femmes pour faire face à ce qui, dans une tâche utilitaire, ne peut être obtenu par la stricte exécution de l'organisation prescrite»*[3]. Le sens le plus élémentaire de cette définition est simple : le travail est une activité comportant plusieurs tâches ; son contenu ne se limite pas au cumul de celles-ci ; cette activité est coordonnée et possède par conséquent un caractère social relativement complexe ; elle est utile, se distinguant ainsi du loisir.

L'originalité fondamentale de la définition de l'auteur réside dans le fait que le travail, en tant qu'activité humaine, ne peut pas être circonscrit totalement, qu'il comporte toujours une part d'indéfinissable, d'aléatoire et d'inconnu. L'ergonomie nous a appris ceci : s'en tenir à ce qui peut être effectivement prescrit serait la négation d'une partie essentielle du travail réel. Ajoutons qu'une telle attitude, empreinte d'autoritarisme, serait pour le moins sclérosante pour l'organisation.

Contrairement aux définitions traditionnelles, la définition de Dejours néglige le caractère pénible du travail. Si la prescription banale, la pénibilité et la souffrance peuvent être exclues d'une conception idéale du travail et si elles doivent être éliminées de l'activité humaine afin de favoriser un haut degré de santé et de sécurité tant physique que psychique et moral, elles n'en demeurent pas moins une composante indéniable de la réalité du travail.

Cette définition donne cependant sa juste place à la dimension humaine du travail, dimension qui suppose un contexte et des traditions : *«...c'est ce qui doit être ajusté, réaménagé, imaginé, ajouté par les hommes et les femmes pour tenir compte du réel du travail»*[4].

Il ressort de ce qui précède que la notion de travail a toujours été et demeure en évolution. À travers l'histoire, la notion de travail passe graduellement de quelque chose de simple et univoque à quelque chose de complexe et équivoque, voire paradoxale[5]. Sur le plan philosophique, le travail fait passer le producteur de biens et de services, le travailleur, d'un objet accessoire à celui de sujet incontournable de la réalisation de l'humain par l'activité de travail.

Le travail est à la fois une œuvre dont le contenu est inséparable de son auteur et la ligne de feu de la concurrence que se livrent les puissances financières, industrielles, sociales et gouvernementales. Point de tourmente de la tornade du productivisme imposé par la révolution cybernétique, le travail est un champ de bataille impitoyable dans lequel les travailleuses et les travailleurs deviennent graduellement des finalités obligées tout en demeurant, pour une large part, des moyens utiles.

Dans une conférence prononcée dans le cadre d'un colloque de l'Association des médecins du travail du Québec, le 25 mai 1995, Marie-Claire Carpentier-Roy présente les causes sociales de la recrudescence des problèmes de santé mentale au travail. *«On verra alors,* disait-elle, *qu'en relation avec l'identité, le travail peut être un "opérateur de santé" ou, a contrario, source de souffrance puis de possibles pathologies dont les formes varient depuis l'insomnie chronique jusqu'au burn out en passant par le désinvestissement, la démobilisation ou différentes formes de somatisation»*[6]. Les dirigeants politiques et les gestionnaires du XXIe siècle se retrouvent devant le défi de trouver un compromis entre santé et productivité.

Dès lors que le travail devient un danger pour l'homme, particulièrement si ce danger concerne le fragile équilibre inhérent à la santé mentale, il est à se demander si l'économie du travail n'est pas en voie de devenir une source d'angoisse existentielle comparable aux peurs traumatisantes qui ont profondément marqué les hommes d'autrefois, ceux des siècles et des millénaires passés.

2.2 Travail et danger

La perception et la compréhension du danger ont toujours été liées à l'angoisse existentielle des humains et à la peur qui en découle, aussi, sa conception a évolué dans le temps, avec les croyances et avec le développement de la connaissance. Georges-Yves Kervern et Patrick Rubise, les auteurs de « L'archipel du danger », soutiennent que l'histoire du danger permet de distinguer trois ères : *«l'âge du sang, l'âge des larmes et l'âge des neurones»*[7].

L'âge du sang: Se croyant à la merci de la nature, anticipant la mort, l'homme archaïque combat l'angoisse existentielle et la peur en offrant en sacrifice aux dieux qu'il vénère des objets précieux, des animaux domestiques utiles et des personnes parfois prisonnières mais, le plus souvent, des êtres aimés et respectés. Les hommes de l'antiquité procèdent à ces sacrifices en toute bonne foi, ils croient à l'efficacité de la méthode comme nous croyons à l'efficacité des nôtres, qui ne manquent pas d'être douteuses à l'occasion ; pensons par exemple à la pratique des coupures de postes, parfois si drastiques qu'elles provoquent des détresses psychiques pouvant inciter au suicide ou provoquer des problèmes graves de santé mentale chez un bon nombre des personnes concernées.

Selon le philosophe René Girard, célèbre auteur du livre « Le Bouc Émissaire », les sociétés de type archaïque sont régies par un Code sacrificiel : *«dans toutes les sociétés antiques et primitives en crise, lorsque les moyens légaux de rétablir l'ordre ont disparu, se pratiquent des sacrifices extraordinaires. On en découvre dans toutes les épopées, à commencer par l'Iliade et l'Odyssée»*[8]. Les recherches historiques et anthropologiques ont montré que le Code sacrificiel s'est appliqué sur tous les continents et a transcendé toutes les cultures. Limitons-nous à un des exemples donnés par Kervern et Rubise :

> *«Ainsi, plus au Nord où en Suède, la famine faisant rage, les habitants organisèrent de grandes cérémonies à Upsala. Le premier automne, ils sacrifièrent des bœufs, mais les récoltes n'en furent pas meilleures pour autant; l'automne suivant, ils sacrifièrent des êtres humains, mais le résultat fut identique. Alors, les grands du royaume se réunirent, délibérèrent et convinrent que leur roi, Domaldi, devait être la cause de cette famine... Il fut mis à mort, son sang utilisé pour rougir les autels du temple païen, et le règne de son fils fut une longue période de paix et d'abondance»*[9].

Pour nous qui connaissons le doute méthodique et l'expérimentation scientifique, ce type de remède nous laisse pour le moins pantois.

L'âge des larmes: Depuis que Jésus-Christ, son Dieu vivant, a fait le sacrifice de sa vie comme ultime bouc émissaire pour sauver les humains, l'homme croyant a abandonné la pratique sacrificielle comme moyen pour apaiser le courroux de l'Au-delà suprême. À partir de cette révolution, le Moyen Âge fut le théâtre d'une transition vers l'ère de la science, des technologies et du progrès économique et industriel, l'âge moderne.

Face au danger, l'homme croyant en réfère au sacré personnifié par les gens d'église qu'il ne faut pas mécontenter, et aux démons qui sont la cause de tous les malheurs du monde.

Nous pouvons associer cette attitude conservatrice à la dimension réactive et négative de la prévention qui consiste à se définir par opposition à l'indésirable: ici le démon et la colère divine. Le désirable consistant à plaire à Dieu et à ses représentants, on le priait ardemment et on manifestait notre foi par des processions et autres démonstrations de piété. Ainsi, écrit Jean Deluneau: *«...entre 1585 et 1631, à Barcelone, on processionna plus de six cents fois à l'occasion de soixante-quatre sécheresses, quatre-vingts fois contre sept attaques de la peste...»*(10).

Comme il arrive généralement des pratiques « négativistes », la recherche du coupable, de l'hérétique, du fauteur de trouble conduit à un obscurantisme dénoncé par les historiens:

> *«Érasme n'affirme-t-il pas que Dieu "envoie les Turcs contre nous comme jadis il envoya contre les Égyptiens les grenouilles, les moustiques et les sauterelles" les Juifs, les hérétiques et enfin les femmes et les libertins»*(11).

Le Moyen Âge marqua pourtant le début de l'antifatalisme qui prend la forme de mesures de protection contre les incendies, la promulgation de lois sur la construction des bâtiments. Il faut dire que des incendies terribles détruisaient parfois des villes entières. La protection contre la maladie s'est également développée par la construction de lieux d'isolation des pestiférés, des hôpitaux. Là aussi, la situation était d'une gravité inimaginable de nos jours:

> *«C'est surtout la peste qui est redoutée en Occident, avec une épidémie presque tous les dix ans de 1350 à 1750, où certaines villes voient de 20% à 60% de leur population disparaître»*(12).

<u>L'âge des neurones</u>: Il est possible de dater le début de l'âge où les hommes commencèrent à considérer le danger comme étant autre chose qu'une punition des dieux ou une fatalité de la nature, mais bien un fait humain et un problème à résoudre. En 1755, un terrible tremblement de terre secoue Lisbonne faisant cent mille victimes en quelques secondes. La catastrophe provoque une discussion publique sans précédent dans les médias.

Deux des grands philosophes de l'heure entretiennent sur le sujet une relation épistolaire historique. Voltaire compose un poème sur ce désastre où il dit que *«la nature est muette, on l'interroge en vain. Il faut avouer, le mal est sur la terre»*(13). Si Voltaire rend responsable la nature, Rousseau, pour sa part, rend les hommes responsables *«il fallait construire la ville autrement ou bien ailleurs»*(14). Il ne suffit pas de construire une ville sur le flanc d'un volcan pour qu'il cesse de vivre et de cracher ses flammes sporadiquement, à travers les millénaires. Non, l'homme ne peut influencer la nature, il lui est cependant loisible et parfois vital de se laisser influencer par son langage factuel lent mais brutal.

Les grandes sources d'angoisse disparaissent pour être remplacées par d'autres. La peste ne fait plus de ravage, l'éclairage des rues des villes améliore la sécurité des citoyens, des mesures d'hygiène publiques améliorent les conditions de vie des gens, etc. Au XIXe siècle apparaît, avec le début de la révolution industrielle, le risque technologique créé par l'homme, ce risque qui: *«n'implique pas en effet, seulement une idée de danger, mais l'idée d'un danger délibérément assumé, que l'on pourrait, si on le décidait, s'abstenir de provoquer»*(15).

On entre de plein fouet dans l'ère industrielle, les dangers se multiplient dans les usines, les mines, les voies ferrées, les chantiers de construction. Ainsi, alors que des milliers de personnes meurent chaque année dans les mines du pays, il faudra la catastrophe de Courrières en 1906, qui fera plus de 1100 victimes, pour que l'opinion publique française estime ce niveau de danger inacceptable. Il ressort des exemples donnés au précédent chapitre que la situation n'évoluait pas autrement ni plus rapidement de ce côté-ci de l'Atlantique.

Tout au long du XXe siècle, le travail a été une activité dangereuse faisant plus de victimes que les guerres, écrivait le BIT pendant que sévissait la guerre du Viêt-nam et alors que le monde se remettait à peine de deux conflits d'envergure mondiale.

Au Québec, les accidents de travail font près de 100 morts par année, des dizaines de milliers de blessés et des milliers d'incapacités permanentes. Les maladies physiques sont beaucoup plus mortelles encore. Le professeur Michel Gérin de la Faculté de médecine de l'Université de Montréal estime *«...le fardeau des effets toxiques au Québec à environ mille cinq cents ou deux mille décès par an [...] et à un minimum de sept mille nouveaux cas de maladies»*[16]. Et dire que, de l'avis de l'OMS, les problèmes reliés à la santé mentale dépassent en importance les autres causes de morbidité du travail. Qui ne connaît pas une ou quelques personnes dont la vie professionnelle est perturbée par des malaises psychologiques plus ou moins graves, allant de la détresse au burnout ?

Cela fait des dizaines et des dizaines de milliers de personnes dont la vie, la santé, l'intégrité, la sécurité, le confort et la quiétude sont affectés annuellement dans le seul Québec ! Si toute cette morbidité et ces inconvénients majeurs survenaient en un ou quelques événements, le mot catastrophe ne conviendrait pas pour exprimer l'effroi et l'horreur qu'ils nous inspireraient. Ces drames ne surviennent pas d'un seul coup, le résultat n'en est pas moins le même. Suffit-il d'échapper à la définition littérale d'une catastrophe pour oublier une réalité encore plus terrible ?

2.3 La SST au cœur de notre culture du danger

L'expression « Santé et sécurité du travail » comporte une part de flou qui en fait un objet assez difficile à définir. Il ne s'agit pas d'un champ professionnel, même si elle regroupe un grand nombre de praticiens spécialisés, puisqu'elle ne comporte pas une méthode qui lui est propre. Il s'agit de valeurs profondes qui sont l'objet de préoccupations dans les sociétés. Il s'agit aussi d'une symbolique à travers laquelle se reconnaissent les personnes aux prises avec une lésion professionnelle. Qui n'a pas entendu l'expression « je suis sur la SST » ? Il s'agit également d'un gros système voué à la gestion bureaucratique des conséquences du danger inhérentes à l'activité de travail.

L'expression « Santé et sécurité au travail » devenue plus tard du travail pour respecter les exigences de la langue française, est passée dans le langage courant au cours des années 70 et elle origine du Québec[17]. Le vocabulaire utilisé pour parler du rapport au danger a grandement évolué depuis un siècle. C'est ainsi qu'au XIXe siècle, il était question de misère ouvrière et du rapport entre le capital, soit les propriétaires des moyens financiers et le travail, c'est-à-dire les personnes qui besognaient dur pour assurer la production des biens.

Au cours du XXe siècle, il fut question d'accidents du travail et de maladies professionnelles pour spécifier les formes que prenait la morbidité inhérente au travail. L'intervention a pris forme, l'hygiène, la sécurité et la toxicologie industrielle se sont développées. Plus récemment, ce fut l'ergonomie, la médecine occupationnelle et, en fin de siècle, la psychodynamique du travail. Il est maintenant question de *cindynique* pour appréhender et intégrer le tout dans un cadre systémique.

L'expression « Santé et sécurité du travail » a marqué une brisure par rapport au passé, il s'agit de termes à connotation strictement positive permettant, au-delà des manifestations négatives qui n'ont jamais été éliminées de l'activité de travail, de considérer également les exigences positives et structurantes du travail.

Aussi loin que l'on puisse remonter dans l'histoire de l'humanité, les personnes et les sociétés ont été confrontées avec les dangers inhérents à l'activité de production de biens ou de services. Qu'il s'agisse pour l'homme de domestiquer la fureur du feu, de chasser le gibier sauvage avec des moyens rudimentaires, de pêcher dans les eaux profondes, de cueillir des fruits aux grands arbres, de cultiver la terre, de miner le sous-sol de la planète, de transformer la matière brute en produits de consommation, d'offrir des services de tout genre aux entreprises et à la population ou de mener des recherches très sophistiquées pour satisfaire sa quête de connaissance ; l'humain rencontre toujours sur son passage cet inconnu indésirable mais indubitablement présent qui a nom : danger, hasard ou aléa.

De tout temps, l'humain a dû appréhender cette réalité pour survivre et se développer, toujours il a transmis à ses descendants le fruit de son expérience et toujours la réalité a fui devant lui. Toujours la réalité s'est transformée et se transforme encore, et de plus en plus vite, rendant ainsi partiellement désuètes les connaissances qu'il a acquises par l'expérience et la réflexion. L'attentat du 11 septembre 2001 contre le Word Trade Center ne nous oblige-t-il pas à redéfinir le mot impossible ? Toujours, par conséquent, s'impose l'impérative nécessité de créer de nouveaux remparts contre le danger, d'initier des moyens de rendre le travail valorisant pour motiver les gens au travail, pour faire du travail une expérience positive en plus de ne pas comporter de danger pour l'intégrité des personnes.

C'est ainsi que le champ d'intervention et de pratique qu'est la SST est fait de règles à respecter, de précautions individuelles, de prévention technique, d'intégrations systémique et comportementale. La SST est également faite de défis de plus en plus complexes et difficiles à relever, de défis qui se multiplient et qui doivent être constamment redéfinis, reconceptualisés et reformalisés. Certains défis valent pour la formation sociale dans son ensemble, alors que d'autres relèvent des gouvernements, des institutions, des organisations sociales, des syndicats, des entreprises et des premiers concernés : les travailleuses et les travailleurs. Nous sommes tous concernés à un degré ou à un autre par le rapport au danger inhérent à l'activité de travail ou par ses conséquences.

La vieille devise voulant que « aucun travail n'est si important qu'il puisse être fait sans sécurité » rejoint nos valeurs les plus profondes mais, lorsqu'on la confronte aux pratiques effectives, elle ne convainc vraisemblablement personne. Nous avons malheureusement tous un vécu personnel pour témoigner du peu de conviction que nous avons à l'égard des principes de sécurité les plus élémentaires. Nous avons tous également l'impression sinon la conviction que de tout temps, les exigences de la production ont eu dans le travail la primauté sur celles de la santé, de la sécurité et de la vitalité des travailleuses et des travailleurs.

Qui n'a pas dans la vie de tous les jours risqué de se blesser pour terminer une tâche plus rapidement ? Qui n'a pas une bonne fois justifié la prise de risque et l'absence de sécurité, en évoquant sur un ton mi-badin mi-sérieux le recours à une quelconque prime d'assurance : « Si tu te fais mal, c'est pas grave, tu as des indemnités ». N'y a-t-il pas dans les archétypes de notre culture et dans notre mythologie toutes sortes de justifications de la douleur, de la force brutale, du défi du danger et de l'exploit réussi au prix de la mise en péril de son intégrité ?

Ces valeurs ont des origines culturelles profondes. Les religions ont perdu de leur emprise, mais les valeurs qu'elles nous ont transmises sont demeurées. Par exemple, n'avons-nous pas intégré le « tu gagneras ton pain à la sueur de ton front » pour faire admettre, sinon pour justifier la pénibilité du travail dans certaines couches de la population.

Toutes les fois qu'il m'a été donné de voir une équipe d'hommes s'attaquer au déplacement d'un objet gros et lourd, j'ai remarqué que c'est le plus petit de ces hommes qui systématiquement s'empresse à saisir la partie lourde de la charge. N'avons-nous pas là une illustration de la vivacité du mythe du Matamore, le mythe de l'homme qui se définit par sa force physique ? La mythologie vivante ne concerne, hélas, pas que les hommes. Dans notre société, une femme ne se doit-elle pas d'avoir belle apparence, d'être belle et de l'être selon certains critères qui n'ont rien à voir avec le confort et la sécurité ? Que ne fait-on pas, hommes et femmes, pour répondre aux exigences symboliques du travail, dans nos modes vestimentaires par exemple, malgré un inconfort manifeste. Comme il fait bon revêtir ses vêtements sport si confortables qu'on voudrait ne jamais s'en priver, mais qu'il faut bien laisser à la maison ou au chalet.

Aussi, nous pouvons trouver dans les profondeurs les plus lointaines de notre culture, des explications, sinon des justifications de bon nombre d'attitudes et de comportements dangereux provenant tant des travailleuses et des travailleurs que des employeurs et de leurs représentants.

Nous avons une mythologie de l'exploit et non de l'œuvre : l'exploit renvoie à la survie, l'œuvre au dépassement. Quand cesserons-nous de travailler suivant une mentalité de survivant au prix de notre bien-être physique et psychologique ? Quand réaliserons-nous que le travail peut et doit s'accomplir comme une œuvre à la fois objective et extérieure à soi, axée sur la production, comme une œuvre personnelle et subjective axée sur l'accomplissement de soi ? Le renversement de perspective exigé par le productivisme à outrance conduit à un monde absurde où le sujet humain prend moins d'importance que l'objet matériel sur lequel nous travaillons. « La matière sort ennoblie de l'usine, l'homme en sort avili » écrivait en substance Léon XIII dans l'encyclique *Rerum novarum.*

Ce n'est sans doute pas par pur hasard si la télévision américaine fait ses choux gras par le cinéma vérité en organisant des épreuves de survie qui n'excluent aucunement la violence, qui la valorise au contraire pour capter l'intérêt des téléspectateurs. La réussite à tout prix, la violence au besoin, la performance olympienne, la concurrence individuelle féroce, etc., voilà le lot d'une part de plus en plus considérable de la population active. Par conséquent, une autre part de la population se voit contrainte d'accepter des emplois vides de sens ou de s'isoler pour éviter les risques inhérents à un travail trop exigeant, dans des conditions matérielles avantageuses certes, mais sans vie sociale et familiale normale.

Il est fascinant de constater que nos véhicules culturels les plus populaires tels le cinéma et les bandes dessinées valorisent la violence, placent les personnages dans des situations de survie qui justifient toutes les formes de violence contre des personnes. Il est encore plus étonnant de voir évoluer des musiciens qui, à cause du son extrêmement fort des appareils qu'ils utilisent, se rendent partiellement sourds et, par conséquent, incapables à la longue d'écouter ce qu'ils disent être leur raison d'exister : la musique.

Nous avons pourtant de notre histoire de la SST, bien qu'elle soit peu médiatisée, une connaissance relativement vive. Nous avons, de par notre expérience familiale et personnelle, une certaine connaissance des conditions dans lesquelles le travail s'accomplissait au cours des décennies les plus près de nous. Nous avons tous, qui un grand-père mort des suites d'une maladie pulmonaire contractée dans le cadre d'un travail minier, qui un père ou un oncle devenu sourd à cause de son exposition au bruit industriel en forêt, sur des chantiers de construction ou en usine. Il n'est pas nécessaire de reculer dans le temps pour constater les répercussions négatives du travail sur la santé et sur la sécurité des personnes en emploi. Il suffit de regarder autour de nous pour constater que nous connaissons soit un collègue ou une amie en proie à la détresse psychique à cause d'un travail mal organisé ou peu valorisant, soit un voisin ou une connaissance forcé de vivre temporairement ou de façon permanente aux crochets de la société à la suite d'un accident de travail ou d'une maladie professionnelle.

La relation que nous entretenons avec le danger dans l'accomplissement de notre travail est généralement très complexe. Cependant, lorsque vient le temps de fournir des explications au phénomène des accidents du travail et des maladies professionnelles, ce qui domine les mentalités, ce sont des explications toutes simples et parfois simplistes, des réactions spontanées, des jugements rapides pour ne pas dire des préjugés profonds.

On dira que les travailleurs ne font pas attention, qu'ils n'appliquent pas les règlements de sécurité les plus élémentaires, qu'ils feignent des maux de dos, qu'ils fraudent le système, etc.

Comme les victimes sont toujours présentes dans l'événement malheureux, on trouvera le moyen de les blâmer d'une manière ou d'une autre. D'autres explications tout aussi stériles viendront parfois s'ajouter : le patron est responsable de tout ce qui arrive, les inspecteurs du gouvernement ne font pas leur travail, etc.

Toutes ces explications sont ancrées dans nos mentalités, elles ne sont en rien des solutions pas plus que ceux qui les défendent ne font partie d'une stratégie efficace, elles et ils font partie du problème que doivent résoudre les praticiens les plus éclairés du domaine de la SST.

2.4 Des valeurs profondes

Que l'on parle de « Santé et de sécurité du travail » (SST), ou plus généralement du rapport au danger inhérent à l'activité de travail, l'objet au centre de notre propos est variable d'un groupe à un autre, d'une culture à une autre. Faire abstraction de cette dimension culturelle, en se limitant par exemple à aborder les problèmes uniquement sous l'angle de la science et de la technologie, reviendrait à en ignorer un déterminant fondamental. La science et la technologie ne sont que des ressources à la disposition des acteurs, des moyens qu'ils utilisent et parfois manipulent en prenant des décisions et en développant leurs stratégies d'actions. Chaque collectivité sociale utilisera ces ressources selon les normes de ce groupe, c'est-à-dire, selon des règles culturelles, soit les valeurs, les principes, les habitudes, les croyances et les traditions.

La vie, la santé et la sécurité sont des biens supérieurs qui figurent parmi les valeurs les plus profondes de notre société. Ce n'est pas par hasard si la santé est au centre des grands débats politiques, ce n'est pas sans raison qu'elle constitue un des enjeux les plus sensibles et les plus déterminants du choix que nous faisons de nos dirigeants politiques. La vie, la santé et la sécurité sont, pour ainsi dire, des valeurs inviolables et inaliénables. Pour illustrer ce fait, on peut se poser la question suivante : qu'adviendrait-il si, pour sauver la Joconde du péril du feu, on demandait à un des employés du Louvre de risquer au brasier le sacrifice de sa main droite ? Bien sûr que l'employé serait en droit de refuser. Il n'est pas impossible d'imaginer un acte héroïque de la part du conservateur du musée ou d'un admirateur inconditionnel de l'œuvre de Léonard de Vinci ; on ne peut pas cependant concevoir que le conservateur du Louvre puisse exiger de son employé qu'il posa un tel geste.

Il m'a été donné de vivre un incident navrant au cours duquel un de mes frères sauva une Joconde bien particulière, elle avait nom « tracteur de ferme ». Nous étions en train de ramasser le foin, en pleine chaleur, lorsque mon frère Sylvio voulut allumer une cigarette. Comme il n'y avait plus d'essence dans son briquet, il décida de laisser tomber une goutte d'essence du réservoir du tracteur sur la mèche de son briquet. Or, le pauvre homme qui n'avait pas encore vingt ans, ne prit pas la précaution d'activer le briquet pour en libérer la mèche avant que le petit engin producteur d'étincelles ne soit tout près du mécanisme d'écoulement. Ce qui devait arriver arriva, le dégagement de la mèche provoqua un frottement de la pierre ; l'étincelle rejoignit le filet d'essence et alluma le feu. C'est alors qu'au prix d'une brûlure assez grave, Sylvio se mit la main dans les flammes pour fermer le robinet et sauver le tracteur d'une explosion qui aurait fait des dommages importants. Qui lui aurait reproché de s'être sauvé, de déguerpir les jambes à son cou ? À travers son geste héroïque, il a spontanément accordé à la machine un prix plus élevé qu'à l'intégrité de sa main droite. Personne autre que lui aurait pu en décider ou l'inciter à agir ainsi.

L'investissement considérable que notre société consacre à la SST témoigne de façon éloquente de l'importance de ces biens supérieurs et des valeurs qui s'y rattachent. Des lois majeures définissent les droits et obligations des patrons et des travailleurs. Une foule de règlements et de normes en précisent l'étendue et le mode d'application. De nombreuses institutions, dont la puissante CSST, sont mises à contribution. La plupart des entreprises moyennes et grandes de même que de nombreux syndicats offrent des services dont les mandats sont relatifs à la SST. De fait, à tous les niveaux de l'organisation sociale, depuis le représentant des travailleurs jusqu'au professeur d'université en passant par les cadres, les techniciens et les professionnels de tout ordre, des milliers de personnes travaillent, contre rémunération, à préserver ces biens, à sauvegarder ces valeurs. Et ce, sans compter les militants qui y consacrent une partie de leur vie.

En somme, la vie, la santé et la sécurité sont des biens supérieurs, des valeurs fondatrices de civilisation, des valeurs qui ne sont remises en cause par personne dans notre société. Pourtant, le nombre et la gravité des lésions professionnelles reconnues de même que la façon de les considérer et de les gérer nous amènent à penser que dans les faits, lorsqu'elles sont vécues dans le contexte du travail, ces valeurs peuvent être déconsidérées, voire même bafouées sans vergogne.

2.5 Des enjeux vitaux

Est-il besoin d'insister sur l'importance des enjeux qui sont ici en cause. L'enjeu extraordinaire qui est au centre de toutes les préoccupations en matière de SST, c'est d'abord et avant tout la sauvegarde de la vie, de l'intégrité physique et psychologique des personnes en emploi. Cet enjeu, c'est aussi la qualité de vie que procurent le travail et son organisation, c'est la satisfaction légitime que doit procurer une activité par laquelle on se réalise largement et à laquelle les travailleuses et les travailleurs consacrent une très large place dans leur vie.

L'enjeu économique, bien que très important, vient bien entendu en second lieu. Ne pas respecter cette hiérarchie de valeurs consisterait à mettre sur un pied d'égalité, ou pire encore, serait placer la fin après les moyens, l'homme après l'économie.

Dans la réalité cependant, il est rare que nous ayons à choisir carrément et froidement entre deux valeurs absolues. Dans les faits, les entreprises font face à des impératifs économiques de développement et de concurrence qui mettent en cause leur survie. Dans les faits, vouloir éliminer à court terme et à tout prix tous les risques de lésions professionnelles et procurer en même temps aux travailleuses et aux travailleurs un milieu de travail enrichissant et épanouissant, semble bien relever de la pure utopie.

La question se pose donc en termes relatifs et non absolus. Que serait la société et l'économie québécoise si les conditions de travail du XIXe siècle avaient prévalu jusqu'à nos jours ? La chose est inimaginable. Il est tout aussi inimaginable de penser qu'à compter de maintenant, on mette fin à l'amélioration des conditions de santé et de sécurité du travail. Dans les faits, l'amélioration des méthodes, des techniques, des procédés et des technologies sanitaires et sécuritaires, font partie intégrante du processus de développement économique. En d'autres mots, la réalisation de l'enjeu premier, soit le respect de la vie et de l'intégrité des personnes, constitue dans une certaine mesure, une condition de réalisation de l'enjeu économique. Mais voilà, quelle est cette mesure ? Puisqu'il ne sert à rien de la rechercher dans l'absolu, nous devons pouvoir la trouver dans la réalité pratique et observable.

Les entreprises dont l'objectif est de réaliser « zéro-lésion » professionnelle tout en sachant que le « zéro-risque » est une utopie, celles qui font en sorte que le travail soit une activité positive, structurante et source de plaisir, ces entreprises ne sont pas au bord de la faillite, bien au contraire. Ces entreprises dont les représentants se reconnaîtront ici, réduisent leurs coûts de cotisation à la CSST de façon radicale, elles améliorent la qualité de leurs produits ou services, elles augmentent la protection de l'environnement par le fait même et, ce qui est loin d'être négligeable, elles augmentent leur productivité. Et s'il est possible et rentable, tant au plan humain qu'économique, d'atteindre de tels résultats pour certaines entreprises, il serait pour le moins irresponsable et déraisonnable de ne pas prendre les moyens nécessaires et suffisants d'y parvenir dans l'ensemble des entreprises.

2.6 Santé et sécurité AU travail ou DU travail

Une précision d'ordre linguistique s'impose, une précision particulièrement intéressante puisqu'elle illustre d'une façon particulière les enjeux du travail. Parmi les acteurs sociaux, certains utilisent toujours le pronom DU comme il se doit dans l'expression « Santé et sécurité du travail », d'autres s'y refusent obstinément et utilisent le pronom AU : « Santé et sécurité au travail ». Quelle est donc la différence essentielle ? Pourquoi en est-il ainsi ?

Le AU est particulièrement restrictif, il indique qu'il n'y a qu'un simple rapport de <u>lieu</u> entre les questions de santé et de sécurité d'une part et le travail d'autre part. Le travail ne serait alors pas intrinsèquement concerné par les lésions professionnelles. Le travail ne serait alors que le lieu où les aléas défavorables de la vie active se répercutent en conséquences plus ou moins graves pour les personnes, pour les entreprises et pour la société. Dans cette acceptation de l'expression, le travail ne serait que le théâtre immuable où les travailleuses et les travailleurs actualisent un rapport personnel problématique avec les exigences normales de la santé et de la sécurité en situation de travail.

L'utilisation du DU a pour effet, au contraire, de considérer le travail comme une réalité globale et substantielle en plus d'être un lieu particulier. Le travail est considéré ici comme l'ensemble des personnes, des équipements et des conditions qui constituent l'organisation par laquelle et dans laquelle s'effectuent les activités de production de biens et de services dont la société a besoin. Approuvée par les linguistes, cette acceptation est celle qu'utilisent le législateur et les institutions chargés de mettre en application le cadre normatif.

Cette simple précision d'ordre linguistique nous renvoie à des enjeux majeurs, à des orientations déterminantes et à des perspectives d'actions particulières, voire opposées. En effet, si nous devions considérer que les lésions professionnelles sont essentiellement le fait du hasard et de l'inaptitude des travailleuses et des travailleurs, pourquoi vouloir changer l'organisation, les équipements et les conditions de travail ? Il faut s'en tenir à demander à la société de mieux préparer les futurs travailleurs à composer avec les aléas de la production. Force est de considérer, dans cette perspective, qu'au-delà des failles humaines, des défaillances de l'intelligence pratique, de la vigilance, de la débrouillardise, de la créativité et de l'ingéniosité individuelle, les lésions professionnelles sont autant d'événements navrants, regrettables mais inéluctables. Une telle orientation conduit directement à l'impuissance, au fatalisme, à la culpabilisation des victimes et aux conflits plus ou moins ouverts et plus ou moins stériles.

Plus grave encore, cette incohérence dans les mots exprime une divergence dans les finalités, les orientations et les valeurs en cause. Considérée à l'échelle d'une entreprise, cette incohérence se comprend comme étant le fait d'un intérêt à courte échéance. Mais vue dans une perspective de système global, elle représente une source de conflits sociaux stérile et, par conséquent, une source de danger pour les systèmes et pour les personnes concernées.

Lorsque le juge René Beaudry, président de la Commission d'enquête sur la salubrité dans les mines d'amiante du Québec, a remis son rapport il y a déjà vingt-cinq ans, les dirigeants des mines ont crié à la mission impossible. Selon eux, il n'était pas possible d'éliminer l'amiante, source du danger pour les mineurs, puisque c'était là justement l'objet du travail de ces hommes que de manipuler la substance minérale en l'extrayant du sol. Quelques années plus tard, M. le Juge retourna faire la visite des lieux ou il trouva des dirigeants heureux de lui confier qu'environ 80 % de ses recommandations avaient été appliquées. 80 % de l'impossible avait été fait !

Nous pouvons dire en conclusion que si 80 % de l'impossible a été fait là où la pression publique et la force légale l'exigeaient et ce, à une époque où le négativisme dominait, il faut admettre qu'aujourd'hui, à une époque où on valorise la santé et la sécurité du travail, 80 % du possible reste à faire.

2.7 La SST à la recherche d'un principe intégrateur

En matière de SST, nous devons composer avec un monde vaste et complexe à souhait, un monde qu'il faut comprendre comme un tout et non comme une juxtaposition d'éléments disparates et indépendants.

Un monde de problèmes: Faire la liste exhaustive de tous les problèmes susceptibles de causer des blessures et des maladies physiques ou psychologiques plus ou moins graves prendrait toutes les pages de ce livre et exigerait probablement une nouvelle page à tous les jours. Il nous faut donc utiliser le raccourci des facteurs de dangers et de risques pour circonscrire les problèmes et les illustrer par des exemples. Nous considérons des facteurs environnementaux tels que le bruit, les vibrations, l'air contaminé, les températures excessives, les radiations, les vapeurs toxiques, l'humidité excessive, etc.; des facteurs techniques tels que le manque ou la mauvaise conception des dispositifs de protection sur les machines, la qualité des échafaudages, le travail en espace clos, les contacts avec des sources d'énergie, etc.; des facteurs organisationnels tels que travail répétitif, travail stressant, horaires de travail mal adaptés, mauvais entretien des lieux et des machines, charge de travail trop lourde, travail monotone, formation et entraînement insuffisants, sentiment d'aliénation, absence de satisfaction légitime, etc. et des facteurs humains qui sont inhérents à la culture ou à la personnalité des individus issus d'une culture ou d'une autre: attitudes, comportements, mécanismes de défense, troubles de personnalité, etc.

Une famille d'acteurs: Les principaux acteurs directement concernés par la SST sont les gouvernements, les employeurs, les syndicats, les institutions spécialisées, les professionnels et, de façon toute particulière, les travailleuses et les travailleurs de même que le personnel de maîtrise et d'encadrement du travail et de la production.

Un régime de lois, d'institutions et d'intervenants: Outre les deux lois majeures qui encadrent directement le régime québécois de SST, la *Loi sur les accidents du travail et les maladies professionnelles,* et *la Loi sur la santé et la sécurité du travail,* il faut considérer des dizaines de règlements et de normes qui découlent de ces lois, les lois fédérales en matière de travail de même que les règlements et les normes qui en découlent, le Code du travail, etc.

Un grand nombre de disciplines scientifiques dont certaines sont spécialisées: La plupart des disciplines scientifiques et des champs professionnels sont concernés d'une manière ou d'une autre par diverses facettes de la protection des personnes en emploi, mentionnons l'ingénierie, l'architecture, le droit, la gestion, l'économie, les relations de travail, la géologie, l'histoire, la sociologie, la psychologie. Il faut souligner en particulier les disciplines que les préoccupations relatives à la SST ont fait naître et se développer depuis quelques décennies: soit l'ergonomie, l'hygiène du travail, la médecine du travail, la toxicologie industrielle et la psychodynamique du travail.

Une gamme de stratégies et de modèles d'action: Il n'existe pas, du moins pas encore, ce que nous pourrions appeler une méthode intégrée en SST. Chaque catégorie d'intervenants, qu'il s'agisse d'inspecteurs, d'hygiénistes du travail, d'infirmières ou de médecins, a bien sûr sa méthode, sa stratégie et ses techniques. Les centrales syndicales et les associations patronales ne manquent pas d'avoir des stratégies et des orientations qui ne concordent que rarement.

Sur le terrain, dans les entreprises, les méthodes vont du laisser-aller total jusqu'à la prise de leurs responsabilités de la SST par toutes et chacune des instances des organisations. Les stratégies vont de la contestation systématique de la nature professionnelle des lésions jusqu'à la collaboration avec les autres instances pour prévenir ces lésions. Certaines entreprises croient que le seul objectif qu'il est légitime de poursuivre est celui de zéro-lésion professionnelle et elles prennent les moyens d'y parvenir. En somme, l'intervention de l'État demeure nécessaire dans une multitude d'entreprises, alors que se dessine et se développe chez une minorité d'entre elles, une pratique autonome et tout à fait responsable en matière de SST.

Développer une science du danger appliquée à l'activité de travail, une *ergocindynique* qui soit le principe intégrateur de cet ensemble vaste et complexe, permettrait de donner une plus grande cohésion au système. Une telle orientation représente un défi à la fois individuel, organisationnel et social. Il s'agit de faire de la SST, au-delà des bases normatives qui lui sont essentielles, un ensemble de connaissances intégrées, une culture fondée sur le respect de la dignité humaine, un objet de développement économique et une pratique organisationnelle stratégiquement comprise. Il s'agit d'une œuvre de développement durable hautement civilisatrice.

S'il peut encore apparaître réaliste à certaines personnes de penser que des hommes et des femmes doivent continuer à se tuer, se blesser et se rendre malades au travail alors qu'il est possible d'éviter ces éventualités en gérant les organisations de travail de façon efficace et responsable, cela n'est tout simplement pas digne d'une société, surtout pas d'une société avancée au plan politique et économique comme l'est la nôtre.

Conclusion

Quatre-vingt pour cent du possible reste à faire et doit être fait. Pourtant, on ne le fait pas. Un changement s'impose, un nouveau souffle est nécessaire, un souffle au moins aussi puissant et déterminant que celui donné par les changements législatifs de 1979-1985.

Changer des mentalités, confronter des croyances, incarner dans le réel des valeurs fondamentales, développer notre capacité de voir la problématique des lésions professionnelles comme un tout intégré, dépasser nos visions légalistes, technicistes, morcelées et disciplinaires de la prévention et de la « provention », voilà le projet de société inhérent à l'*ergocindynique.*

Un projet qui suppose une remise en cause de certaines bases de notre système de production, et ce, à partir de connaissances et d'expériences éprouvées dans l'étude des catastrophes. Il s'agit d'un projet accessible à tous, bien qu'il exige, pour rendre plus efficaces les efforts individuels, une prise en considération de type académique, la liberté d'action de professionnels, un cadre législatif favorable et des pratiques administratives respectueuses des valeurs, des finalités et des stipulations inhérentes à ce cadre et à son application.

Comme l'ont été l'hygiène, l'ergonomie, la médecine du travail, la sécurité et la psychodynamique du travail, l'*ergocindynique* se veut l'instrument d'un nouveau souffle en SST, un souffle global, systémique, intégrateur et vivifiant.

Bibliographie

(1) Foucault, M. (1975) Surveiller et punir, Éditions Gallimard, Paris

(2) Commission royale d'enquête sur la relation entre le capital et le travail au Canada

(3) Dejours, C. (1995) Le facteur humain, Presses universitaires de France, Éditions Que sais-je ?, Paris, p. 44

(4) Dejours, C. IDEM p. 45

(5) Pauchant, T. C. et Mitroff, I. I. (1995) La Gestion des crises et des paradoxes - Prévenir les effets destructeurs de nos organisations, Éditions Québec/Amérique, Collection Presses HEC

(6) Carpentier-Roy, M.-C. (25 mai 1995) Colloque de l'Association des médecins du travail, Montréal, p. 4

(7) Kervern, G.-Y. & Rubise, P. (1991) L'archipel du danger, Éditions Économica, Paris, p. IX

(8) Girard, R. Notre Histoire, no 61, cité par Kervern, G.-Y. & Rubise, P., p.1

(9) Kervern, G.-Y. & Rubise, P. (1991) L'archipel du danger, Éditions Économica, Paris, p. 5

(10) Kervern, G.-Y. & Rubise, P. IDEM p. 5

(11) Kervern, G.-Y. & Rubise, P. IDEM p. 5-6

(12) Biraben, J.N. cité par Kervern, G.-Y. & Rubise, P. IDEM p. 6

(13) Kervern, G.-Y. & Rubise, P. (1991) L'archipel du danger, Éditions Économica, Paris, p. 8

(14) Kervern, G.-Y. & Rubise, P. IDEM p. 8

(15) Némo, P. cité par Kervern, G.-Y. & Rubise, P. IDEM p. 9

(16) Gérin, M. (1992) Pour une meilleure reconnaissance des maladies professionnelles reliées aux substances toxiques. Revue Travail et santé, vol. 8:2

(17) Ouellet, F. (IRAT 1975) La Santé et la sécurité au travail, pour une action sur les lieux du travail

Notes personnelles...

«Il n'y a pas d'action commune sans une communication préalable»
(Habermasse)

Chapitre 3

Les assises scientifiques de l'*ergocindynique*

Introduction

Au cours de la seconde moitié du XXe siècle, les ingénieurs, les chercheurs, les gestionnaires du risque, les gouvernements et les compagnies d'assurances ont pris conscience d'un phénomène d'une importance capitale pour la société: les catastrophes créées par l'homme sont en voie de concurrencer, voire même de dépasser en importance, les catastrophes naturelles. Le concept de *risque technologique majeur*[1] apparaît pour qualifier ce phénomène.

Dans les années 70 et 80, quelques décennies après le naufrage du Titanic, drame historique qui aurait pu être un signe prémonitoire de l'évolution technologique de ce siècle, de nombreuses catastrophes ont provoqué des angoisses existentielles un peu partout sur la planète. Rappelons-nous en quelques-unes:

- Flixborough, (usine de produits chimiques, 1974);
- Seveso, (pollution chimique, 1976);
- Amoco Cadix, (déversement de pétrole, 1978);
- Three Miles Island, (usine nucléaire, 1979);
- Bhopal, (explosion d'une usine de produits chimiques, 1984);
- Challenger, (explosion d'une navette spatiale, 1986);
- Tchernobyl, (usine nucléaire, 1986).

Autant d'événements d'une extrême gravité ont amené les humains à se demander s'ils n'avaient pas perdu le contrôle sur les machines qu'ils avaient mises au monde, s'ils n'étaient pas devenus esclaves de cette machinerie trop complexe, qu'ils avaient eu assez de génie pour créer, mais dont ils n'avaient pas assez de compétence et de sagesse pour la faire fonctionner, sans mettre en péril la vie de la planète et de ceux qui l'habitent.

3.1 La naissance de la *cindynique*

C'est en 1987, soit 232 ans après le tremblement de terre de Lisbonne, 75 ans après le naufrage du Titanic, mais seulement quelques années après Bhopal, Challenger et Tchernobyl, que 1475 personnes originaires de 13 pays et représentant 30 secteurs industriels, 320 sociétés et 90 universités ou centres de recherches, se sont retrouvés à l'UNESCO, à Paris, pour confronter leurs expériences et essayer de définir une politique commune face au danger en général, face au risque technologique en particulier. L'élan qu'il fallait pour créer une nouvelle discipline scientifique était donné. On fit appel à la Sorbonne pour lui trouver un nom à connotation scientifique et technique. À partir du mot grec *kindunos* qui signifie *danger*, les linguistes arrêtèrent leur choix sur le néologisme *cindynique* pour désigner les sciences du danger.

«*Les sciences du danger sont une discipline à part entière*, soutiennent Kervern et Rubise, ils ajoutent: *Il s'agit d'un domaine scientifique horizontal et non vertical, c'est-à-dire plongeant ses racines dans toutes les disciplines existantes*»[2]. C. Frantzen, inspecteur général pour la Sûreté nucléaire EDF et président de l'Institut européen des *cindyniques*, décrit les *cindyniques* avec beaucoup d'humilité: «*Approche honnête, globale, systémique, transverse entre secteurs et entre disciplines, au cœur de l'incertain...*»[3].

La discipline *cindynique* s'intéresse aux situations porteuses de danger potentiel ou réel, elle veut répondre au besoin d'une représentation plus complète de la scène du danger et sa méthodologie est particulièrement englobante: regrouper les formalisations et les méthodes d'observation, de compréhension et de gestion des situations de danger.

Les *cindyniques* s'intéressent au danger dans toutes ses manifestations, elles se divisent en deux grandes catégories: les méga*cindyniques* qui concernent le danger de crises et de catastrophes inhérentes aux grands systèmes, qu'il soit le fait de la nature ou celui de l'homme, et les micro-*cindyniques* qui s'intéressent plus spécifiquement aux risques diffus, ceux qui, tout en faisant de nombreuses victimes, n'ont pas individuellement l'ampleur de catastrophes. Les micro*cindyniques* regroupent les accidents domestiques, de la route, du sport et du travail. Dans ce chapitre, nous limiterons notre propos au danger lié au travail. Nous tenterons alors de définir la pratique de la SST comme champ professionnel en la fondant sur les acquis des *cindyniques* en général.

Les acquis des *cindyniques* sont déjà considérables: le lecteur désireux d'en connaître davantage sur le développement des *cindyniques* aura intérêt à consulter le volume le plus complet sur le sujet *L'archipel du danger* que nous avons déjà cité. À celui qui s'intéresse à l'épistémologie de la discipline, nous conseillons de lire les livres cités dans le présent chapitre, notamment: *Éléments fondamentaux des Cindyniques* de Kervern[4]. Pour se faire rapidement une première idée à la fois du contenu et des applications des *cindyniques*, nous référons le lecteur à la chronique *CINDYNIQUE* de la revue *Travail et santé*[5].

S'intéresser au danger en tant que champ d'investigation scientifique présente des défis peu communs. Le danger nous renvoie aux aléas de l'existence de tout ce qui vit, il nous renvoie également à la peur et à la mort dont il est l'ultime échéance. La question se pose: le danger répondrait-il à des règles universelles? Dans le premier ouvrage fondamental d'envergure publié sur les *cindyniques* comme domaine scientifique, *L'archipel du danger*, les auteurs l'affirment, tout en émettant des réserves de caractère épistémologique sur la question.

3.1.1 Les «lois» du danger

La première loi: La «réticularité» *cindynique* inscrit la science du danger dans l'univers des réseaux complexes et de la réseautique inhérente à l'étude des systèmes. Suivant cette règle, le danger qui menace l'individu est une fonction définie par l'ensemble du réseau qui l'entoure. Comparé aux philosophies simplistes voulant qu'on puisse isoler une cause unique généralement associée à un individu, le plus souvent le «travailleur-victime» parce qu'il est le plus près du travail réalisé, cet énoncé affirme le caractère systémique du rapport au danger et de ses conséquences pour l'individu aussi bien que pour l'entreprise.

La loi de l'antidanger: La gravité du danger est accrue par la sous-estimation de sa probabilité. C'est essentiellement sur cette ignorance du danger que mise l'effet de surprise des attaques militaires pour prendre avantage sur l'ennemi. Inconscient du danger, on n'en calcule évidemment pas la probabilité ni la gravité. Dans bien des cas, l'inconscience n'est pas le fait de la non-connaissance du danger. Dans le cas très connu du naufrage du Titanic, par exemple, il y a plus, il y a une négation du danger, une sorte d'inconscience active si l'on peut dire. Il s'agit d'une illustration de l'attitude humaine très répandue qui consiste à se cacher la réalité pour ne pas être dérangé par elle, c'est la politique de l'autruche.

La loi d'invalidité *cindynique*: L'utilisation d'un outil ou d'une machine à des fins non prévues par le fabricant ou par la logique du bon sens est créatrice de danger, elle est cindynogène pour utiliser un néologisme. Cette loi est connue du commun des mortels, bien que sous d'autres appellations. Qui n'a pas utilisé la pointe d'un couteau pour tourner une vis, n'utilisons-nous pas trop souvent une force excessive parce que nous l'avons à portée de main, utiliser un canon pour tuer un poux, dit-on ?

L'excursion d'un système hors de son domaine de validité peut aussi conduire à des catastrophes. Le cas du Vincennes, un navire de guerre extrêmement perfectionné est particulièrement significatif. Rappelons-nous les faits : le 3 juillet 1988, le bateau est en « alerte » au large du golfe Persique ; croyant avoir affaire à un ennemi, le commandant ordonne qu'on tire sur un avion civil, tuant du coup les 290 passagers et membres d'équipage.

> *«Le Vincennes est en dehors de son domaine de validité quand il est en présence d'un environnement sillonné de vols civils. Il n'est pas conçu pour cela et peut donc confondre un Airbus civil de 177 pieds de long avec un avion de combat de 62 pieds de long»*(6).

La loi de l'éthique *cindynique*: Celle-ci apparaît fondamentale en matière de santé et de sécurité du travail. La qualité des relations dans un réseau est un facteur de réduction du danger, la qualité des relations influe sur la perception du danger, sur la prévention, sur la protection et sur la qualité de la gestion de crise. Kervern combine la loi de l'éthique *cindynique* avec la précédente :

> *«L'homme est vraiment homme quand il connaît et engendre autour de lui un contexte relationnel marqué par la qualité des relations. À l'inverse, l'Homme, dans un contexte relationnel dégradé, sort de son domaine de validité et devient dangereux, consciemment ou pas»*(7).

La loi d'accoutumance au danger: Nous pourrions nous attarder longuement sur le paradoxe de familiarité du danger, les humains s'habituent à vivre dans des zones dangereuses, la négation du danger y contribue sans doute. Le fait est que le danger est perçu comme étant plus grand par ceux qui vivent éloignés de ces zones. Les événements du 11 septembre 2001 nous ont appris que le danger de catastrophe, même s'il représente une probabilité extrêmement faible, peut se produire. Cette révélation, contraire aux habitudes, plonge des millions de personnes dans la peur et l'angoisse. Les terroristes connaissent bien les lois du danger et ils les utilisent à des fins démoniaques.

L'attentat du WTC marque la fin d'une époque dans l'histoire de l'humanité, en effet, selon Albert Legault de l'Université Laval : *«Chose certaine, l'unilatéralisme américain est mort à New-York»*[8]. Il y a lieu, me semble-t-il, de relier cette affirmation bouleversante de lucidité historienne, avec cette autre manifestation de clairvoyance:

> *«Pour certains scientifiques, le danger serait lié à une différence de potentiel - entre des sociologies, entre des cultures, entre des moyens financiers, entre des niveaux de force, [...] et pourrait se traduire par une autre "loi" du genre "toute différence de potentiel induit un danger proportionnel au niveau de cette différence»*[9].

«*Les catastrophes ne sont pas des accidents*»[10] se plaît à répéter le docteur Zebrowski, membre de l'Académie Nationale d'Ingénierie Américaine et responsable du Nuclear Safety Analysis Center situé en Californie.

> *«Il veut dire, par-là, que l'arrivée d'une grande catastrophe n'est pas le fruit de hasards obscurs. Les catastrophes sont dues à des éléments généraux que les enquêtes après accidents permettent de dégager. Nous allons les appeler les "Déficits Systémiques Cindynogènes" (DSC) c'est-à-dire les déficits qui engendrent des dangers dans les systèmes»*[11].

3.1.2 Les déficits systémiques cindynogènes

Afin de comprendre globalement la constitution d'un contexte favorable à l'irruption d'une grande catastrophe, il faut que la démarche *cindynique* se développe en deux axes:

> «– *définir le système le plus global possible rendant compte d'une activité humaine, de la façon dont elle est organisée, conduite et contrôlée;*
> – *identifier dans ce système les déficits expliquant les erreurs commises par le système dans son ensemble. Ces déficits, les DSC, sont regroupés en trois catégories...»*[12].

Les dizaines de catastrophes des dernières décennies ont fait l'objet de centaines d'enquêtes, études et analyses afin de déterminer les causes de ces événements et d'en trouver les responsables. En se penchant systématiquement sur ces données, les cindyniciens ont pu établir les facteurs communs et déterminants des «accidents» majeurs. *«Ce qui frappe lorsqu'on examine le produit de ce travail gigantesque, c'est qu'il existe des points communs évidents dans les situations qui ont précédé l'apparition des grandes catastrophes»*[13]. On ne peut plus dès lors parler de la notion d'accidents au sens classique du terme comme étant le fruit de hasards obscurs. Les catastrophes sont dues à des éléments généraux correspondant à ce que les cindyniciens ont convenu d'appeler des *Déficits Systémiques Cindynogènes* (DSC). Les DSC se manifestent dans la culture d'organisme, dans les organisations et dans les méthodes de gestion.

Suivant les auteurs Kervern et Rubise: *«Présents à des degrés divers dans les systèmes associant plusieurs acteurs dans la réalisation d'une tâche collective, ces déficits se retrouvent toujours à l'origine des grandes catastrophes technologiques»*[14].

Le caractère pathologique des DSC: À l'instar de l'organisme humain, lorsque les systèmes de défense immunitaire ne répondent plus, il se produit des pathologies pouvant aller jusqu'à la catastrophe. Il en est de même des systèmes complexes:

«Les mégacindyniques [...] apparaissent ainsi comme l'immunologie des grands systèmes technologiques. En détectant, en temps utile, les déficits systémiques cindynogènes et en y appliquant, de façon préventive, les traitements appropriés, on peut diminuer la probabilité d'occurrence des crises – les maladies de ces systèmes – et donc tout simplement réduire les risques»[15].

Le terme méga*cindynique* s'applique aux grandes catastrophes par opposition aux micro*cindyniques* qui convient mieux à des systèmes diffus tels que les accidents domestiques, ceux du sport, de la route et du travail.

Le caractère éthologique des DSC: L'éthologie est la science des comportements. Les systèmes de production industrielle sont conçus, produits, dirigés et opérés par des humains, dans des contextes qui sont également en grande partie le fait de décisions humaines. Il n'est donc pas étonnant qu'on puisse généralement associer un accident du travail ou une catastrophe industrielle à une forme ou une autre de défaillance humaine. La tradition normative aidant, la tendance est forte à rechercher un coupable ou un responsable individuel et de conclure qu'il est la cause de l'événement malheureux.

Il est à noter que les DSC ont fait l'objet d'un développement épistémologique et philosophique qu'il ne conviendrait pas d'aborder ici pour garder à ce livre un caractère de vulgarisation. Les DSC ont d'abord été établis sur une base empirique, à partir des éléments généraux des enquêtes après accidents, ils sont au nombre de 10 et se divisent en trois catégories: ils sont culturels, organisationnels et managériaux.

- **Les déficits liés à la culture d'organisme**[16]**:**
  1. culture d'infaillibilité;
  2. culture de simplisme;
  3. culture de non-communication;
  4. culture nombriliste.

- **Les déficits liés à la culture organisationnelle:**
  5. subordination des fonctions de gestion du risque aux fonctions de production ou à d'autres fonctions de gestion créatrices de risques;
  6. dilution des responsabilités, non-explicitation des tâches de gestion des risques, non-affectation des tâches à des responsables désignés.

- **Les déficits liés à la culture managériale:**
  7. absence d'un système de retour d'expérience;
  8. absence de méthodes *cindyniques* dans l'organisation;
  9. absence d'un programme de formation aux *cindyniques* adapté à chaque catégorie de personnel;
  10. absence de planification des situations de crise.

La culture d'infaillibilité s'applique de façon magistrale dans le cas connu de tous grâce au cinéma, celui du Titanic. C'est ce qui se produit lorsqu'on est tellement sûr du succès d'une entreprise, qu'on ne peut, en toute humanité, envisager qu'elle puisse échouer.

La culture de simplisme nous renvoie à cette volonté primaire consistant à réduire la réalité à ce qu'elle a de simple, à ce qui peut être contrôlé sans interférence externe, sans représentant de l'État, sans l'apport de professionnels spécialisés.

Le simplisme renvoie également au refus de considérer l'ensemble des facteurs agissant sur une organisation non plus que les interactions multiples qu'ils ne manquent pas d'avoir entre eux et l'organisation. Une entreprise refuse de se sentir concernée par un environnement culturel, politique ou physique fragile, s'expose à devoir réagir sans préparation suffisante.

La culture de non-communication se manifeste de multiples façons: chasse gardée d'informations stratégiques, refus de faire circuler l'information dérangeante, communication à sens unique.

La culture nombriliste concorde avec la prétention d'être les meilleurs, d'être en avance sur le reste du monde, pousse des professionnels et des gestionnaires à s'isoler dans des ornières; cette pratique narcissique si dangereuse et répandue constitue un facteur commun des grandes catastrophes, le fait de rejeter du revers de la main les prétentions des travailleurs ou des citoyens, comme ce fut le cas dans la crise des BPC au Québec, s'inscrit dans cette culture.

Présente dans la survenue de catastrophes majeures, la culture de subordination des fonctions de gestion du risque aux fonctions de production ou à d'autres fonctions de gestion créatrices de risques, l'est sans doute bien davantage dans la survenue des graves accidents du travail. Le conflit sécurité-production n'a pas attendu la création de la science du danger pour se manifester, il est plutôt une généralité qu'une exception.

La sécurité est l'affaire de tous, voilà un slogan dangereux s'il signifie: dilution des responsabilités, non-explicitation des tâches de gestion des risques, non-affectation des tâches à des responsables désignés. La sécurité est une fonction dérangeante pour ceux dont la conscience est strictement orientée vers les fonctions de production, accorder à un technicien ou un gestionnaire le pouvoir d'exercer le droit de veto qu'induit l'impératif de la sécurité répugne à ces dirigeants. Il est plus simple de s'en tenir à la bonne conscience, de prêcher la vertu en espérant que les subordonnés y adhéreront alors qu'on s'y refuse en tant que direction.

Facteur culturel important pour expliquer la survenue des catastrophes, l'absence d'un système de retour d'expérience est également à l'origine d'avancées scientifiques importantes dans le développement des *cindyniques*. Au théâtre, la catastrophe représente le dénouement d'une situation dramatique, un drame dont les éléments s'installent les uns après les autres comme en un processus de détérioration continu.

Il arrive encore trop souvent que des organisations soient dirigées sans moyens de gérer les risques autres que l'assurance, une telle absence de méthodes *cindyniques* dans l'organisation signifie que l'entreprise néglige l'élaboration de manuel d'instruction et de façon générale ne s'interroge pas sur le potentiel de détérioration propre à toute organisation vivante.

Il en va de même de l'absence d'un programme de formation aux *cindyniques* adapté à chaque catégorie de personnel, pourquoi former des personnes capables de faire face aux situations de danger puisqu'on les ignore autrement qu'en termes d'assurance ?

L'absence de planification des situations de crise constitue un autre déficit de la culture managériale, le cas du Titanic nous servira d'illustration.

3.2 La *cindynique* vue à travers deux catastrophes

Par l'étude en retour d'expériences d'événements aussi étonnants, voire invraisemblables que navrants, les scientifiques ont donné naissance à la *cindynique.* Il est tout aussi légitime de parler de cette discipline au pluriel : les *cindyniques*; l'histoire nous dira si cette réalité est nécessairement plurielle ou si elle est assez universelle pour mériter d'être traitée au singulier comme nous suggérons de le faire ici.

La *cindynique* étant le fruit dans un premier temps de l'étude de catastrophes technologiques et industrielles, nous la présenterons à travers quelques-uns de ces événements. Une précision cependant : le fameux naufrage du célèbre Titanic n'a pas vraiment été étudié par les cindyniciens de la fin du XXe siècle, il constitue cependant un cas d'espèce si connu par l'ensemble de la population, qu'il est très utile d'y référer pour illustrer des concepts.

Ce tour d'horizon nous permettra de mettre en évidence quelques-uns des concepts fondamentaux de la *cindynique*, de faire des liens avec les pratiques de prévention des lésions professionnelles et d'expliquer l'originalité et l'utilité effective de l'approche systémique du danger, quel que soit l'univers dans lequel il est vécu.

3.2.1 Le naufrage impossible... d'un paquebot insubmersible...

S'il est un concept dont l'importance ne doit jamais être négligée par tous ceux dont le travail consiste à faire fonctionner des machines et des technologies complexes à proximité de populations humaines par surcroît, c'est bien celui de danger. C'est pourtant exactement ce qui s'est produit le 13 avril 1912 à 300 milles de Terre-Neuve alors que le Titanic filait à toute vitesse vers New-York avec 2358 personnes à son bord. L'enjeu avoué : battre le record de vitesse pour la traversée de l'Atlantique en paquebot.

Les propriétaires et les commandants du transatlantique étaient convaincus que le navire était insubmersible. Cette conviction navrante ne fut aucunement ébranlée par les quatre avertissements de bateaux amis. En effet, l'état-major du paquebot fut formellement averti de la présence d'icebergs flottant à la dérive sur sa route. L'appel à la prudence du Californian aurait pourtant dû alerter le commandant et ses officiers: *«Attention, iceberg, nous sommes bloqués par la glace tout autour»*. Nous connaissons le drame qui se produisit moins de 20 minutes après le dernier avertissement: 1403 personnes sont mortes dans les eaux glacées du Cap Race. *«Le mythe de l'insubmersibilité du Titanic a créé de toute pièce le drame du Titanic»*[(17)].

L'exemple du Titanic nous procure une excellente matière pour illustrer trois déficits systémiques cindynogènes: le premier est culturel, le second organisationnel et le dernier managérial.

Le déficit culturel qui s'applique le mieux au cas du Titanic est désigné comme suit: culture d'infaillibilité. Les dirigeants du Titanic sont à ce point sûrs du succès de l'entreprise qu'ils ne peuvent en toute humanité envisager qu'elle puisse échouer. Nous croyons sans réserve que le système que nous venons de créer est garanti contre toute défaillance. C'est l'utopie de la machine parfaite, celle qui nous met à l'abri de tout, celle qui nous élève au niveau des créations divines. Certes ces machines comportent des caractéristiques supérieures, elles sont sans doute les plus performantes y compris au chapitre de la sécurité, mais elles sont créées et administrées dans un esprit tel qu'elles en deviennent des dangers extrêmes. En termes de gestion, la culture d'infaillibilité est ce que les auteurs Thierry Pauchant et Ian Mitroff, tous deux professeurs aux HEC, appellent «la gestion porte-crises» qui consiste à refuser de gérer la contre-production qui fait pourtant partie de toute entreprise de production de biens et de services.

Le second déficit est organisationnel: subordination des fonctions de gestion du risque aux fonctions de production ou à d'autres fonctions de gestion créatrice de risques. Ceux qui ont vu un ou l'autre des films portant sur le naufrage du Titanic se souviendront sûrement de la soumission du commandant aux volontés téméraires du concepteur du bateau pour qui il n'y avait aucune raison de réduire la vitesse puisque le navire était insubmersible. En se soumettant ainsi aux ordres d'une personne dont les compétences n'ont rien à voir avec la conduite d'un bateau, le commandant subordonnait la fonction sécurité à la fonction production tout axée vers un seul but: arriver à New-York dans un temps record. La fonction sécurité étant primordiale, elle ne peut souffrir d'être assujettie à la production, la sécurité en impose en quelque sorte sinon tout le système est en péril.

Le troisième déficit est managérial: absence de planification de situations de crise. Comment imaginer des exercices de sauvetage lorsqu'on se croit invincible, insubmersible dans le cas du Titanic. Il a fallu plus d'une demi-heure pour qu'enfin on décide de mettre les canots à la mer alors que le navire devait, à l'évidence, couler en quelques heures. Incidemment, il coula une heure cinquante minutes après la collision fatale. La panique qui s'installa sur le paquebot au fur et à mesure que l'inévitable s'actualisait était tout à fait prévisible. Combien de décès auraient pu être évités si seulement on avait envisagé la possibilité qu'il y en eût?

Est-il vraisemblable que les politiques et les pratiques de santé et de sécurité du travail soient, à l'occasion ou généralement, soumises à la fonction production ou à d'autres fonctions créatrices de dangers ? Est-il pensable qu'on accorde une confiance quasi aveugle à certains systèmes de production de biens et de services ? Est-il pensable qu'à l'occasion, on sous-estime le danger au point de le nier activement ? Poser ces questions, c'est y répondre. Et y répondre, c'est admettre que les systèmes de production comportent des déficits susceptibles de se traduire un jour ou l'autre en événements indésirables, en petites catastrophes qui, à force de se multiplier, finissent par en faire des grosses.

3.2.2 Challenger, pour mieux comprendre les accidents industriels

Le 28 janvier 1986, à 11 h 38, les responsables de la mission 51-L donnent l'ordre de lancer la navette spatiale. Le voyage se terminera dramatiquement 73 secondes plus tard par l'explosion de l'engin, la mort sur le coup des 7 astronautes et la dispersion dans l'air d'une buée blanchâtre dont le spectacle ahurissant est resté gravé dans la mémoire de dizaines de millions de téléspectateurs abasourdis.

Le 3 février 1986, le président Ronald Reagan nomme une commission d'enquête présidée par William P. Rogers pour faire la lumière sur l'accident. La Chambre des Représentants et, au cours des années suivantes, de nombreuses études sont venues ajouter des éléments parfois contradictoires au tableau.

3.2.2.1 Un froid mortel au Centre spatial Kennedy

Une chose est sûre pour tous les analystes : la désintégration de l'engin spatial a commencé par la rupture d'un joint d'étanchéité du « booster » droit de la navette. Nous savons également que la température ambiante a joué un rôle déterminant dans la rupture catastrophique de ce fameux joint.

> *«Avant le vol fatal 51-L, la plus faible température ambiante enregistrée avait été de 12ºC. Au niveau des joints, la plus faible température estimée est de –2ºC, sur le "booster" droit, celui-là précisément qui est à l'origine de la défaillance technique (Rogers 1986)»*[18].

Les questions qui se posent maintenant sont : dans quelle mesure connaissait-on le danger d'explosion, dans quelles conditions s'est prise la décision de procéder au lancement et quelles leçons faut-il en tirer pour la pratique de la SST, l'*ergocindynique.*

3.2.2.2 Une crise se prépare à la NASA

Le titre du chapitre 6 du rapport de la commission Rogers consacré au fameux joint, à sa conception, aux objections dont il fut l'objet, au phénomène d'érosion a basses températures, etc. ne manque pas d'éloquence : *« Un accident enraciné dans l'histoire ».* Il s'agit là d'une caractéristique de l'accident du Challenger et des enquêtes dont il fut l'objet : ses causes profondes remontent au début du programme spatial, elles sont restées latentes, endormies dans le système jusqu'au jour du drame. Il est remarquable que les problèmes techniques étaient connus de l'organisation sans que celle-ci prenne les moyens nécessaires et suffisants pour y remédier. Il a fallu, même dans un contexte où la fiabilité des installations est absolument primordiale, il a fallu des morts avant qu'on agisse avec toute la rigueur que cela exige. La NASA se pensait-elle invulnérable, au-dessus du danger ? Oui, dans une certaine mesure, c'est alors que le danger est le plus menaçant et que les conditions de crise se réalisent le plus intégralement.

Au troisième niveau hiérarchique de l'organisation, celui des responsables techniques du programme, la question de la vulnérabilité des joints d'étanchéité était connue depuis longtemps, sa « criticité » avait même fait l'objet d'un reclassement pour se situer au niveau 1, ce qui indique son caractère vital *«...en cas de défaillance, la mission entière est susceptible d'être compromise, le véhicule détruit et l'équipage tué»*[19]. Déjà le 31 juillet 1985, Roger Boisjoly, ingénieur de la firme Morton Thiokol (MTI) chargée de la conception, de la production et des essais du complexe technique, réclamait par écrit la création d'une équipe vouée à ce problème :

> *«Il est de mon devoir et c'est ma très réelle crainte que si nous ne prenons pas de décision immédiate de créer une équipe destinée à résoudre le problème, avec la priorité numéro 1 sur le joint, nous nous mettons dans la situation de perdre un vol et toutes les installations de lancement»*[20].

On ne l'a pas pris au sérieux, ce message négatif s'est retourné contre son auteur, il ne correspondait pas à l'image d'excellence de l'entreprise. Une telle attitude se remarque souvent dans les organisations pour lesquelles l'excellence est la norme. Comme quoi, face au danger, surtout s'il est grave et mortel, on réagit comme face à la mort, elle ne peut pas faire partie de notre culture d'organisation. La SST, ce doit être une chose positive ! Oui mais...

3.2.2.3 Revirement de situations et engrènement fatal

Le film des événements établi par la commission Rogers et que nous réduisons ici au maximum, montre également jusqu'à quel point la question préoccupait les ingénieurs, eux qui se frappaient à un mur d'incompréhension :

- la veille du lancement, vers 13 hrs, MTI se fait demander si la température très basse constitue un objet de préoccupation, considérant qu'en janvier 1985, on avait enregistré l'érosion maximale des joints alors que la température était la plus basse enregistrée au cours des 24 vols précédents, soit 12°C ;
- des ingénieurs de MTI sont chargés d'examiner la question ;
- à 17 h 15, l'ingénieur Mac Donald informe la NASA qu'il a des préoccupations ;
- à 17 h 45, lors de la première téléconférence qui aura lieu au cours de la soirée, MTI exprime l'opinion que le vol doit être retardé ;
- à 20 h 45, lors de la deuxième téléconférence, la direction de MTI recommande de ne pas lancer la navette avant que la température ambiante n'ait atteint 12°C. Les

ingénieurs Mac Donald et Boisjoly rapportent à la commission que l'un des dirigeants de la NASA se dit atterré par la recommandation. La décision est contestée par le personnel de la NASA. J.C. Kilminster, un des trois managers de MTI présents à la téléconférence, demande cinq minutes d'interruption de la séance;

- vers 21 h 30 a lieu une discussion interne entre les dirigeants de MTI et les trois ingénieurs travaillant sur le dossier ainsi que leur chef d'équipe R.K. Lund, ces quatre derniers s'opposent au lancement dans les conditions de température annoncées pour le lendemain. L'argumentation prend alors une allure qui laisse peu de place à l'éthique: *«J. Mason (un autre des managers présents) déclare qu'ils doivent prendre une décision managériale, il demande alors à Lund de quitter son "chapeau d'ingénieur" pour prendre son "chapeau de manager"»*[21];
- à 23 h, la téléconférence recommence, MTI déclare qu'il a revu sa position, les préoccupations sont fondées mais les données ne sont pas concluantes. Pour les responsables de MTI, il existe une marge substantielle, facteur 3, pour éroder le joint annulaire primaire, si ce joint ne remplit pas son office, le joint secondaire assurera la redondance. L'accord officiel écrit est transmis à la NASA à 23 h 45. L'instance ultime de décision est informée, la question des joints n'aurait pas été abordée à ce moment-là;
- entre 22 h 30 et 23 h 30 Mac Donald poursuit ses efforts pour convaincre l'équipe du Centre Kennedy de ne pas procéder au lancement *«Si quelque chose arrivait, dit-il, il n'aimerait pas avoir à l'expliquer devant la commission d'enquête... Il affirme que le vol devrait être annulé»*[22];
- tout au cours de la nuit et jusqu'à la dernière heure, la présence de plaques de glace sur les «boosters» inquiète les responsables du lancement. L'effet de ces glaces sur les joints n'aurait cependant pas été abordé...;
- à 11 h 38 la navette spatiale est lancée avec le résultat que l'on connaît.

Ainsi décortiqué, après le fait, l'événement parle tellement par lui-même, les causes paraissent à ce point évidentes qu'à première vue l'accident ne semble pas devoir être analysé au-delà de la description du mécanisme fatal immédiat. L'analyse systémique qu'en font divers auteurs associés à l'approche *cindynique* montre pourtant que la catastrophe du Challenger est riche d'enseignements d'une très grande importance pour l'investigation et la compréhension des accidents du travail.

3.2.2.4 Des causes latentes dorment dans les systèmes

Michel Llory se demande avec d'autres analystes si nous ne sommes pas entrés avec Challenger dans *«l'ère de l'accident organisationnel* ou *institutionnel, [...] de l'erreur humaine à l'erreur est humaine»*[23]. Faisant remarquer que les opérateurs de première ligne ne sont d'aucune façon mis en cause par les enquêtes, soulignant qu'il est question ici de managers, d'experts et d'ingénieurs, il résume:

«Les causes profondes des accidents ne sont pas à rechercher dans les erreurs, les défaillances des opérateurs de terrain, mais sont le produit de l'organisation, de l'institution. Il s'agit dès lors de «remonter» à la fois dans le temps et dans les niveaux supérieurs de l'organisation (des organisations) qui gère(nt) les systèmes complexes, sophistiqués, à risques»[(24)].

La catastrophe de Challenger nous fournit de nombreuses circonstances pour lesquelles l'institution et l'organisation sont mises en cause, en voici quelques-unes :

- la NASA et ses sociétés sous-traitantes ne pratiquaient pas les analyses de retour d'expérience autant qu'elles auraient dû le faire. S.R. Dalal et al. (1989) et F.F. Lighthall (1991) ont montré que :
  «Une analyse statistique simple, utilisant les données techniques disponibles de 22 des 24 vols précédents, permettait [...] de conclure à l'existence d'un danger important pour le vol 51-L»[(25)].

Or, il appert que ces analyses minutieuses n'ont ni été demandées ni été faites. Pourtant, il s'agit là d'un outil des plus utiles, surtout dans les domaines de pointe, là où l'expérience est limitée, comme c'est le cas en technologie spatiale ;

- la qualité de la communication à l'intérieur du complexe administratif présentait des lacunes telles que certains auteurs ont parlé de pathologie de la communication. Aussi important qu'il soit, le problème récurrent de l'érosion des joints n'était pas connu de tous les acteurs concernés par les vols, il semble au contraire que le sujet était tabou dans l'organisation, ce qui fait dire à John Young, responsable du Bureau des Astronautes *«Le joint secret, à propos duquel personne parmi les gens que nous connaissons ne savait quelque chose»*[(26)]. On peut se demander premièrement, comment il se fait que les astronautes ne suivaient pas de plus près les questions de sécurité et de fiabilité des vols, alors qu'ils sont les premiers concernés par ces questions. On peut également s'interroger sur l'absence de forum d'échanges et de discussions sur ces questions d'une extrême importance. En matière de lésions professionnelles, d'accidents et de maladies du travail, n'arrive-t-il pas également que des questions troublantes, justement parce qu'elles sont troublantes, soient tabous dans les organisations ?
- la piètre qualité des relations à l'intérieur du complexe administratif fut mise en évidence par un des membres de la commission Rogers, le physicien prix Nobel Richard Feynman : *«Celui-ci interprète l'accident comme une rupture de coopération entre ingénieurs (chargés des problèmes techniques) et managers (chargés de la gestion de l'avancement et de l'organisation du programme spatial)»*[(27)]. Il n'est pas étonnant de constater l'écart de perception du degré de fiabilité des principaux composants de la navette : pour les ingénieurs, le risque est de l'ordre de 1 échec sur 200 ; pour les managers, il est de 1 sur 100 000, soit un facteur de 500 de différence. Mais, qui donc possède les compétences pour établir la fiabilité des installations techniques, les ingénieurs ou les managers ? La réponse réside évidemment dans le consensus d'au

moins ces deux groupes. Se pose ici la question de l'éthique des divers professionnels œuvrant dans les organisations. Une dimension d'une grande importance en SST, un problème trop souvent à l'origine des crises les plus graves;

- il est question de rupture de coopération! Nous sommes loin de la nécessité reconnue par les experts de traiter les questions de sécurité en collaboration et en collégialité. Ces mots traduisent le contraire de la réalité observée par la commission Rogers. Qu'il suffise de rappeler le sort réservé à l'équipe d'ingénieurs qui ont été les plus combatifs pour retarder ou remettre le lancement:
  «De plus, les ingénieurs qui avaient signalé le danger avant le désastre ont été licenciés [...] ce qui a obligé la famille Boisjoly à déménager hors de la ville où ils vivaient depuis plusieurs années. L'observation de ces stratégies défensives semble donner raison à la thèse de René Girard qui a proposé que le "mécanisme sacrificiel" est à la base de nos sociétés»[28].

C'est souvent le sort réservé aux crieurs d'alarme que d'autres nomment les cassandres, ceux qui nous renvoient l'image de notre aveuglement et que nous ne voulons plus voir pour ne pas y penser. Décidément, il semble que la vieille tendance à rechercher un coupable à punir soit bien vivante dans les entreprises;

- la négation du principe de précaution par les managers de MTI apparaît clairement dans le témoignage de l'ingénieur Boisjoly:
  «C'était à nous [...] de prouver au-delà de l'ombre d'un doute qu'il n'était pas sûr de le faire (le lancement) [...] . *Nous étions placés dans la position d'avoir à prouver que nous ne devrions pas procéder au lancement, plutôt que d'être dans la position de prouver que nous avions assez d'informations pour procéder au lancement»*[29].

L'application du principe de précaution le plus élémentaire aurait consisté à se donner une marge de sécurité, s'assurer qu'au-delà de tout danger significatif, on ajoute quelques degrés de sûreté. On a fait l'inverse: les ingénieurs ne pouvant pas prouver que le lancement allait tourner à la catastrophe, les managers ont pris le risque de procéder à ce lancement. Voilà qui est bien la responsabilité des responsables de la sécurité des personnes et de la sûreté des installations dans toutes entreprises à risques. Mais où étaient les gens de ce service?

- la commission Rogers n'a pas manqué de souligner le silence du service de sécurité, elle a même intitulé un chapitre du titre évocateur suivant: *The silent safety program.* L'enquête nous apprend que ce service manquait de personnel et qu'il était plutôt ignoré. Aucun membre de ce service ne participait aux téléconférences la veille du lancement.
  «Par ailleurs, il a été noté que les experts en sûreté du Centre de Marshall n'utilisaient pas toute la panoplie des méthodes d'analyse disponibles en sûreté (arbres de défaillance, évaluation probabiliste de sûreté), [...] Il est remarquable que de telles études ont été principalement développées à la NASA après l'accident du Challenger»[30].

Lorsque surviennent des catastrophes technologiques, il est normal de vouloir s'appuyer sur des faits matériels tangibles. C'est le lot de toutes les investigations pratiquées à la suite de catastrophes industrielles. Dans le cas du Challenger, ces faits ne sont pas nombreux. Les enquêtes et analyses ont démontré, au surplus, que les faits technologiques et les décisions de type rationnel sont souvent influencés par des contextes économiques et politiques, par du vécu subjectif qu'on tend généralement à négliger lors des enquêtes portant sur des accidents industriels :

> *«Les faits physiques, mécaniques, sont le résultat d'un traitement entre personnes, agents, acteurs: ils résultent d'une construction sociale dans laquelle entrent en jeu des rapports de pouvoirs et d'influence, des convictions, des représentations, des affects, [...]»*[31].

La question du facteur humain dans la survenue des accidents industriels est au centre du drame de Challenger. La question du facteur humain est également présente dans la plupart des cas d'accidents du travail. La différence entre les deux : dans le cas de la navette spatiale, il est question d'un des joyaux de la technologie américaine, un symbole coûteux de la suprématie de ce pays en matière de technologie spatiale. Lorsqu'une catastrophe met en cause un tel symbole, les citoyens demandent de connaître la vérité sans complaisance et sans faux-fuyants, les dirigeants n'ont pas le choix de prendre tous les moyens nécessaires pour répondre à l'attente. Par conséquent, les enquêteurs et les analystes disposent de moyens exceptionnels pour pousser les investigations au-delà des limites habituelles, au-delà des limites généralement observées dans les cas d'accidents du travail; d'où l'intérêt extraordinaire pour les praticiens de la SST.

Il n'a jamais été question dans ce cas de la fameuse et trop souvent simpliste dichotomie erreur humaine/défaillance technique pour donner un sens global à l'événement. Les opérateurs ont-ils commis une erreur impardonnable ? Si par bonheur il est possible de répondre oui à cette question, la société concernée a un coupable à se mettre sous la dent, l'accident peut être expliqué, ce qui autorise le reste du monde à continuer à vivre normalement. Ou bien c'est la machine, la technique non incriminable et non punissable qui a failli à sa mission. Alors on demande à des experts de trouver les causes spécifiques et les remèdes adéquats pour s'assurer que la même défaillance technique ne se reproduira jamais. Et le monde peut continuer de tourner en rond.

Dans le cas de Challenger, le facteur humain n'est pas si facilement identifiable, ce n'est pas la dernière personne à avoir été vue sur les lieux du « crime », ce ne sont pas les personnes chargées de faire fonctionner des systèmes complexes à l'aide de commandes, de consoles et de tableaux de bord où tout est reproduit, où la réalité virtuelle est plus vraie que le réel. Non, ce sont des ingénieurs, des experts et des gestionnaires, des personnes au-dessus de tout soupçon d'erreur. Des personnes à qui on ne pose habituellement pas de question pour la simple raison que généralement, ce sont elles qui les posent les questions. Des personnes humaines transformées en personnes morales, des entités administratives, des mécanismes de prises de décisions, des entreprises impersonnelles, lorsque quelque chose d'important arrive à l'organisation.

Ce que nous apprend Challenger, c'est que des erreurs humaines dorment dans les systèmes, parfois pendant des années et des décennies. Des erreurs qui attendent d'être prises en relève par des opérateurs dans un contexte favorable, dans un contexte où plusieurs facteurs de risques agissent simultanément pour produire un événement dramatique. Ce que nous apprend Challenger, c'est que ces erreurs latentes sont plus dangereuses que celles qu'on peut facilement identifier. Et c'est pour cette raison que depuis l'explosion de la navette, les analystes savent qu'il faut chercher dans la complexité des systèmes, dans le travail humain de production, mais aussi dans celui tout aussi subjectif de la prise de décision, la compréhension des petites catastrophes que sont les accidents et les maladies du travail.

3.3 De la *cindynique* à l'*ergocindynique*

Nous venons de voir que le danger est maintenant objet d'une discipline scientifique. Or les finalités, objectifs et méthodes de cette discipline, les *cindyniques* s'appliquent également aux manifestations plus réduites et diffuses du danger, *aux catastrophes en miettes,* selon l'expression de Jacques Dumaine de l'INRS de France. *«Mais nous constatons assez vite que si la méthodologie appliquée à chaque accident de type diffus était la même que pour les grandes catastrophes, les conclusions seraient sensiblement identiques»*[32].

Ce qui caractérise les enquêtes et analyses des grandes catastrophes technologiques, c'est le besoin impératif de découvrir la vérité des faits susceptibles d'expliquer les événements dramatiques quelles que soient les causes, quelles que soient les remises en question que cela comporte. Lorsque sont en cause l'image et l'intégrité d'une entreprise nationale telle que la Nasa, un secteur industriel tel que le nucléaire ou une puissance mondiale telle que les États-Unis, on n'hésite pas à faire des remises en question. On se posera alors des questions lucides et sans complaisance sur le fonctionnement du système d'exploitation, l'organisation de travail, la culture organisationnelle, les valeurs et la psychologie des opérateurs, des cadres, des professionnels et des dirigeants de ces organisations.

3.3.1 La raison d'être de l'*ergocindynique*

Les enquêtes sur l'explosion de la navette Challenger par exemple, ce symbole de l'avancement technologique du pays le plus puissant de la terre, comportent des enjeux nationaux, politiques et économiques qui n'ont rien à voir avec un accident de travail dans une mine ou un chantier de construction, et ce même s'il cause la mort d'une personne. La vie d'un mineur vaut celle d'un astronaute, là n'est pas la question, c'est le spectacle de l'explosion d'un symbole national, vu et revu par des centaines de millions de personnes partout dans le monde, qui en fait un événement historique qu'il faut traiter avec un égard égal à son importance symbolique. Il en va de même de toutes les grandes catastrophes technologiques.

L'approche systémique nous procure une espèce de macroscope[33], pour utiliser un mot créer par Joël de Rosnay, un outil d'observation des réalités complexes. Le fait est que les événements conduisant à des lésions professionnelles s'inscrivent également dans des systèmes complexes. La tendance est cependant de rechercher des explications au niveau opératoire, sans mettre en cause le système, la culture et l'organisation du travail.

Nous proposons le néologisme «*ergocindynique*» pour désigner la science du danger appliquée au travail. L'*ergocindynique* se veut donc un macroscope pour observer, étudier et situer dans leurs contextes systémiques, les situations de travail comportant des dangers potentiels ou réels de lésions professionnelles. Comme champ professionnel, l'*ergocindynique* ne prétend pas se substituer aux autres disciplines intéressées par le travail. Ce serait là une hérésie. En fait, toutes les disciplines scientifiques, toutes les professions et tous les métiers sont concernés par le danger inhérent à l'activité de travail. Nous croyons que pour une compréhension plus profonde et plus complète des lésions professionnelles, il manque cette composante systémique qui s'est avérée si fertile, comme nous l'avons vu, dans l'étude des catastrophes.

3.3.2 Quelques concepts de base des *cindyniques*

Le danger et le risque constituent les premiers concepts de base que nous devons expliciter avant d'entrer dans l'application aux lésions professionnelles du corpus de connaissances scientifiques propres aux *cindyniques.* Nombreux sont les intervenants et les praticiens de la SST pour qui le danger et le risque sont tout simplement des synonymes, des concepts qu'ils seraient par conséquent incapables de bien distinguer et encore moins de définir.

> *«Le danger est la tendance d'un système à engendrer un ou plusieurs accidents. Le danger possède deux propriétés: sa probabilité et sa gravité. La probabilité mesure les chances qu'il a de se matérialiser. La gravité mesure l'impact de cette matérialisation par le Dommage Maximum Correspondant»*[34].

Graphique 3.1 - L'espace du danger

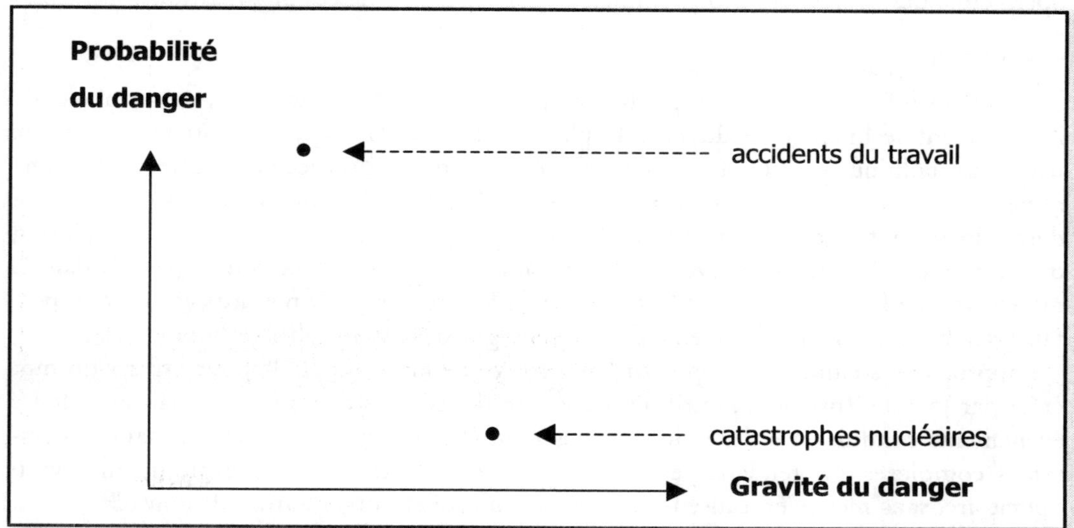

Le dommage qualifie en quelque sorte la gravité du danger, il se définit comme étant le dégât ou le préjudice subi par des personnes dans leurs corps (dommages corporels) ou dans leur patrimoine (dommages matériels).

L'espace du danger[35] est constitué par la réunion dans un axe cartésien des deux propriétés du danger: sa probabilité en ordonnée et sa gravité en abscisse. Comme nous le fait voir la figure précédente, certains accidents se caractérisent par la probabilité élevée de leur survenue, c'est le cas des accidents domestiques. D'autres se caractérisent par la gravité des conséquences qu'ils entraînent, c'est le cas des accidents nucléaires.

Les cindyniciens ont une définition originale du risque, celui-ci n'est pas la probabilité qu'un danger s'actualise en dommage mais bien la mesure du danger. On l'obtient: *«En combinant par multiplication les deux dimensions du danger: sa probabilité et sa gravité, le Risque donne une mesure synthétique du Danger»*[36]. Pourquoi synthétique? Parce que le produit d'une probabilité, d'une réalité traduite en chiffres, par la mesure de l'impact corporel et matériel d'un péril, nous renvoie nécessairement dans une réalité abstraite, à quelque chose qui n'existe pas de manière authentique dans la réalité.

Si le danger nous renvoie à la source même du risque, au péril qui nous guette, un péril qui peut être connu, qualifié et même quantifié dans une certaine mesure, le risque nous renvoie au calcul même du danger, à une mesure, donc nécessairement à une donnée mathématique applicable à un péril.

Dans le langage particulièrement synthétique des cindyniciens, la *prévention* consiste à réduire la probabilité d'un dommage et la *protection* à en réduire la gravité.

Graphique 3.2 - Prévention et protection dans l'espace du danger

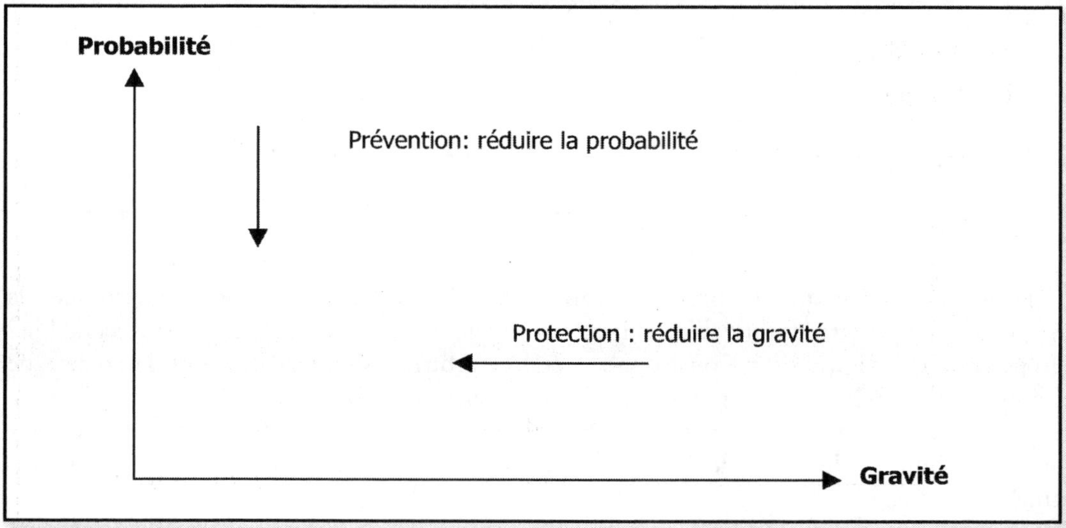

Essayons, à partir de l'exemple du Titanic, de tracer des courbes descriptives du risque afin d'illustrer l'effet de dispositifs de sûreté ou de sécurité dans l'espace de danger. Nous savons que le paquebot filait à très grande vitesse juste avant d'être éventré par une falaise de glace. Nous savons également que le nombre de canots de sauvetage n'était pas suffisant pour accueillir l'ensemble des passagers et assurer temporairement leur transport en cas de naufrage. Le graphique ci-après illustre les trois situations hypothétiques :

1. celle du risque majeur qui a effectivement conduit à la catastrophe ;
2. celle d'un risque moyen qu'on aurait obtenu en réduisant de moitié, par exemple, la vitesse de l'énorme vaisseau, ce qui l'aurait rendu plus manœuvrable pour contourner l'obstacle et moins vulnérable au choc du glacier ;
3. celle ou la vitesse est réduite et les canots de sauvetage assez nombreux et fonctionnels pour accueillir la totalité des passagers.

Graphique 3.3 - Courbes descriptives du risque

Probabilité
vitesse maximum, canots insuffisants
vitesse réduite, canots insuffisants
vitesse réduite, canots suffisants
Gravité

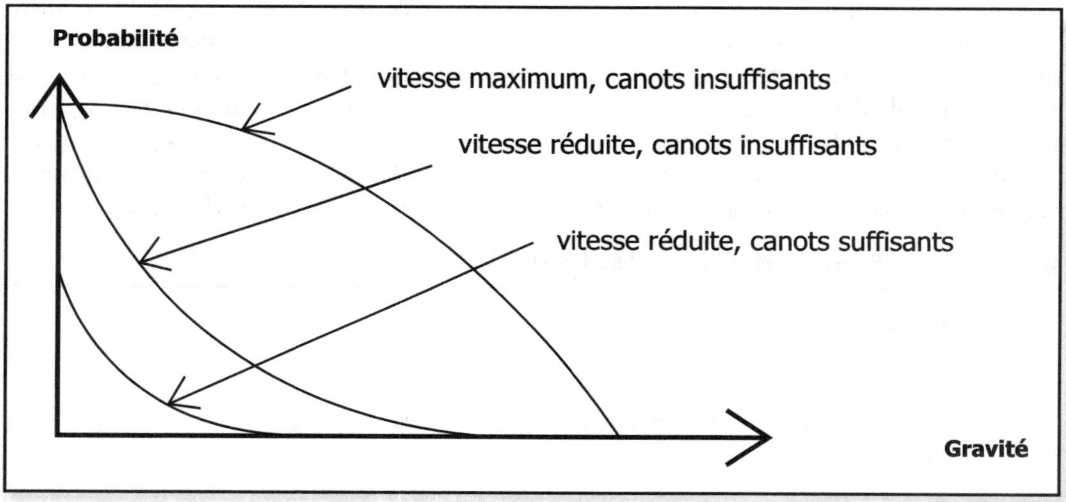

Pourrait-on dire que la première courbe représente une situation inacceptable, la seconde une situation tolérable, s'il en est, et la troisième une situation acceptable ? Répondre à cette question consisterait à établir arbitrairement le prix que la société de l'époque était prête à payer pour garantir la sauvegarde de la vie et de la sécurité des passagers du paquebot, ce qui est impossible. Il n'en demeure pas moins que ces courbes permettent d'illustrer les effets de décisions stratégiques en matière de gestion des risques dans une entreprise.

Le moins qu'on puisse dire dans le cas du Titanic, c'est que les hommes qui le commandaient semblaient n'avoir ni le sens de la prévention ni celui de la protection. Toutefois, les propriétaires, les concepteurs et les commandants du paquebot n'avaient tout de même pas intérêt à mettre le bateau et ses passagers en péril. Pourquoi ont-ils joué ainsi avec le danger au péril de leur propre vie ? Dire que ce fut un accident ne serait ni vrai ni faux, toutefois, ce serait certes insuffisant. Dire que le commandant et les propriétaires du paquebot étaient irresponsables serait également vrai mais ne suffirait pas non plus à rendre compte de ce qui s'est produit. Il doit bien y avoir une explication plus globale, une explication qui rend plausible les comportements de ces personnes, une explication qui vaudrait pour d'autres situations de danger. Une explication à caractère scientifique et par conséquent universelle.

Conclusion

Est-il nécessaire de dire que l'application systématique à l'activité de travail de l'ensemble des concepts des *cindyniques* exigerait des années de recherches, de réflexions et de formalisation en plus d'exiger des centaines de pages d'écriture scientifique. Au surplus, il n'est pas évident qu'il s'agisse là de la méthode la plus judicieuse de faire éclore une nouvelle vision des choses, une nouvelle discipline. Un colloque réunissant des théoriciens et des praticiens serait sans doute plus utile et productif de résultats convaincants. Ce qu'en toute modestie nous tentons de faire ici, c'est de nous imprégner des concepts les plus facilement utilisables des *cindyniques* pour articuler un état de la question en termes de système complexe.

Bibliographie

(1) Lagadec, P. (1981) La civilisation du risque: Catastrophes technologiques et responsabilité sociale, Éditions du Seuil, Paris

(2) Kerven, G.Y. & Rubise, P. (1991) L'archipel du danger, Introduction aux *cindyniques*, Éditions Économica, Paris, p. 20

(3) Frantzen, C. (1998) Préface d'un ouvrage collectif sous la direction de Jean-Luc Wybo. Introduction aux *cindyniques*, Éditions ESKA, Paris, p. 8

(4) Kervern, G.Y. (1995) Éléments fondamentaux des *cindyniques*, Éditions Économica, Paris

(5) Ouellet, F. *Cindyniques*, Travail et santé, revue francophone pour la santé du travail et de l'environnement, Volume 16, no 2 et suivants

(6) Kerven, G.Y. & Rubise, P. (1991) L'archipel du danger, Introduction aux *cindyniques*, Éditions Économica, Paris, p. 333

(7) Kerven, G.Y. & Rubise, P. IDEM p. 335

(8) Legault, A. Directeur du Forum sécurité et défense, Institut québécois des hautes études internationales, Université Laval, Le Devoir, le 23 octobre 2001

(9) Kerven, G.Y. & Rubise, P. (1991) L'archipel du danger, Introduction aux *cindyniques*, Éditions Économica, Paris, p. 411

(10) Kerven, G.Y. & Rubise, P. IDEM p. 119

(11) Kerven, G.Y. & Rubise, P. IDEM p. 120

(12) Kerven, G.Y. & Rubise, P. IDEM p. 122

(13) Kerven, G.Y. & Rubise, P. IDEM p. 119

(14) Kerven, G.Y. & Rubise, P. IDEM p. 127-128

(15) Kerven, G.Y. & Rubise, P. IDEM p. 129

(16) Kerven, G.Y. & Rubise, P. IDEM p. 124, 125 et 127

(17) Kervern, G.Y. & Rubise, P. IDEM p. 332

(18) Llory, M. (1995) Accidents industriels: Le coût du silence, Éditions L'Harmattan, Paris, p. 181

(19) Llory, M. IDEM p. 187-188

(20) Boisjoly R. (1987) cité par Llory, M. IDEM p. 205

(21) Llory, M. IDEM p.192

(22) Commission Rogers, rapporté par Llory, IDEM p.193

(23) Reason (1990) et Weaver (1990) cité par Llory, IDEM p. 182-183

(24) Llory, M. IDEM p. 183

(25) Llory, M. IDEM p. 189

(26) Llory, M. IDEM p. 198

(27) Llory, M. IDEM p. 211

(28) Pauchant, T.C. & Mitroff, I.I. La gestion des crises et des paradoxes, Presses HÉC, p. 43-44

(29) Llory, M. (1995) Accidents industriels: Le coût du silence, Éditions L'Harmattan, Paris, p. 214 et 308

(30) Llory, IDEM p. 213

(31) Llory, IDEM p. 196

(32) Kerven, G.Y. & Rubise, P. (1991) L'archipel du danger, Introduction aux *cindyniques*, Éditions Économica, Paris, p. 215

(33) De Rosnay, J. (1966) Le macroscope, vers une vision globale, Éditions du Seuil, Paris

(34) Kerven, G.Y. & Rubise, P. (1991) L'archipel du danger, Introduction aux *cindyniques*, Éditions Économica, Paris, p. 22

(35) Kervern, G.Y. & Rubise, P. IDEM p. 23

(36) Kervern, G.Y. & Rubise, P. IDEM p. 24

Notes personnelles...

PARTIE II

Une catastrophe en miettes, un système détourné de sa mission

La question se pose de savoir dans quelle mesure les lésions professionnelles, c'est-à-dire les affections d'ordre physique, psychologique ou mentale plus ou moins graves, attribuables à l'activité professionnelle, constituent encore un problème non résolu, ou non reconnu en tant que tel, pour les sociétés occidentales, pour le Québec en particulier. Tel est l'objet de la seconde partie de ce livre.

Nous n'avons cependant pas la prétention, avec nos humbles moyens, de pouvoir ici évaluer la situation dans son ensemble. Un tel mandat devrait être confié à une commission d'enquête munie de moyens cent fois plus considérables que ceux dont nous disposons pour écrire ce livre. Contribuer à justifier la tenue d'une telle enquête constitue un objectif plus proche de nos ambitions.

Une catastrophe en miettes, parce qu'il y est question de dommages matériels et humains dont l'ampleur, qu'on la considère du point de vue de la société comme un tout, ou, du point de vue de ceux qui les vivent, comme autant de drames particuliers, constituent une véritable catastrophe.

Nous aurions également pu parler de la problématique des lésions professionnelles dans le titre de cette partie, puisqu'il en sera question tout au long du texte. Nous y parlons de la problématique *ergocindynique* pour indiquer au lecteur que l'emphase est mise sur l'ensemble du rapport au danger inhérent à l'activité de travail, englobant ainsi la problématique des lésions professionnelles, tout en élargissant la discussion à la composante prophylactique inhérente aux *cindyniques*.

Bien qu'il soit question de lésions professionnelles et de rapport au danger tout au long des quatre prochains chapitres, il n'en demeure pas moins que les lésions accidentelles (ch. 4), les maladies dues à l'exposition professionnelle (ch. 5) et les troubles de santé mentale (ch. 6) constituent trois problématiques tout à fait distinctes.

De par leur caractère subit, les lésions accidentelles présentent des similitudes fort instructives avec le phénomène des catastrophes d'origine industrielle, technologique ou humaine.

Dans le cas des maladies professionnelles, ce sont les dimensions liées à la phase prodromique des catastrophes, en particulier la non-reconnaissance du lien entre les affections et les contaminants utilisés au travail, qui les caractérisent.

Les questions d'ordre prophylactique et la reconnaissance de l'origine professionnelle des causes font également problèmes dans le cas des troubles de santé mentale, mais ici, il est davantage question de l'organisation du travail que des liens avec des produits toxiques et des polluants physiques.

Le chapitre 7 se veut également un effort pour articuler la problématique *ergocindynique* des lésions professionnelles ; cependant, elle prend pour objet le régime SST dans son ensemble, en tant que système.

Notes personnelles...

«Lorsqu'il n'y a pas de volonté de changement,
même les choses les plus simples ne sont pas appliquées.
Lorsqu'il y a une volonté de changement, même les
solutionsles plus sophistiquées deviennent applicables»
(Frédéric Leplat)

Chapitre 4

Les lésions accidentelles graves: Savoir agir aux confins du possible

Introduction

Il ne suffit pas, bien que ce soit essentiel, d'avoir des lois, des normes et des règlements pour que soient éliminés les accidents du travail, ces prescriptions légales existent depuis plus d'un siècle et sont mises à jour régulièrement; il ne suffit pas non plus de posséder des techniques efficaces et de les avoir à sa disposition, ces techniques existent et sont raffinées au besoin par des professionnels et des techniciens compétents. Il faut bien plus que cela, il faut une compréhension des manifestations du danger à travers la technologie, la gestion, l'organisation du travail et le comportement humain, une ouverture à l'analyse ergonomique, psychodynamique, et maintenant, *cindynique* du travail ou *ergocindynique.*

Partant d'une analyse des principales données statistiques disponibles sur les lésions accidentelles, soit les blessures et les décès dus à des accidents du travail au sens de la LATMP, nous questionnons dans ce chapitre le degré d'atteinte de l'objectif hautement louable d'éliminer les dangers à la source, inscrit à l'article 2 de la LSST, pour articuler ensuite une problématique *ergocindynique* des lésions accidentelles.

4.1 État de la question

La question des accidents du travail entendue au sens de lésions accidentelles donnant droit à des indemnités n'est pas résolue. Les statistiques de la Commission de la santé et de la sécurité du travail (CSST) en font foi. Par exemple, un regard sur les lésions nécessitant des absences du travail montre que celles-ci demeurent élevées malgré l'application de mesures de maintien du lien d'emploi et d'affectations temporaires.

Par contre, la diminution du nombre de décès accidentels nous autorise à penser que la situation d'ensemble tend à s'améliorer.

Au-delà des chiffres, nous tenterons, dans cet état de la question, de comprendre la problématique des lésions accidentelles à la lumière des développements scientifiques liés à l'analyse des catastrophes. Nous serons amenés à questionner les limites de la prévention telle qu'on la conçoit dans la doctrine traditionnelle de la sécurité du travail; nous proposerons d'enrichir cette doctrine en misant sur les acquis des *cindyniques.*

4.1.1 Les lésions accidentelles: une vue d'ensemble

Bien que les statistiques de la CSST soient conçues, élaborées et présentées dans une perspective actuarielle, en vue de répondre aux besoins des gestionnaires du régime d'indemnisation des lésions professionnelles, elles n'en demeurent pas moins incontournables, principalement en matière d'accidents du travail, étant la seule source d'information globale sur le sujet.

Cependant, les lésions n'étant pas nécessairement toutes déclarées d'une part, celles qui le sont n'étant pas toutes indemnisables ou indemnisées d'autre part, il en résulte un écart entre la réalité et les données statistiques dont l'ampleur est impossible à préciser, dans l'état actuel des connaissances. De plus, certains travailleurs ne sont pas obligatoirement couverts par le régime, c'est le cas des travailleurs autonomes qui vivent des conditions de travail parfois très dangereuses.

Le lecteur doit donc savoir que pour le présent chapitre, nous rendons compte des statistiques colligées par l'institution. Il s'agit donc des lésions qui ont donné lieu à des *indemnités* par cette dernière, des lésions qui, par conséquent ont entraîné des pertes de temps au-delà de la journée où elles se sont produites. Il ne s'agit donc pas de statistiques concernant les lésions accidentelles proprement dites, celles plus ou moins graves, indemnisées ou pas, qui sont effectivement survenues et dont on pourrait connaître l'ampleur si on menait des recherches scientifiques indépendantes sur le sujet.

Notre intérêt portant essentiellement sur les lésions graves et très graves, et non sur la gestion des dossiers, nous n'entrons pas ici dans la discussion concernant les accidents non déclarés et les fausses déclarations d'accidents du travail.

Vingt-deux ans de lésions accidentelles au Québec: Pour les personnes dont la vie professionnelle est entièrement ou partiellement consacrée à la prévention des lésions professionnelles, au premier regard, le tableau 4.1 et le graphique 4.1 présenteraient un état de fait des plus encourageants. En effet, ce tableau semble démontrer que le problème des accidents du travail est en voie de se résorber. On y observe une diminution apparemment très significative des lésions accidentelles indemnisées par la CSST au cours des années. Ainsi, pour les deux dernières décennies, le tableau montre une diminution d'environ 31 % des blessures dues à des accidents du travail. La diminution des lésions est d'autant plus impressionnante qu'elle se produit malgré une augmentation de près de 50 % du nombre de travailleurs couverts par le régime.

Graphique 4.1 - Évolution du nombre d'accidents de travail (avec perte de temps) et de travailleurs couverts au Québec, de 1981 à 2001 (nombre relatif = valeur annuelle / moyenne de la période)

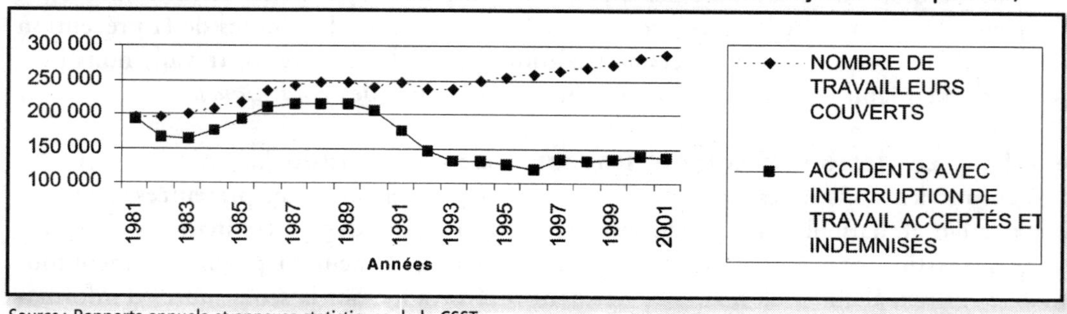

Source: Rapports annuels et annexes statistiques de la CSST

Si nous excluons les quatre premières années, force est de constater que les accidents indemnisés par la CSST augmentent sensiblement au cours des années 1980 pour diminuer de façon

Tableau 4.1 - Accidents du travail avec perte de temps, acceptés et indemnisés au Québec de 1979 à 2001

	NOMBRE DE TRAVAILLEURS COUVERTS	ACCIDENTS AVEC INTERRUPTION DE TRAVAIL ACCEPTÉS ET INDEMNISÉS
1979	1 881 000	167 918
1980	1 935 000	183 076
1981	1 958 000	196 493
1982	1 950 400	165 316
1983	2 083 007	155 597
1984	2 147 954	172 765
1985	2 256 600	193 719
1986	2 331 753	208 486
1987	2 412 983	215 744
1988	2 500 414	213 438
1989	2 572 810	214 756
1990	2 571 428	205 147
1991	2 465 107	176 840
1992	2 362 733	146 919
1993	2 365 765	132 393
1994	2 477 480	131 546
1995	2 538 058	127 883
1996	2 597 538	118 846
1997	2 637 932	133 362
1998	2 692 257	132 884
1999	2 730 345	133 406
2000	2 823 366	138 403
2001	2 877 400	135 997

Source : CSST, rapports annuels 1979 à 2001

encore plus remarquable au cours des années 1990. Avant d'expliquer ces fluctuations, reprenons la présentation des données en termes de taux d'incidence pour tenir compte de l'évolution de la population active des travailleuses et des travailleurs couverts par le régime.

Taux d'incidence des lésions accidentelles au Québec de 1979 à 2001: Partant des données des rapports annuels de la CSST, nous avons pu calculer et illustrer l'évolution pour le Québec, de 1979 à 2001, du taux d'incidence des accidents du travail comportant une perte de temps pour les accidentés. Il est possible, en rapportant le nombre de cas sur la population couverte, de relativiser le nombre d'accidents du travail, on obtient ainsi le taux d'incidence: soit le nombre de nouveaux cas indemnisés par année par tranches de 100 travailleurs couverts.

Graphique 4.2 - Évolution du taux d'incidence des accidents du travail, avec perte de temps, au Québec de 1979 à 2001 (nombre d'accidents par 100 travailleurs)

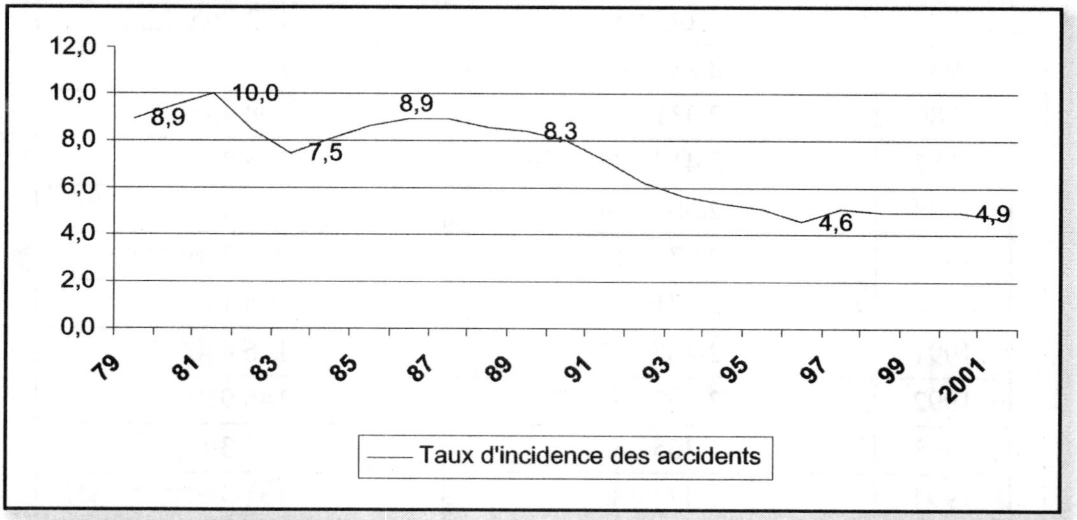

Source: CSST, rapports annuels 1979 à 2001

Au cours de cette période de plus de vingt ans, le taux d'incidence des accidents du travail passe de 10 à 4,9 %, soit une diminution de plus de 50 %.

Au cours des vingt dernières années, des changements importants sont survenus dans la structure de l'emploi, la proportion du nombre d'emplois à temps partiel a doublé, passant de 8 à 16 %. Quant aux travailleurs autonomes, leur proportion est passée de 9 à 14 %. Ces catégories d'emplois atypiques, tout comme le phénomène de plus en plus répandu de la sous-traitance, posent des défis sur le plan méthodologique dans le calcul des indicateurs de l'évolution du taux d'incidence des lésions professionnelles.

Aux USA, selon une enquête du Bureau of Labor Statistics[1], le taux d'incidence des lésions professionnelles avec perte de temps présente, de 1976 à 1997, une valeur d'environ 50 % inférieure à celle calculée pour l'ensemble des lésions rapportées. Bien que nous ne disposons pas de données aussi précises sur le sujet pour le Québec, nous croyons être en droit d'affirmer que la situation y est très similaire. Nous tenterons, plus loin dans ce chapitre, de voir comment des facteurs conjoncturels expliquent cette baisse considérable du taux des lésions accidentelles avec perte de temps par rapport à l'ensemble des lésions avec ou sans perte de temps.

Il faut préciser que ces fluctuations sont également observées dans les statistiques de lésions professionnelles des autres provinces canadiennes.

Graphique 4.3 - Évolution du nombre de lésions professionnelles indemnisées au Québec et dans les autres provinces de 1982 à 2000

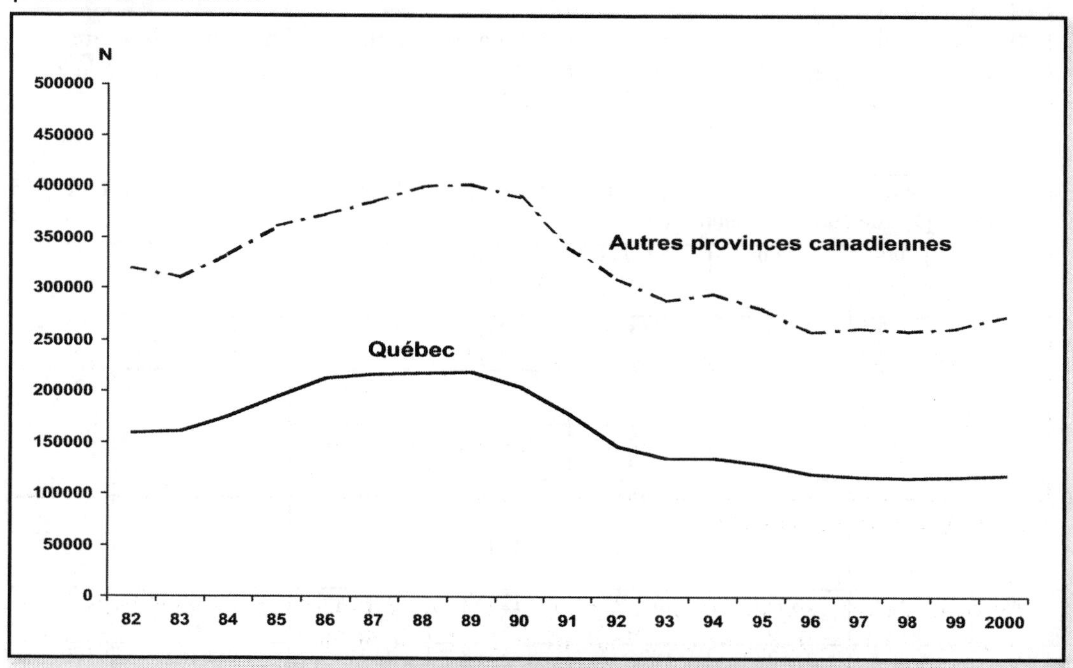

Sources : CSST, rapports annuels 1982 à 2000 ; Association des commissions des accidents du travail du Canada. Programme national de statistiques sur les accidents du travail. Canada 1998-2000.

<u>Évolution des lésions selon les catégories de durée d'indemnisation</u>: Dans le but de présenter une image un peu plus complète de la situation d'ensemble des lésions accidentelles, nous avons voulu considérer l'évolution des indemnités versées à des accidentés selon

la durée des absences du travail. Notre tableau se limite aux années 1988 à 1996 pour la simple raison que ces données ne sont pas disponibles, du moins sur une base comparable, pour les années antérieures et postérieures à cette période.

À ce chapitre, le tableau 4.2 ci-après montre une évolution très significative en termes de changement. Il est remarquable, en effet, de constater que par rapport à l'ensemble des indemnités versées, en seulement neuf ans :

- le pourcentage des indemnités de courte durée, 1 à 14 jours, est en forte diminution, il passe de 65,39 à 46,83 %;
- pour les catégories 15 à 28 jours et 29 à 56 jours, la diminution est significative bien que moins marquée;
- le nombre des indemnités de 92 à 182 jours apparaît stable si nous considérons le nombre de cas, mais en augmentation importante si nous considérons son pourcentage, celui-ci passant de 4 à 7 %;
- les cas les plus graves, 183 jours et plus, connaissent une augmentation fulgurante, leur nombre a presque triplé, passant de 12 825 à 34 327, il représente en fin de période 20 % des cas alors qu'il n'en représentait que 5 % il y a moins de dix ans.

Tableau 4.2 - Répartition du nombre d'accidents du travail, avec perte de temps, indemnisés de 1988 à 1996 selon la catégorie de durée d'indemnisation

	1-14 JRS NOMBRE / %	15-28 JRS NOMBRE / %	29-56 JRS NOMBRE / %	57-91 JRS NOMBRE / %	92-182 JRS NOMBRE / %	183 JRS ET + NOMBRE / %	TOTAL NOMBRE
1988	170 160 / 65	27768 / 11	24134 / 9	14061 / 5	11240 / 4	12825 / 5	260 188
1989	167757 / 63	28608 / 11	24467 / 9	13950 / 5	11744 / 4	15671 / 6	262197
1990	150600 / 60	27906 / 11	24452 / 10	14361 / 06	13348 / 5	21663 / 8	252330
1991	125695 / 55	24323 / 11	22484 / 10	13846 / 6	14075 / 6	28391 / 12	228814
1992	102190 / 53	20065 / 10	19476 / 10	11848 / 6	12323 / 6	29418 / 15	195320
1993	91271 / 51	18036 / 10	18229 / 10	11295 / 6	11534 / 6	28965 / 16	179330
1994	89049 / 50	18527 / 10	18259 / 10	11571 / 6	11714 / 6	30618 / 17	179738
1995	85735 / 49	17169 / 10	17668 / 10	11188 / 6	11643 / 7	32675 / 18	176078
1996	77823 / 47	15919 / 9	16604 / 10	10453 / 6	11047 / 7	34327 / 20	166173

Sources : CSST, statistiques sur les lésions professionnelles indemnisées 1978-1979
CSST, rapports annuels 1982 à 2001

En somme, le nombre et le pourcentage des lésions entraînant des absences de courte durée sont en forte baisse. Mais, plus on s'éloigne des absences de courte durée pour se rapprocher des absences de longue et très longue durée, plus les nombres et les pourcentages sont en hausse. Les pratiques de l'affectation temporaire et du maintien du lien d'emploi sur lequel nous reviendrons peuvent expliquer en partie la baisse de la proportion de dossiers nécessitant des durées d'absences de 28 jours et moins; elles ne peuvent cependant pas nous aider à comprendre pourquoi il y a une augmentation du nombre brut de lésions exigeant des absences de longue durée.

Comment expliquer ce fait? À notre connaissance, les rapports annuels de la commission sont muets sur le sujet. Le fait qu'il y ait eu, en seulement huit ans, 21 500 lésions graves de plus, des lésions occasionnant au moins 183 jours d'absence mériterait recherches et explications. La non-présentation de cette catégorie de données avant 1988 et son retrait après 1996 mériteraient également des explications.

Évolution des lésions professionnelles selon le degré d'incapacité permanente: Jusqu'ici dans ce chapitre, nous avons vu des données relatives au nombre, à la fréquence et à la durée des absences de travail découlant d'une lésion accidentelle. Pour avoir une vue d'ensemble plus complète, il nous semble pertinent de considérer également le degré d'incapacité permanente, il est à noter que nous ne disposons pas des données spécifiques aux accidents et aux maladies, celles-ci n'étant pas disponibles, du moins pas à travers les rapports annuels de la CSST.

Que découvre-t-on à la lecture du tableau ci-après? Sans considérer l'année 2000 de manière à éviter une colonne de données incomplètes, les dossiers de cette dernière année n'ayant pas nécessairement tous fait l'objet d'une décision finale, nous remarquons une évolution comparable à celle du total des lésions professionnelles, soit une diminution suivie d'une stabilisation:

- pour toutes les colonnes du tableau, une baisse très marquée du nombre de dossiers durant la période 1990-1993, soit une baisse de 28%;
- une stabilisation pour les années subséquentes, la plus petite de ces 7 années, 1993, comptant 11 137 cas et la plus grosse, 1994, en comptant 11 967.

Nous observons cependant une tendance: plus il est question d'un degré d'incapacité permanente élevé, plus la proportion de ces dossiers tend à diminuer au long des années, ainsi, de 1990 à 1999, les incapacités de 0,1 à 4,9% diminuent de 19%, les incapacités de 25,0 à 29,9% diminuent de 59,9% alors que les incapacités de 100% et plus diminuent de 67,9%.

Si l'on en croit ces données, la situation serait en voie de s'améliorer: moins d'incapacités permanentes et surtout, une diminution plus marquée des cas graves, cela suppose une amélioration globale de la situation, tant au chapitre de la fréquence des lésions qu'à celui de la gravité.

Tableau 4.3 - Répartition des dossiers avec incapacité permanente selon de degré d'incapacité, de 1990 à 2000

% D'INCAP. PERM.	1990	1991	1992	1993	1994	1995	1996	1997	1998	1999	2000
0,1 à 4,9	9 493	8 748	6 948	7 071	7 614	7 465	7 250	7 512	7 726	7 698	5 761
5,0 à 9,9	2 673	2 359	1 957	1 960	2 108	2 053	2 017	2 157	2 264	2 085	1 320
10,0 à 14,9	1 235	1 148	892	875	943	972	896	977	888	871	472
15,0 à 19,9	671	553	478	457	520	547	481	494	467	335	178
20,0 à 24,9	377	317	241	235	252	266	238	240	239	154	74
25,0 à 29,9	217	174	136	130	131	132	140	120	99	87	35
30,0 à 49,9	371	299	246	240	239	217	210	203	185	140	56
50,0 à 99,9	178	132	114	108	107	115	100	98	65	58	22
100,0 Ou plus	78	55	61	61	53	64	53	53	47	25	8
Total	15 293	13 785	11 73	11 137	11 967	11 293	11 385	11 854	11 980	11 453	7926

Sources : CSST, statistiques sur les lésions professionnelles indemnisées 1978-1979 CSST, rapports annuels 1982 à 2001

Est-il vraisemblable que, malgré une augmentation des cas de longue durée, le nombre d'incapacités permanentes soit en diminution ? Comme il n'y a pas *stricto senso* de lien étiologique direct entre les diverses données, nous pouvons répondre par l'affirmative. Mais que dire de l'évolution des statistiques ?

Les travailleuses et les travailleurs n'ont vraisemblablement aucune raison pour, subitement de 1990 à 1993, ne plus se prévaloir des avantages que procure la reconnaissance d'une incapacité permanente et, pour les 7 années suivantes, s'en prévaloir de façon parfaitement constante.

Que reste-t-il pour expliquer le fait ? La société québécoise n'ayant pas connu, en 1990 et 1993, une transformation à la fois brutale et majeure, capable de fournir une explication un tant soit peu vraisemblable du changement apparent de la réalité traduite par les statistiques, il nous faut chercher ailleurs l'explication. Des changements à la direction de l'institution se seraient-ils traduits par des stratégies de gestion susceptibles d'affecter, temporairement ou durablement, les statistiques de l'institution ? Par exemple, la CSST aurait-elle appliqué des normes de reconnaissance serrées pendant une période financièrement difficile ? L'institution a-t-elle appliqué des stratégies de contestation plus sévères durant cette même période ? Autant de questions qui, vu l'absence d'explications plus ou moins plausibles, méritent d'être posées.

4.1.2 Des explications

Lorsqu'on examine des statistiques couvrant une problématique sociale fortement enracinée, surtout s'il s'agit d'un phénomène complexe et de grande envergure comme c'est ici le cas, on s'attend normalement à une relative continuité. On reste par conséquent sceptiques face aux chiffres du tableau 4.1 et à la courbe en forme de montagnes russes qu'ils engendrent. On est d'autant plus étonnés lorsqu'on constate que la brisure la plus importante, de 1989 à 1993, est à la fois majeure et momentanée. En effet, le nombre d'accidents indemnisés chute alors de 82 363 cas, soit une différence de 38 %, et cette brisure, on l'aura remarqué, se retrouve entre deux plages de continuités relatives : 1986-1989 et 1993-2001.

Pour comprendre cette courbe, les rapports annuels de la CSST nous procurent bien quelques pistes d'explications tout à fait pertinentes bien qu'insuffisantes et non pondérées. Quant aux données relatives aux catégories de durées et aux degrés d'incapacité, il nous faut les expliquer par des hypothèses lorsqu'elles sont plausibles, sinon, il reste des questions sans réponse, ce qui ne devrait pas se produire lorsque nous examinons une réalité sociale encadrée par des lois et gérée par une institution publique.

À l'instar de la société québécoise dans son ensemble, le système de SST est vivant et très dynamique. C'est ainsi que, pour tenter d'expliquer des variations considérables et parfois étonnantes dans les tableaux statistiques, nous devons considérer des facteurs macro-économiques, conjoncturels et structurels. Ces facteurs et le contexte dans lequel ils se vivent sont de nature à influencer la déclaration aussi bien que le traitement des demandes d'indemnisation suite à une lésion professionnelle.

Loin de nous la prétention, nous l'avons déjà mentionné, de faire une évaluation du système SST non plus que de mesurer l'impact des divers facteurs qui servent à donner un sens à l'évolution du régime. Tout juste voulons-nous tenter de déterminer avec un minimum de certitude le sens de l'évolution : assistons-nous à une amélioration, à une aggravation ou à une stabilisation de la situation des lésions professionnelles au Québec depuis l'instauration des réformes législatives de 1979 et de 1985 et des réformes des mécanismes de financement de 1990 et de 1999 ? La même préoccupation guidera la rédaction des deux prochains chapitres, ce n'est qu'au chapitre huit qui nous pourrons conclure.

Présentation des grands paramètres explicatifs: Essayons dans un premier temps, à l'aide du graphique 4.4 ci-après, de nommer et de commenter les grands événements qui ont marqué l'évolution de la courbe des lésions accidentelles avec perte de temps reconnues et indemnisées par la CSST depuis l'adoption de la loi SST de 1979.

Graphique 4.4 – Nombre de travailleurs couverts et facteurs expliquant l'évolution du nombre relatif d'accidents de travail (avec perte de temps) Québec 1979-2001 (nombre relatif = valeur annuelle/moyenne de la période)

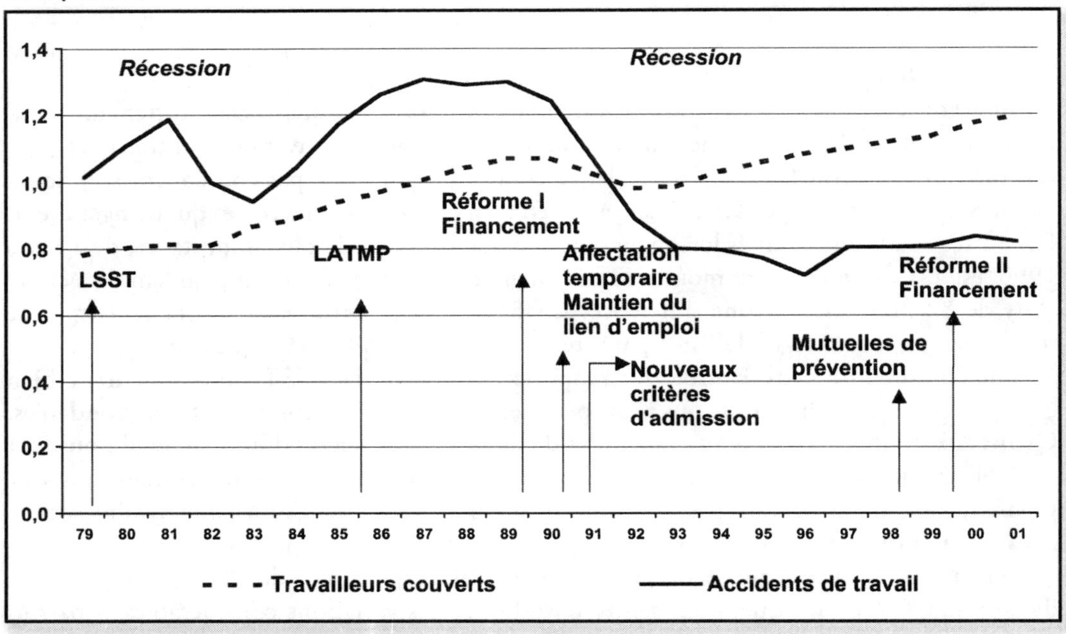

Source : CSST, statistiques sur les lésions professionnelles indemnisées, 1978-1979 et rapports annuels 1980-2001)

Les principales observations se résument ainsi :

- la période couvrant la fin des années 1970 et le début des années 1980 à été marquée par une effervescence de manifestations, par exemple des grèves et de discussions entourant la prévention et l'indemnisation des lésions professionnelles. Rappelons-nous le premier consensus obtenu dans le cadre du sommet socio-économique de 1977 sur la nécessité de réformer le régime des accidents du travail et des maladies professionnelles, l'adoption de la loi sur la SST, les émissions de radio et de télévision consacrées au sujet, sans compter les colloques et discussions dans les instances syndicales et patronales. Ces facteurs expliquent sans doute, en partie du moins, l'évolution ascendante de la courbe des lésions indemnisées : plus il est question d'un droit, plus on l'exerce ;
- les récessions ont pour effet, cela est historiquement établi, d'influencer les demandes d'indemnisation et la reconnaissance du droit au-delà de la baisse du nombre d'emplois provoquée par le phénomène économique. Cela explique probablement une certaine part des baisses de cas d'indemnisation au début des années 1980 et 1990 ;

- l'évolution de la structure industrielle et par conséquent du marché du travail et de la main-d'œuvre ont probablement bien davantage influencé les courbes des lésions professionnelles:
  - entre 1979 et 1997, 95 % des emplois ont été créés dans les industries du secteur tertiaire, plus propice à générer des troubles de santé mentale que des blessures physiques;
  - durant cette même période, un grand nombre d'entreprises manufacturières, particulièrement génératrices de blessures, ont fermé leurs portes;
  - de 1976 à 1995, le nombre des emplois autonomes a augmenté de 100 % alors que les emplois à temps partiel augmentaient de 127 %;
  - la révolution cybernétique, avec son lot de transformations des équipements de production et de l'organisation du travail, sont des facteurs dont il est impossible de mesurer l'impact exact mais qui n'est certainement pas négligeable;
  - dans une moindre mesure sans doute, l'arrivée en masse des femmes sur le marché du travail (1982 = 34 %; 1989 = 45 %) il en va de même du vieillissement de la population active (1982 = 21 % de 45 ans et +; 1996 = 29 %);
- soulignons que des recherches ont démontré que ces deux derniers facteurs sont prédicteurs de niveaux de risques généralement plus faibles;
- la courbe ascendante de 1983 à 1987 reflète probablement l'influence de la mise en application de divers règlements découlant de la Loi sur la SST (LSST) de 1979: désignation de secteurs prioritaires, programme de santé, programme de prévention, agent de prévention, création de l'Institut de recherche en SST (IRSST), des associations sectorielles paritaires (ASP) et des comités de SST, implication du réseau public de la santé. À ces influences s'ajoute celle de la réforme de 1985 sur les accidents du travail et les maladies professionnelles (LATMP), en particulier la présomption de lésions professionnelles en cas de blessures survenues sur les lieux de travail (article 28) et celle de la formalisation du droit à la réadaptation;
- la fameuse chute des lésions accidentelles de 1987 à 1993, qui se prolonge à un rythme réduit jusqu'à 1996, mérite une attention particulière, nous y reviendrons, mentionnons pour l'instant les quatre grandes décisions qui sont indiscutablement associées à cette période: la première phase de la réforme du financement de la CSST, la promotion de l'affectation temporaire, le maintien du lien d'emploi et la mise en œuvre de mécanismes de contrôle des coûts et de nouveaux critères d'admission des lésions professionnelles qui avaient été établis avec l'adoption de la LATMP;
- la période 1996-2001 apparaît quelque peu paradoxale en ceci qu'elle est marquée par une hausse des lésions alors que deux facteurs relativement importants sont de nature à faire diminuer le nombre des réclamations soumises à l'institution et admises par cette dernière: le développement des mutuelles de prévention et la seconde phase de la réforme du financement; nous y reviendrons également.

L'expérience financière de la CSST: Les graphiques 4.5 et 4.6 doivent être lus en parallèle, le premier présente l'évolution des surplus et des déficits annuels des opérations de la CSST, le second, qui explique en partie le premier, présente l'évolution du taux moyen de cotisations, il met en parallèle le taux décrété à l'avance et le taux avéré après la rentrée des cotisations, le taux réel si l'on préfère.

Graphique 4.5 - Évolution du nombre d'accidents de travail (avec perte de temps) et du surplus (déficit) annuel des opérations de la CSST, Québec, 1979 à 2001,(nombre relatif = valeur annuelle / moyenne de la période)

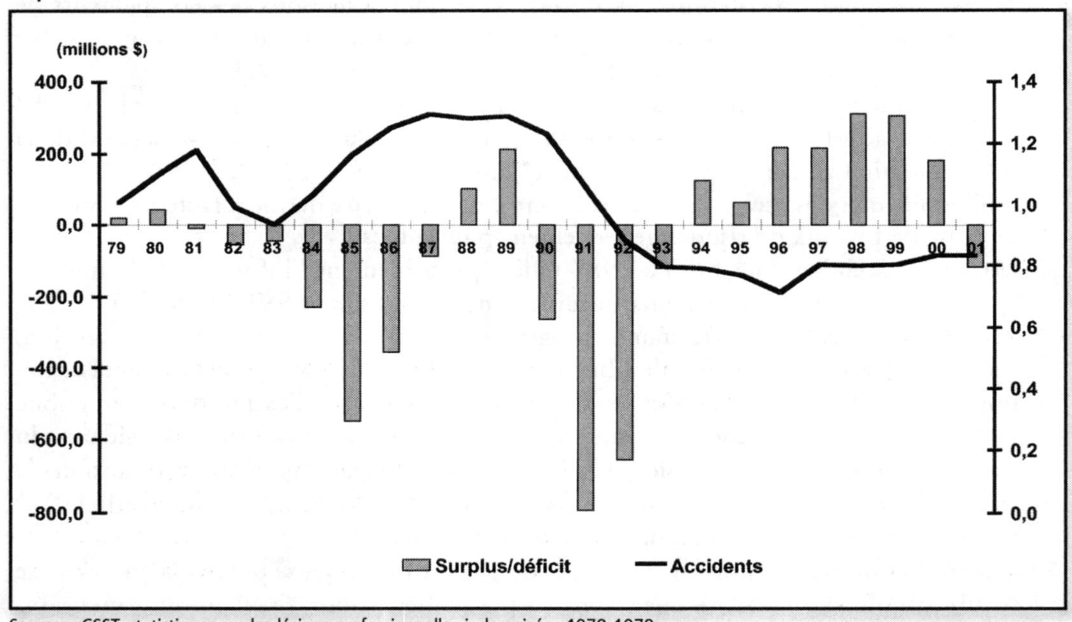

Sources : CSST, statistiques sur les lésions professionnelles indemnisées 1978-1979
CSST, rapports annuels 1982 à 2001

Dans le but d'apporter un minimum d'éclairage sur la question, mais au risque de simplifier outre mesure, disons que le principe à la base du financement de la CSST est le suivant : pour financer ses opérations et maintenir à hauteur normale son fonds consolidé, la commission cotise les entreprises en fonction de l'expérience de ces dernières considérées individuellement ou par classe de cotisants CSST. Toujours pour demeurer simple, nous pouvons dire deux choses :

- si les rentrées d'argent provenant de la cotisation s'avèrent inférieures aux besoins de l'institution, celle-ci se retrouvera vraisemblablement en déficit, n'entrons pas dans le détail des déficits actuariels et des déficits réels ;
- si le financement s'avère supérieur aux besoins, on se retrouvera avec un surplus.

Graphique 4.6 - Évolution du taux moyen de cotisation (décrété VS réel) Québec, 1979 à 2001 (par 100 $ de masse salariale assurable)

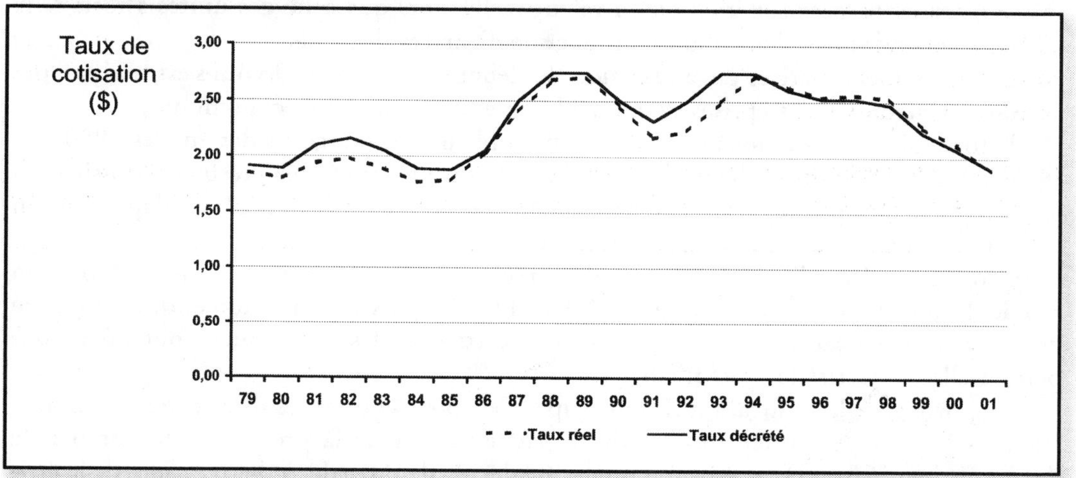

Taux de cotisation ($)

3,00
2,50
2,00
1,50
1,00
0,50
0,00

79 80 81 82 83 84 85 86 87 88 89 90 91 92 93 94 95 96 97 98 99 00 01

- - ·Taux réel —— Taux décrété

Source: CSST, rapports annuels 1982 à 2001

Comme l'indique le graphique 4.6:

- de 1979 à 1994, le taux réel de cotisation est légèrement inférieur au taux décrété, on doit alors s'attendre à un manque d'argent pour financer les opérations;
- de 1995 à 2001, nous observons le phénomène inverse: le taux réel est légèrement supérieur au taux décrété, on doit donc s'attendre à un surplus d'argent pour financer les opérations.

Or, pour l'ensemble des années caractérisées par un taux de cotisation réel inférieur au taux de cotisation décrété, quatre années comportent des surplus contre onze années comportant des déficits. Pour toutes les années avec taux réels supérieurs au taux décrété, la commission présente des surplus d'opérations.

Il en va de même pour ce qui touche les surplus et les déficits:

- de 1981 à 1985, on assiste à une baisse du taux de cotisation alors que les rentrées de fonds apparaissent inférieures aux besoins; pendant cette même période, on assiste à des déficits de plus en plus imposants, environ un demi-milliard en 1985;
- de 1985 à 1989, le taux de cotisation augmente, le taux de cotisation réel s'approche du taux décrété et les déficits diminuent pour laisser place à des surplus;
- de 1989 à 1991, on baisse les cotisations et les déficits réapparaissent, et ainsi de suite jusqu'à 2001.

Plusieurs autres facteurs ont contribué aux déficits de la CSST, mentionnons les suivants:

- la structure réelle de la masse salariale n'était pas tout à fait celle projetée. Bien que n'ayant pas de référence écrite pour appuyer leurs dires, des praticiens nous ont expliqué que la masse salariale des unités de cotisation à plus faibles taux était considérée sur une base supérieure à sa valeur réelle alors que celle des unités à forts taux était sous-estimée. Il en résulte un manque d'entrées de fonds;

- les retombées négatives de la récession du début des années 1990 qui s'est traduite par des fermetures d'entreprises et des déplacements de l'activité économique;
- le fort volume des lésions professionnelles indemnisées au cours des années 1980;
- vers la fin des années 1990, des décisions administratives en faveur de dossiers en attente depuis plusieurs années, particulièrement en ce qui a trait à la réadaptation, un service dont on avait sous-estimé le coût.

En somme, même s'il a été question d'un régime public en péril et d'une amélioration rapide de la situation à compter de 1994, l'analyse des taux de cotisation et des déficits ne nous éclaire pas beaucoup sur les causes des écarts dans les statistiques, tout juste nous permet-elle de décrire les faits financiers.

Les réformes de la tarification: En principe, c'est pour contrer les déficits de la commission, en incitant les entreprises à réduire par le moyen de la prévention le nombre de dossiers acheminés à la commission, qu'il a été décidé de procéder à des réformes de la tarification. Mais dans les faits, ces réformes n'auraient-elles pas bien davantage contribué à réduire les coûts pour les entreprises sans nécessairement passer par la pratique de la prévention?

L'élimination des déficits aurait bien pu s'obtenir par une augmentation des cotisations. Il y a vraisemblablement un rapport direct entre l'expérience, le nombre et la gravité des lésions professionnelles et le taux de cotisation. Il serait intéressant de voir si la réforme du financement s'est traduite par une baisse des lésions avant de prendre la forme d'une baisse des cotisations. En d'autres mots, les hausses et les baisses du taux de cotisation sont-elles le résultat de l'amélioration des conditions sanitaires et sécuritaires de travail ou le résultat du resserrement des critères de reconnaissance des lésions, particulièrement les plus graves, et d'un meilleur contrôle des dossiers de la part des entreprises?

Pour comprendre la logique des décisions, il importe de connaître les principales décisions qui ont marqué le mode de financement et son incidence sur la prévention:

- avant 1985, la cotisation se faisait sur la base de l'expérience commune de regroupements d'entreprises, le fait de devoir financer le régime est en principe de nature à inciter les entreprises à faire de la prévention. Cependant, les employeurs auraient considéré l'expérience de la cotisation par classe dépersonnalisée comme étant une source de frustration des cotisants bien plus qu'un moyen de les inciter à prévenir les lésions. En d'autres mots: pourquoi investir dans la prévention alors que la concurrence ne le fait pas et qu'il faut payer pour ceux qui ont une expérience négative et même catastrophique? En contrepartie, il deviendra bien plus intéressant de limiter le nombre de dossiers d'indemnisation le jour où la cotisation en sera réduite dans une mesure comparable;

- les employeurs se plaignaient donc, non sans raison dans bien des cas:
  - de ne pas être classés dans la bonne unité de classification;
  - de subir des hausses trop importantes de leur taux de cotisation à la suite d'un événement fortuit, mais très grave dans leur unité;
  - d'une absence de lien entre ce qu'ils payent à la CSST et leur expérience récente en matière de coûts d'accidents. Les employeurs exprimaient une préférence pour contribuer au régime selon leur expérience effective et personnalisée;
- depuis 1985, avec l'adoption de la LATMP, un premier effort de personnalisation est apparu sous le vocable de régime *mérite* et *démérite*, dont l'objectif était de réagir à la bonne et à la mauvaise performance des grandes entreprises, celles dont la cotisation atteignait 50 000 $ et plus. Réactif, le mécanisme consistait à ajuster le taux sur la base des trois années antérieures, de ce fait, les visées préventives du régime n'ont pas été atteintes.

Pour répondre aux doléances des employeurs et pour freiner l'ampleur annoncée des déficits, la CSST a procédé à une première phase de réforme de la tarification en 1990, en mettant en place trois régimes de tarification:

Tableau 4.4 – Description des nouveaux régimes de tarification et nombre d'entreprises concernées

RÉGIME	MONTANT DES COTISATIONS	% DES PRIMES	NOMBRE D'ENTREPRISES
Taux à l'unité	< 20 000 $	30 %	163 000
Taux personalisé	De 20 000 $ à 400 000 $	40 %	11 000
Rétrospectif	> 400 000 $	30 %	550

La réforme visait trois objectifs:

- donner aux employeurs une protection accrue et plus équitable en matière d'assurance: ce n'est plus l'unité qui supporte les coûts des accidents très graves, ceux-ci sont partagés avec cinq grands ensembles sectoriels: bâtiments et travaux publics, industries primaires, industries manufacturières, transports et services. Quand une facture d'indemnisation dépasse 80 000 $, le surplus est imputé à une enveloppe commune qui correspond à l'un des 5 grands ensembles dont fait partie l'entreprise;
- inciter les employeurs à faire plus de prévention, et ce, surtout par l'introduction du régime personnalisé, il s'agit d'un incitatif non négligeable pour les employeurs à faire de la prévention et à pratiquer une gestion plus serrée des dossiers de SST;
- instaurer un régime plus équitable.

La seconde phase de la réforme de la tarification à la fin des années 1990 vise à:

- reclasser les entreprises selon le risque réel de leur activité et non selon l'activité économique dominante ou principale: construction, meubles, forêts, bois, etc.;

- abaisser à 4 500 $, au lieu de 20 000 $ le seuil de la prime pour être admissible au taux personnalisé, ce qui porte à 24 000 et à 17 % du total le nombre d'entreprises bénéficiant du taux personnalisé ;
- appliquer un facteur de chargement de 10 à 20 % dans le cas des lésions mineures et de 300 à 400 % dans le cas des lésions graves. Ces changements constituent des motifs majeurs de contrôle des risques de lésions professionnelles, ce qui peut se faire par la prévention et cela est souhaitable, mais peut également se faire par la gestion serrée des dossiers, ce qui est plus problématique.

Toutes ces mesures sont de nature à procurer aux entreprises un plus grand contrôle sur la facture qu'elles reçoivent de la CSST. Elles peuvent réduire leurs coûts en pratiquant des mesures de prévention ou en exerçant un plus grand contrôle sur les dossiers qui se rendront à la commission. Aucune étude ne permet d'établir dans quelle mesure l'une ou l'autre de ces deux méthodes de réduire les coûts fut utilisée.

La création des mutuelles de prévention: Cette innovation permet aux entreprises de se regrouper et oblige chacun de ses membres à faire de la prévention, à gérer les dossiers d'accidents de travail de façon serrée et à mettre sur pied un programme d'assignation temporaire.

Ainsi donc, que ce soit par les mutuelles de prévention ou par les nouvelles modalités et règles d'éligibilité en matière de tarification, les entreprises qui investissent en prévention ou qui limitent le nombre de demandes d'indemnisation verront leur taux de cotisation devenir plus réactif à ces efforts.

L'affectation temporaire: La loi prévoit qu'il est possible de maintenir le lien d'emploi d'une personne ayant subi une lésion professionnelle et de lui offrir la possibilité de l'affecter temporairement à des tâches légères dans un but thérapeutique. Cette pratique est promue dans les cas où l'accidenté est jugé raisonnablement capable de faire un tel travail qui ne présente pas de danger pour sa santé et sa sécurité et est favorable à sa réadaptation. Cette pratique s'est développée rapidement sans qu'on en connaisse les motivations et les manières de faire. Il semble que, dans un premier temps, le principe intégrateur de cette pratique a été financier plus que thérapeutique et lié à la réadaptation en tant que telle.

Dans la foulée de l'expérience américaine et avec l'expérience et l'expertise développées récemment ici dans la gestion intégrée des incapacités, le maintien du lien d'emploi devient une pratique incontournable tant pour éviter aux accidentés de se retrouver en situation précaire que pour permettre aux entreprises de contrôler les coûts générés par les lésions professionnelles :

> *«Le concept américain de gestion intégrée des incapacités (disability management) est dominant dans les publications relatives aux interventions de maintien du lien d'emploi implantées dans les entreprises. Il s'agit d'un véritable programme dont l'objectif ultime est de réduire la prévalence et l'impact des incapacités pour les travailleurs et les entreprises»*[(2)].

Parce qu'elles ne comportent pas de perte de temps, les lésions faisant l'objet d'une affectation temporaire pour la durée du rétablissement ne sont pas déclarées à la CSST; de la même façon, les lésions comportant une période de temps à l'extérieur du milieu de travail et une autre période en affectation temporaire ne sont déclarées que dans la mesure ou il y a perte de temps. L'affectation temporaire a par conséquent pour effet de:

- réduire le nombre de lésions inscrites dans les statistiques inhérentes aux rapports annuels de la CSST;
- modifier de façon significative la durée des absences pour lésions professionnelles;
- réduire d'autant les coûts de cotisation.

Selon l'enquête américaine déjà citée, le recours de plus en plus fréquent à l'assignation temporaire expliquerait en grande partie l'écart entre la courbe du taux d'incidence de l'ensemble des lésions professionnelles avec ou sans perte de temps et celle des lésions avec perte de temps seulement. Bien qu'il n'existe pas de données tout à fait comparables pour le Québec, il semble que cette pratique de gestion ait pris une importance considérable depuis le début des années 90.

Pour la seule année 1992, peut-on lire en page 156 de *l'Annexe statistique au rapport annuel de la CSST*, le nombre des nouvelles réclamations indemnisées a subi une baisse marquée de l'ordre de 16,6 %. L'explication donnée réside dans deux facteurs: *la conjoncture économique difficile et une plus grande utilisation de l'affectation temporaire.* Le phénomène est très significatif, il explique en grande partie la baisse très marquée des lésions accidentelles indemnisées entre 1989 et 1996.

Il semble cependant qu'à cette époque, l'affectation temporaire ou assignation temporaire, comme on l'entend le plus souvent, concernait principalement les cas de courte durée, ceux qui n'affectent pas trop lourdement le budget de la CSST. C'est ainsi que la diminution de 16,6 % des réclamations indemnisées se traduit par une baisse de seulement 1,5 % des déboursés en remplacement du revenu de la commission.

La proportion des lésions *en vigueur* de courte durée, est passée de 65 % en 1988 à 51 % en 1992 peut-on lire à la page 55 du document. Pendant ce temps, la proportion des événements ou des rechutes dont la gravité est plus importante est passée de 9 à 22 %. Cela ne signifie pas pour autant, comme nous l'avons vu, que le nombre effectif des lésions de longue durée ait augmenté dans une telle proportion. Il ne s'agit ici que d'une question de répartition des valeurs à l'intérieur des tableaux statistiques.

De plus en plus répandue, la pratique n'a, bien sûr, rien d'illégal, sa légalité a été confirmée par la décision du juge Robert Burns, du Tribunal du travail, rendue en février 1993, concernant un événement survenu en septembre 1991 par laquelle il donne raison à l'entreprise Produits forestiers Canadien Pacifique ltée contre la CSST. En effet, le jugement stipule que l'entreprise n'est pas tenue de transmettre une déclaration de lésion professionnelle à la commission dans les cas où l'accidenté est temporairement affecté à un travail et ne subit ni perte de temps au sens de la loi ni réduction de salaire. Le texte est clair:

> *«Il ressort de l'interprétation de ces différents textes que l'employeur qui n'est pas tenu de verser des sommes en vertu de l'article 60 ne doit pas être considéré comme visé par l'obligation de transmettre à la CSST le formulaire décrit à l'article 268»*[3].

L'explication vaut-elle pour les diminutions successives du nombre de lésions professionnelles couvrant la période 1989-1995 ? Nous sommes portés à croire que la situation économique, le second facteur identifié par la CSST pour expliquer la diminution des lésions professionnelles en 1992, n'est pas le principal facteur déterminant l'évolution de la société pendant cette période, d'autant plus que le phénomène n'a pas suivi les tendances de la reprise économique ultérieure.

Pour leur part, de nombreux praticiens en gestion de dossiers de lésions professionnelles nous ont confié qu'avec l'application systématique de l'affectation temporaire, certaines entreprises épargnent des millions de dollars annuellement en affectant temporairement les accidentés à des travaux légers.

Une telle pratique, même si elle se traduit par des baisses de coûts pour les entreprises et par un rééquilibrage du budget de la commission, laisse des doutes sur le respect plein et entier des droits des travailleurs concernés. Dans le cadre de notre enseignement à la Faculté de l'éducation permanente de l'Université de Montréal, nous avons entendu des récits pour le moins troublants : des praticiens de la SST nous disent que le principe intégrateur de la pratique de l'affectation temporaire n'est pas toujours thérapeutique, qu'il est le plus souvent financier. C'est ainsi que des travailleurs accidentés se font demander de faire des travaux insignifiants ou de passer leur temps à ne rien faire. On nous a raconté l'histoire d'une personne qui s'est retrouvée à l'hôpital à cause de l'inconfort de la chaise sur laquelle on lui avait demandé de rester assise en guise d'affectation temporaire.

Le maintien du lien d'emploi: Tout comme l'affectation temporaire, la pratique assez systématique du maintien du lien d'emploi à des fins de réadaptation des accidentés aux prises avec une incapacité permanente est venue grandement influencer les données statistiques de la commission. Pour mieux comprendre cette pratique qui découle de l'application de la LATMP, il faut se souvenir qu'avant 1985, le régime permettait à bon nombre d'accidentés du travail de bénéficier jusqu'à la retraite d'une forme de rente relativement généreuse pour cause d'incapacité permanente. Avec l'application de la loi, cette rente est réduite de manière telle qu'après cinq ans, les accidentés risquent fort de se retrouver sur le bien-être social ou dans une forme de pauvreté chronique. Pour contrer ce phénomène, dans l'esprit de la LATMP, la commission et les praticiens du terrain favorisent un retour de l'employé à un autre poste de manière à faciliter sa réinsertion et sa réadaptation tout en réduisant les délais et les coûts pour les entreprises.

Dans l'étude portant sur l'ensemble des 13 728 lésions professionnelles des entreprises de quatre régions administratives de la CSST, Baril et Berthelette font ressortir des faits particulièrement intéressants :

- le nombre de cas pour lesquels le retour au travail s'est accompagné de mesure de maintien du lien d'emploi s'élevait à 2933, soit 21,2 % des cas ;
- celui des accidentés n'ayant fait l'objet d'aucune mesure était de 10 795, soit 78,6 % des cas ;

- parmi les variables retenues pour l'étude, celles qui sont associées de manière positive à la présence de mesures de maintien du lien d'emploi, les auteurs notent pour:
  - nature de la lésion: inflammation;
  - siège de la lésion: membre supérieur et épaule;
  - catégorie de cotisation: grande, à taux rétrospectif;
  - durée d'absence: 0-44 jours et 193 à 365 jours;
  - sexe: femme;
  - catégorie de dossiers: avec rechute;
  - âge: 30 à 39 ans;
- quant aux variables qui sont associées de manière positive à l'absence de mesures de maintien du lien d'emploi, ils notent pour:
  - catégorie de cotisation: petite entreprise au taux de l'unité;
  - groupe professionnel: non manuel;
  - durée de l'indemnisation: 45 à 90 jours.

Les auteurs ne le soulignent pas de façon particulière, mais nous trouvons remarquable le fait que les absences de courte et longue durées fassent davantage l'objet de mesures de maintien du lien d'emploi que celles de durée moyenne, de 45 à 90 jours. En guise d'explications, nous posons l'hypothèse suivante:

- dans les cas des absences de courte durée, on pratique l'assignation temporaire sans nécessairement appliquer de mesures de réadaptation;
- dans les cas d'absences de longue durée, on pratique le maintien du lien d'emploi avec des mesures de réadaptation;
- dans le cas des absences de moyenne durée, l'affectation temporaire simple est difficilement applicable alors qu'il ne vaut pas la peine d'investir dans la réadaptation et le maintien du lien d'emploi.

Notre objectif étant de constater l'incidence des pratiques administratives sur l'évolution du nombre de lésions inscrit dans les statistiques, nous n'entrons pas dans l'analyse qualitative des facteurs influençant les pratiques de maintien du lien d'emploi.

4.1.3 Évolution de l'indice des décès résultant d'un accident du travail

Il appert que pour apprécier l'évolution des lésions accidentelles, les données les plus significatives concernent sans doute les décès dus à des accidents du travail. D'une part, il s'agit d'événements extrêmement graves qu'il est difficile de ne pas déclarer à la CSST même s'il n'est pas assuré qu'ils le sont tous, vu la possibilité de faire effectuer des travaux dangereux par des travailleurs autonomes qui ne sont pas nécessairement couverts par la CSST, vu également la difficulté de prouver qu'il s'agit bien d'un accident du travail dans le cas d'un suicide par exemple. D'autre part, la preuve d'évidence du lien avec le travail est plus facile à établir que dans le cas d'un décès suite à une maladie professionnelle comme nous le verrons plus loin.

Bien que marqué par des variations annuelles importantes, le tableau 4.5, présentant le nombre de morts accidentelles, construit à partir des rapports annuels de la CSST présente, décennie après décennie, une diminution constante des cas de mortalité. En 1979, le rapport de la CSST indique 198 morts d'accidents du travail ; durant la décennie 1980, on en compte en moyenne 122,9 par année, incluant un nombre inconnu de morts suite à une maladie professionnelle ; pour les années 1990, le nombre baisse lentement : 107,4 en moyenne par année.

Avant de poursuivre l'analyse sur le nombre de décès dus à un accident du travail, il nous faut voir d'autres données : le taux de mortalité d'une part et le nombre de décès établi quelques années après la parution des rapports annuels d'autre part.

Tableau 4.5 – Évolution du nombre de décès dus à un accident du travail au Québec de 1986 à 2001

	TRAVAILLEURS COUVERTS	NOMBRE DE DÉCÈS
86	2 331 753	151
87	2 412 983	145
88	2 500 414	117
89	2 572 810	158
90	2 571 428	147
91	2 465 107	112
92	2 362 733	84
93	2 365 765	108
94	2 477 480	98
95	2 538 058	115
96	2 597 538	72
97	2 637 932	109
98	2 692 257	134
99	2 730 345	95
00	2 823 366	107
01	2 877 400	94

Sources : CSST, rapports annuels 1979 à 2001
Statistique Canada, cat. 72-002 (valeurs corrigées 1983 à 1991)
Statistique Canada, cat. 71-529

Le taux de mortalité en lien avec le taux d'incidence des accidents du travail: Partant des données des rapports annuels de la CSST, nous avons pu calculer et illustrer l'évolution pour le Québec, de 1986 à 2001, du taux de mortalité et le comparer au taux d'incidence des accidents du travail comportant une perte de temps pour les accidentés. Le taux de mortalité correspond au nombre d'accidents mortels par 100 000 travailleurs. Pour aplanir les variations annuelles, nous présentons des données basées sur des moyennes mobiles de trois ans.

Au cours des huit premières années, le taux de mortalité ne cesse de diminuer passant de 5,7 ⁰/₀₀₀₀ au cours des années 80 pour ensuite osciller autour des 4,2-4,0 ⁰/₀₀₀₀ durant les années 1990, ce qui est pour le moins remarquable. À la fin de la décennie et au début du nouveau siècle, le taux chute de façon assez marquée baissant à 3,5 ⁰/₀₀₀₀, il serait cependant prudent d'attendre quelques années avant de confirmer cette tendance.

Graphique 4.7 - Évolution du taux de mortalité et d'incidence des accidents de travail (avec perte de temps), Québec, 1986 à 2001 (taux d'incidence = nbre d'accidents par 100 travailleurs) (taux de mortalité = nbre d'accidents mortels par 100 000 travailleurs; moyenne mobile 3 ans)

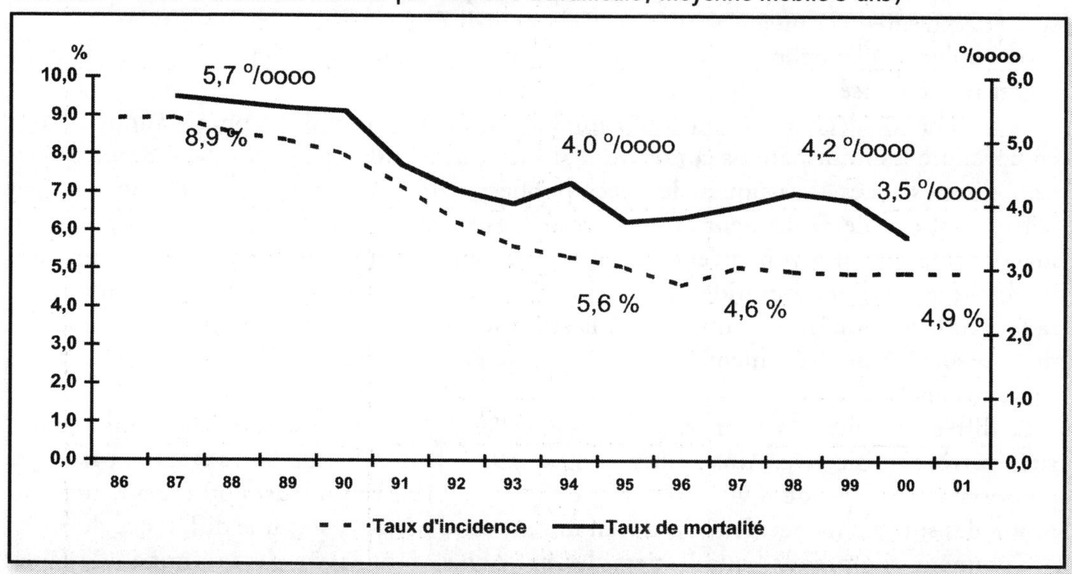

Sources: CSST, statistiques sur les lésions professionnelles indemnisées 1978-1979
CSST, rapports annuels 1980 à 2001

On peut probablement supposer que l'évolution de la fréquence des événements accidentels occasionnant un décès n'est pas négativement influencée par les changements survenus dans la gestion du régime SST au Québec. On peut cependant penser que cette même évolution est positivement influencée par les retombées de la prévention et de la recherche, tout comme on peut penser qu'elle est effectivement influencée dans le même sens par les changements de structure de l'emploi qu'on a observés ci-devant.

Si des études spécifiques nous permettaient de le faire, nous pourrions sans doute, comme en santé publique, retenir cet indicateur comme en étant un de référence en matière d'efficacité des mesures de prévention mises en place au cours des 20 dernières années. Cependant, ces études ne permettent pas de distinguer dans quelle mesure les facteurs qui ont influencé l'évolution de la société québécoise, qu'ils soient structurels, conjoncturels ou macroéconomiques, ont eu un impact significatif sur le taux de mortalité par suite d'une lésion accidentelle.

Comme nous l'avons souligné pour le taux d'incidence, il ne faut pas oublier que ces taux, en termes absolus, sont sans doute plus élevés que 4 $^{0}/_{0000}$, dans la mesure où cet indicateur tient compte du nombre d'individus et non des heures travaillées. Tels que les chiffres sont présentés ici, il appert donc que le dénominateur surestime le nombre de travailleurs en équivalent temps complet.

Par comparaison avec le taux d'incidence, le graphique montre que le taux de mortalité suit effectivement la même tendance. Cela peut-il être interprété comme signifiant une forte tendance à l'amélioration de l'ensemble des lésions accidentelles ? Il est trop tôt pour tenter une réponse à cette question.

Le nombre de décès établi quelques années après la parution des rapports annuels: Pour comprendre les informations contenues dans le tableau 4.6 et le graphique 4.8, une précision s'impose. Les statistiques de décès publiées dans les rapports annuels ne sont pas définitives, elles le deviennent et sont accessibles sur demande quelques années plus tard, mais encore faut-il savoir qu'elles existent. Les données que nous qualifions de matures intègrent les dossiers consolidés au cours des années qui ont suivi l'événement d'origine de sa lésion. Ces données sont obtenues à la suite de compilations spéciales, par exemple: les décès associés à un événement d'origine survenu en 1995 par rapport au nombre de décès survenus en 1995.

La différence entre les données publiées et celles dont on peut dire qu'elles sont à maturité est très significative. Ainsi, entre 1989 et 1996, le nombre de décès établi à partir des rapports annuels est de 894 alors qu'en définitive, 1190 travailleuses ou travailleurs sont morts des suites d'un accident du travail durant cette période, soit une différence de 33 %.

Comment comprendre que le tiers des personnes dont la vie s'est terminée de façon absolument dramatique, par le fait et à l'occasion du travail, n'est pas inscrit au rapport annuel de l'institution chargée, entre autres choses, de les reconnaître.

Les rapports annuels ne parlant pas de cette réalité, il va de soi qu'ils ne contiennent rien qui puisse servir à l'expliquer. Serait-ce le simple fait que l'information n'ayant pas d'incidence sur le budget de l'institution, on ne se donne pas la peine d'informer la population ? Serait-ce qu'il est plus intéressant de présenter des chiffres plus rassurants ? Serait-ce que pour des raisons techniques, dans le cas par exemple ou ces décès ne seraient pas associés à des événements accidentels spécifiques, on ne les traiterait pas sur la même base que les autres ?

Tableau 4.6 - Décès dus à un accident du travail, différence entre les données des rapports annuels et les données à maturité de 1989 à 1996

	DUS À UN ACCIDENT	MATURES	DIFFÉRENCE %
1989	158	197	25
1990	147	192	31
1991	112	162	45
1992	84	132	57
1993	108	131	21
1994	98	142	45
1995	115	133	16
1996	72	101	40

Sources : rapports annuels et annexes statistiques de la CSST des années 1989 à 1998

Graphique 4.8 – Décès dus à un accident du travail, différence entre les données des rapports annuels et les données à maturité de 1989 à 1998

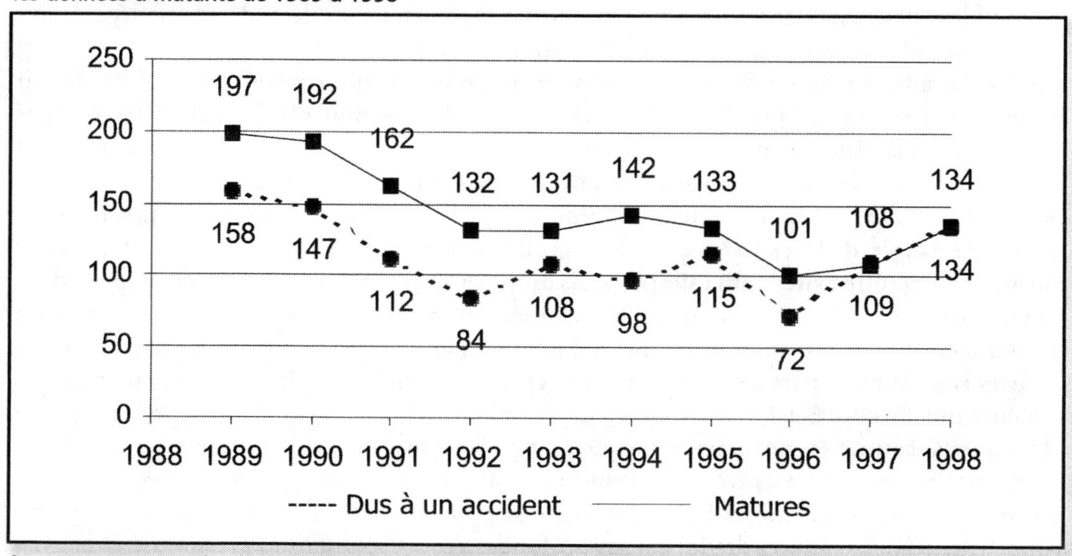

Sources : rapports annuels et annexes statistiques de la CSST des années 1989 à 1998

Considérant que nous disposons d'une partie de ces données, il devient particulièrement difficile de ne pas les utiliser, ainsi, de 1989 à 1996, on observe une diminution de 49 % du nombre de décès (données à maturité); celui-ci passant de 197 à 101 en seulement huit ans. Il faut toutefois relativiser cette donnée en considérant le fait que les décès accidentels sont en progression depuis 1996. Selon les données disponibles, ce nombre est passé de 72 à 107 cas, soit une augmentation de 48 % en quatre ans, reste à voir si les données définitives confirmeront cette tendance.

De ces chiffres, il ressort tout de même une amélioration certaine: considérant l'augmentation du nombre de travailleuses et de travailleurs, les dernières quarante années ont permis de réduire d'environ la moitié le taux de mortalité accidentelle. S'agissant là de l'indice le plus fiable, nous pouvons conclure à une amélioration globale de la situation, même si, pour porter un jugement plus précis, il fallait des analyses plus complètes et tenir compte de la transformation de la structure industrielle du pays.

De nombreux facteurs contribuent à expliquer cette évolution de la situation, notons en particulier:

- l'amélioration des pratiques préventives découlant de la formation des travailleuses et travailleurs, l'amélioration des méthodes de travail, l'introduction de mesures de protection sur les machines, l'avènement de technologies mieux adaptées, etc. constituent une explication valable pour une part du changement;
- les bouleversements intervenus dans la structure industrielle ont également joué un rôle important. Notons par exemple la fermeture d'entreprises particulièrement génératrices de blessures graves et leur remplacement par des entreprises de technologie légère plus exigeantes cependant au chapitre de la santé mentale.

S'il est vraisemblable qu'il y a progrès, rien ne nous autorise cependant à oublier le fait majeur: il demeure un problème de société, un problème non résolu malgré les moyens infiniment plus efficaces dont nous disposons pour le faire. Les lésions indemnisées sont évidemment des accidents au sens de la Loi des accidents du travail et des maladies professionnelles (LATMP); mais s'agit-il d'accidents imprévisibles et imparables, au sens de la science du danger, de l'*ergocindynique*? Dans quelle mesure autrement dit, s'agit-il d'événements qui auraient pu être évités par la simple utilisation des moyens de prévention appropriés dans les circonstances ? Dans quelle mesure des risques ont été pris par les éventuelles victimes ou par des collègues de travail, soit par inconscience ou par négligence ? Dans quelle mesure des dangers connus de la part des dirigeants, des agents de maîtrise et des représentants des travailleurs ont-ils contribué aux accidents graves et mortels ? S'agit-il d'accidents à peu près identiques à d'autres événements de même nature survenus dans des conditions comparables ? Les gestionnaires des entreprises où se sont produits ces accidents ont-ils agi avec rigueur et compétence pour en éliminer les causes évidentes, ont-ils fait les retours d'expériences qui s'imposaient pour comprendre les causes profondes et les éliminer des systèmes techniques, des processus de production, de l'organisation du travail et de la culture organisationnelle? Les erreurs de conception des systèmes, les déficiences dans les structures organisationnelles, la culture organisationnelle, les stratégies de gestion, les philosophies de gestion, etc. sont-elles discutées ouvertement ou sont-elles encore des espèces de tabous modernes?

Dans la mesure où ces événements auraient pu être évités par l'utilisation rigoureuse et compétente des moyens de protection et de prévention disponibles et accessibles, dans cette mesure, il s'agit d'événements résultant d'une prise de risque pour autrui, ou à travers autrui, ce qui revient au même. Dans cette mesure, il s'agit davantage de crimes, de crimes socialement tolérés, de crimes pour lesquels on ne recherche une négligence ou une responsabilité criminelle que dans la mesure où ils sont l'occasion d'une catastrophe faisant plusieurs morts, le cas de la mine Belmoral par exemple.

Partant de ce point de vue, il serait intéressant de savoir, pour un échantillon de cas de décès, s'il s'agit d'événements essentiellement accidentels, des accidents dus à des facteurs fortuits et imprévisibles ou s'il s'agit d'événements relevant en tout ou en partie d'une forme de responsabilité criminelle. Cela nous amènerait à examiner les rapports d'accidents faits par les inspecteurs de la CSST pour voir à leur face même, jusqu'où vont ces rapports dans l'examen des situations qui ont conduit à ces événements. Il serait intéressant de voir si les analyses demeurent centrées sur l'identification des causes immédiates de ces drames ou si elles vont en profondeur, jusqu'aux causes lointaines, systémiques, celles qui dorment dans les systèmes, selon l'expression de Michel Llory[(4)], jusqu'à ce que les conditions immédiates des catastrophes soient réunies.

Toutes ces questions et d'autres encore nous convoquent à une révision de nos façons de voir, de percevoir, de concevoir, de penser et d'agir en SST. Un nouveau paradigme semble devoir s'imposer. Le bloc de connaissances acquises à travers l'étude des causes systémiques des catastrophes, ce nouveau savoir connu sous le nom de *CINDYNIQUE* va nous aider à redéfinir la problématique des accidents du travail.

4.2 La problématique *ergocindynique* des lésions accidentelles

Alors qu'on n'a pas encore réussi à éliminer les anciennes causes des lésions accidentelles, de nouvelles viennent s'ajouter. À l'origine des catastrophes technologiques, ces nouvelles causes, recensées et analysées par les cindyniciens du monde, sont liées à la vulnérabilité des systèmes complexes.

La complexité, c'est la condition même de la performance. Tout système sociotechnique, qu'il s'agisse d'un complexe hydroélectrique, d'un aéroport, d'une fonderie ou d'une tour à bureaux, est composé d'un grand nombre d'éléments variés de par leur nature, soit des personnes, des équipements, des informations en interactions permanentes ou circonstancielles.

Toute détérioration inhérente à l'un ou l'autre de ces éléments ou au rapport entre eux se traduit par une augmentation du niveau de risque proportionnelle au nombre et à l'importance des dysfonctionnements qu'elle induit. Une première phase de détérioration se traduit par des risques d'incidents ou d'accidents de gravité variable; lorsque la détérioration s'accentue, le système devient de plus en plus vulnérable et les risques d'accidents graves se multiplient. À la limite extrême, c'est la catastrophe, c'est-à-dire un accident dont les dommages humains et matériels sont majeurs et dont la survenue provoque des tensions dans le tissu social de la collectivité concernée; nous reviendrons sur cette définition plus loin dans ce chapitre.

Pour le moment, donnons quelques exemples qui nous aideront à comprendre ces concepts.

4.2.1 Un cas de système gravement détérioré : l'effondrement du toit de la mine Ferderber-Belmoral

Depuis le début du XXe siècle, nous l'avons vu dans les premiers chapitres de ce livre, le risque professionnel bénéficie d'une protection de type « assurance ». Ainsi, la question de la responsabilité légale, eu égard au droit à l'indemnisation, au montant des sommes et à l'importance des services rendus aux victimes, ne se pose plus.

Cependant, bien que galvaudée par des décennies d'un régime légal axé essentiellement sur le droit à l'indemnité en cas de lésions, la question plus fondamentale de savoir si des risques ont été pris par autrui dans la survenue des accidents graves et très graves, la question se pose toujours.

Ainsi, lorsque survient un événement d'une extrême gravité, comme ce fut le cas le 20 mai 1980 à la mine Ferderber-Belmoral, l'État se donne les moyens pratiques pour investiguer les faits, à la recherche d'une compréhension profonde des causes des événements, à la recherche également des responsabilités encourues par les acteurs, que ces responsabilités soient de nature criminelle ou pas.

Rappelons-nous, comme nous l'avons vu dans le premier chapitre, qu'au terme de son enquête, la commission en est venu à *« ... rejeter le caractère fortuit de l'effondrement du 20 mai. »*[5] pour ensuite conclure à son caractère prévisible.

La mine Ferderber-Belmoral opérait dans des conditions pour le moins anormales, le système, pour utiliser les concepts de la *cindynique*, était en état de dégradation avancée, les travailleurs de l'entreprise étaient exposés à des dangers qu'une personne normale ne peut parer par ses acquis de prévoyance. Dans la mesure ou l'entreprise prenait des risques pour autrui, se rendait-elle responsable de négligence de nature criminelle ? Voici, en résumé, l'état de la situation révélée par l'enquête :

- l'entreprise innovait en extrayant du minerai, pour la première fois dans l'histoire des mines d'or, dans une faille de l'immense roc souterrain, soit le batholite de Bourlamaque dans la région de Val-D'Or, alors qu'auparavant, le minerai avait toujours été extrait aux extrémités du roc. Dans de telles circonstances, l'entreprise aurait dû appliquer toutes les règles de sécurité connues et disponibles en plus d'avoir une attitude de vigilance et de grande prudence. Or, des motifs financiers ont incité les dirigeants de la compagnie à miser sur la vitesse afin de pouvoir vendre rapidement le riche minerai; incidemment, l'entreprise s'est vue octroyer le record enviable d'avoir extrait une once d'or dans le temps le plus court de l'histoire des mines;

- le géologue de la mine n'en était pas un puisqu'il ne détenait pas encore son diplôme universitaire, étant encore étudiant de l'université d'Ottawa;
- l'ingénieur de l'entreprise était en conflit d'intérêts, étant associé à l'entreprise sur une base autre que professionnelle, notamment financière;
- les contremaîtres de la mine étaient réputés pour leur compétence de mineur mais ne possédaient pas d'expérience en matière de gestion;
- les mineurs étaient particulièrement jeunes et peu expérimentés, les plus âgés ayant préféré, au dire de personnes qui ont vécu de près ce drame, quitter la mine avant qu'elle ne devienne trop dangereuse;
- le service d'inspection du ministère des Mines et des Ressources fonctionnait comme des consultants et non comme des chiens de garde de l'intérêt public;
- la situation physique du souterrain et des murs de soutènement avait atteint un point critique de dangerosité;
- on continuait à miner sous la partie boueuse du toit tout en sachant que l'effondrement était inévitable, on espérait seulement que la boue serait stoppée au premier niveau, qu'elle ne descendrait pas jusqu'au fond de la mine.

Dans la mesure où ces événements auraient pu être évités par l'utilisation rigoureuse et compétente des moyens de protection et de prévention disponibles et accessibles; dans cette mesure, il s'agit d'événements résultant d'une prise de risques pour autrui ou à travers autrui, ce qui revient au même. Dans ces conditions, peut-on simplement maintenir le vocable «accident» ou faut-il parler de négligence criminelle?

La commission d'enquête présidée par le juge René Beaudry n'avait pas pour mandat de déterminer la nature criminelle ou non de la négligence qui avait marqué les pratiques de l'entreprise. Le gouvernement de l'époque, sous l'impulsion de la population minière, décida de ne pas poursuivre l'entreprise, préférant garder la mine ouverte et maintenir les emplois disponibles. Le groupe de mineurs décida plutôt d'exercer une surveillance accrue sur les pratiques de l'entreprise, notamment en s'organisant en syndicat représentatif.

4.2.2 Un masque mal conçu cause la mort de plus d'un pompier

Nous sommes dans la région de Montréal au début des années 1980, lorsqu'un pompier trouve la mort dans l'exercice de son travail professionnel. La CSST confie l'enquête à l'inspecteur Régis Tremblay. À première vue, la situation se présente simplement comme un cas classique de lacunes dans la formation du malheureux homme. En effet, le masque facial à adduction d'air est muni d'un système qui arrête presque entièrement l'apport d'air lorsque le pompier l'enlève, seul un mince filet d'air s'en échappe. Pour le réactiver, le fabricant a prévu trois mécanismes.

Chacun des mécanismes apparaît très simple:

- lorsque le masque facial est remis en place, le pompier n'a qu'à souffler à l'intérieur de celui-ci pour bâtir une légère pression qui réactivera le mécanisme d'apport d'air;
- la deuxième possibilité consiste à attendre quelques secondes, afin de permettre au filet d'air qui s'écoule, de bâtir la pression requise à l'intérieur du masque;
- et finalement, le dernier mécanisme prévu est le déclenchement manuel du système en tirant sur un petit appareil mécanique installé à la hauteur du masque.

Dans l'exercice de ses fonctions, notre pompier perd soudainement son masque. En le replaçant, il inspire aussitôt l'air contenu dans le masque au lieu de souffler. N'ayant pas réussi à réactiver aucun des mécanismes prévus, il s'est vu dans l'obligation de le retirer. Quelques minutes ont suffi pour qu'il trouve la mort, asphyxié par la fumée.

L'enquêteur ne fut pas convaincu que la cause de l'accident résidait dans un manque de formation ou d'entraînement, une explication pour le moins simpliste. Selon lui, le pompier connaissait parfaitement le fonctionnement du masque. Le problème est que son utilisation en situation de travail dangereux ne correspond pas à son utilisation en laboratoire. En effet, la situation expérimentale ne peut reproduire les multiples motifs de panique et de peur qui ne manquent pas de survenir dans l'exercice du métier. Une chose est certaine, les mécanismes de déclenchement ont beau être simples, le défaut de les activer venait de causer la mort d'un travailleur.

Dans son rapport, l'inspecteur Tremblay met en doute la valeur des preuves de la sécurité du masque et conclut dès lors que la cause du décès du pompier résidait dans la conception même du masque.

La remise de son rapport ne manqua pas de soulever des questions angoissantes chez ses supérieurs hiérarchiques, faudrait-il se défendre contre les puissantes organisations américaines que l'on accuse en quelque sorte d'être responsables de la mise en marché d'un produit dangereux au point d'avoir causé la mort d'un homme, susceptible par conséquent d'en causer d'autres, un peu partout dans le monde?

Nul ne saura jamais ce qui se serait passé si, quelques mois après le décès du pompier montréalais, un sapeur américain n'eut trouvé la mort dans des circonstances comparables, incapable qu'il fut de réactiver les mécanismes d'apport d'air. Du jour au lendemain, nous dit l'inspecteur Tremblay, tous les masques de cette série furent l'objet d'un rappel international et retirés du marché. La vente de ce type de produit fut par la suite interdite au Québec. La compagnie ne pouvait que se rendre à l'évidence: le masque en question souffrait d'un défaut de conception et il fallait le retirer de la circulation avant qu'il ne fasse d'autres victimes et n'occasionne des poursuites extrêmement coûteuses, tant pour l'image que pour les finances de l'entreprise.

C'est ainsi, peut-on conclure de la narration de cet événement, qu'à la faveur d'une analyse en profondeur, les enquêtes permettent de découvrir, à l'instar des investigations rigoureuses menées à la suite de catastrophes technologiques, que des causes d'accidents graves dorment parfois dans les systèmes depuis leur conception, attendant qu'un nombre suffisant de facteurs de risques soient réunis pour que se déclenche le processus infernal et trop souvent fatal.

4.2.3 Deux Boeing 747 se télescopent au sol

Nous sommes à Ténériffe, aéroport de Santa Cruz, l'évocation de ces noms nous fait rêver de soleil et de douceur de vivre. Mais cet après-midi de mars 1977, le drame et la catastrophe attendaient les 583 passagers de deux Boeing 747 appartenant respectivement à KLM et à Pan Am. Ce jour-là, les deux jumbos vont se télescoper sur la piste de décollage tuant du coup tous leurs passagers.

Les catastrophes sont généralement le résultat de plusieurs formes de dysfonctionnement et de dégradation de systèmes. La carence de communication en est une parmi les plus importantes, dans le cas de Ténériffe, elle est déterminante.

Tout au long des quelques minutes fatidiques qui ont précédé le krach, la confusion régnait sur la seule fréquence disponible aux trois acteurs ce jour-là. Comme l'indique la figure 4.1[6], les deux jumbos se font face mais ne se voient pas. Le Pan Am se dirige vers la bretelle de sortie no 4 alors qu'on le croit hors-circuit; il aurait dû, croit le commandant du KLM, dégager la piste par la bretelle précédente, la no 3, tel que convenu avec la tour de contrôle.

Les carences de communication peuvent prendre plusieurs formes, un environnement défavorable, des équipements défectueux, une organisation défaillante, autant de facteurs présents à Ténériffe. Dans tout système complexe, les échanges d'informations entre les différents acteurs, une autre forme de carence de communication, peuvent, s'ils sont ambigus, tronqués ou perdus dans le bruit, être à l'origine de dysfonctionnement grave, voire de catastrophe. Ce fut le cas pour Ténériffe.

Le pilote du KLM croit avoir l'autorisation de s'élancer sur la piste. De fait, l'enquête ne parviendra jamais à déterminer si oui ou non il avait cette autorisation. Tout est une question de savoir si les mots prononcés sont: *«at take off»* ou *«taking off»*, ce qui veut dire « prêt pour le décollage » ou « décollage autorisé ». Quelques instants plus tard, la tour de contrôle demande au commandant de KLM de ne pas décoller mais, superposé à un autre message, celui-ci se perd dans le bruit.

Pendant que l'aéronef de KLM est en train de prendre son élan imparable, son officier mécanicien entend la conversation entre la tour de contrôle et l'équipage du Pan Am, l'autre jumbo. Comme il y est question de dégager la piste sur laquelle il roule, il dit, hébété comme nous pouvons l'imaginer: *«Il n'a pas dégagé alors»*, ce à quoi le commandant rétorque avec emphase: *«Mais si»*. Ainsi, la confusion aura duré jusqu'à la dernière seconde précédant cette catastrophe.

Figure 4.1 – L'aéroport de Ténériffe

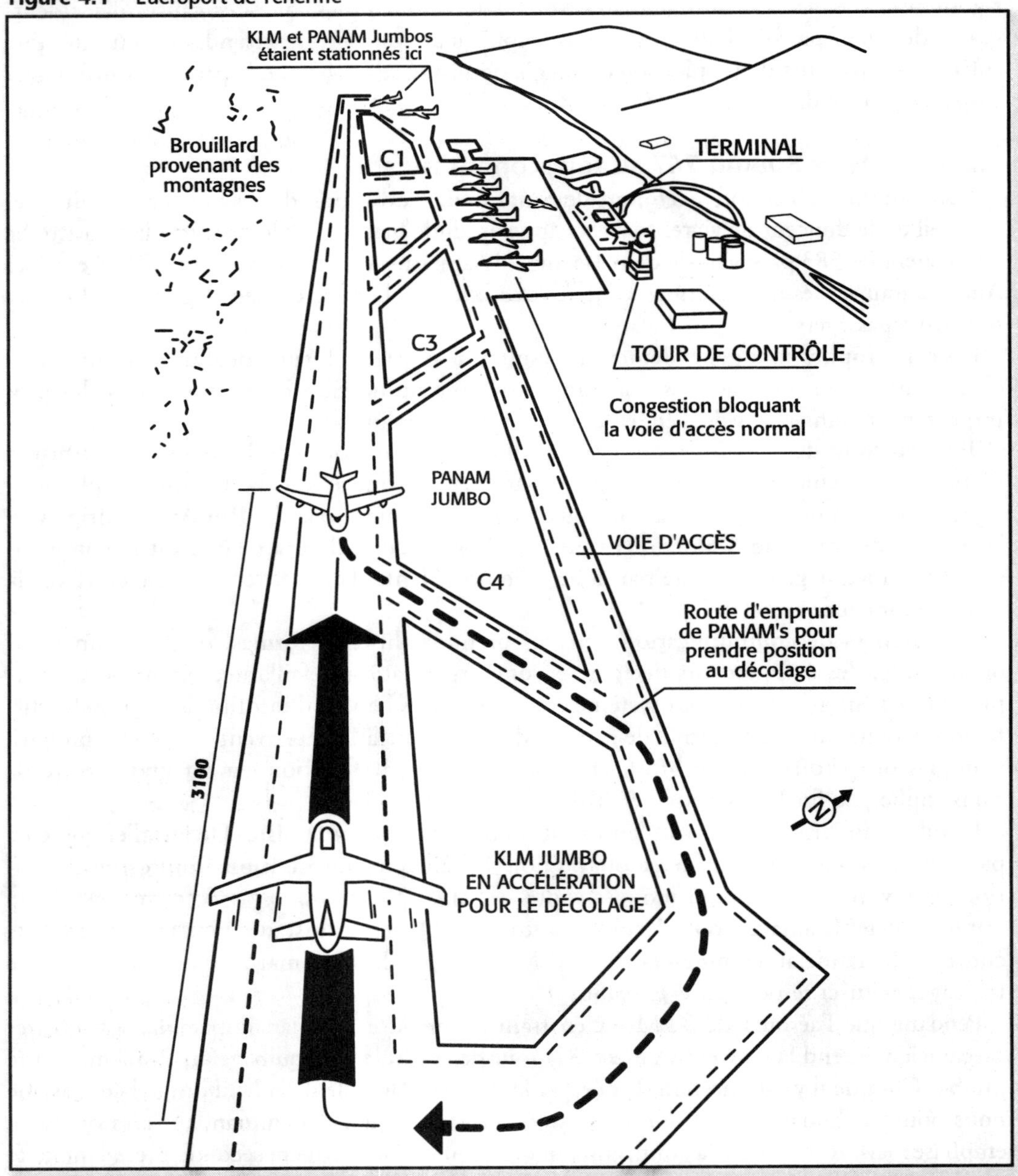

Sources : L'aéroport de Ténérife, Éditions ESKA, Paris, 1998, dans *Introduction aux cindyniques*, page 16 (traduction libre)

L'expert français Jean-Louis Nicolet analyse la scène de la catastrophe survenue à Ténériffe à l'aide d'un métamodèle applicable à tout système complexe[7]. Tournant autour d'un produit, le système compte trois sous-systèmes: le technologique, le documentaire et le neuronal. La communication peut être représentée ici comme étant ce qui réunit les trois sous-systèmes en un tout complexe, vivant et performant. Toute carence dans la communication ouvre à la vulnérabilité.

Figure 4.2 – Un modèle d'analyse des systèmes complexes

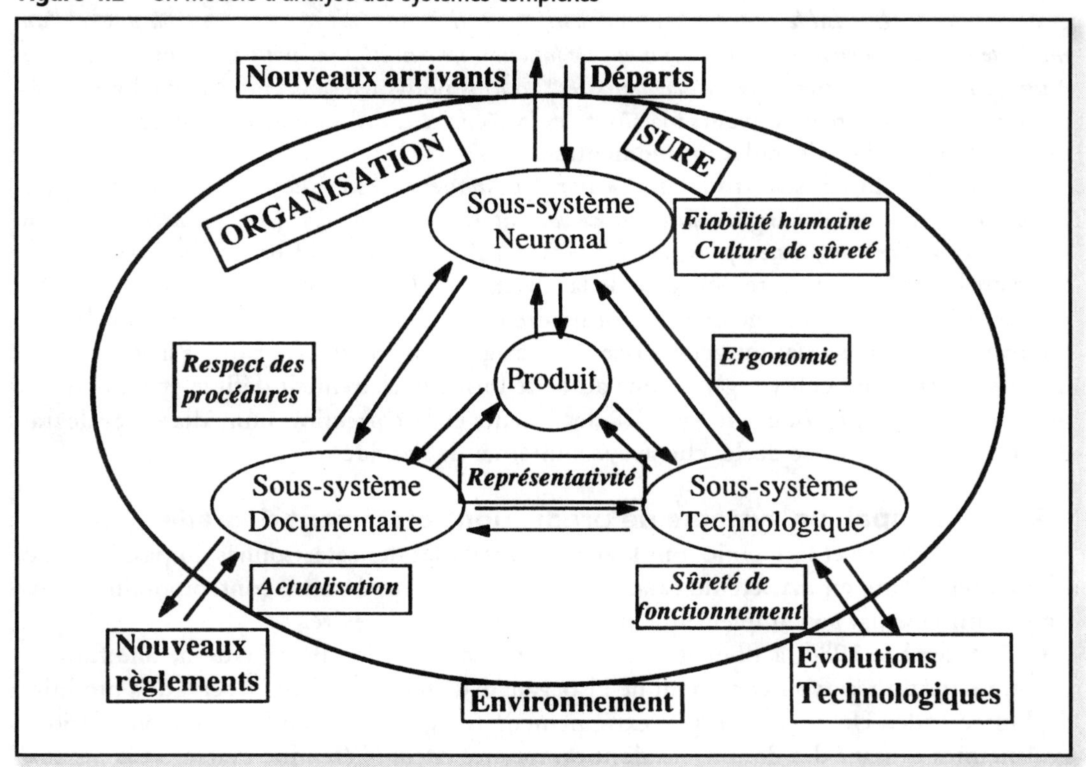

À l'instar de tous les grands aéroports du monde, le système aéroportuaire de Ténériffe est hautement sécuritaire lorsqu'il fonctionne en mode normal, il devient dangereux lorsqu'il fonctionne en mode dégradé, comme ce fut le cas lors de la catastrophe.

Le contexte en est un de brouillard et de désordre, tant sur le plan technique qu'organisationnel:

- l'aéroport est couvert d'un épais brouillard, la visibilité en est réduite d'autant;
- pour cause de mauvaises conditions météorologiques, l'aéroport voisin, Las Palmas, a dû déverser sur Ténériffe son lot de mastodontes;

- chose inhabituelle, mais possible, les avions doivent emprunter la piste principale pour atteindre les aires de stationnement;
- la radio est le seul moyen de communication entre les trois acteurs du drame, la tour de contrôle et les équipages des deux appareils;
- pour comble de malheur, deux des trois fréquences radio sont en panne et le projecteur de la piste ne fonctionne pas.

Rien n'est jamais parfait, dit l'adage, il en va de même des systèmes de production de biens et de services. *«Insensiblement ou brusquement, nous dit le spécialiste, le système va passer d'un mode de fonctionnement normal à un mode de fonctionnement dégradé pouvant donner naissance à une séquence incidentelle, voire accidentelle»*[8]. Nous pouvons, sans en faire une loi mathématique, édicter la règle suivante: la sûreté et la sécurité d'un système décroissent en fonction de son degré de dégradation momentané.

L'auteur fait un constat troublant: *«Alors que toute situation dégradée exige un respect absolu des règles et des consignes, force est de constater que le comportement des acteurs au sein du système devient de plus en plus erratique»*[9]. Est-il nécessaire d'affirmer combien importante est la fonction d'un responsable de la sûreté et de la sécurité des systèmes sociotechniques? Cette fonction exige une extraordinaire lucidité pour ne pas se laisser aller dans la mouvance de la dégradation généralisée. Elle exige aussi, pour éviter que s'installent des déficits systémiques cindynogènes, une autorité formelle clairement définie et un pouvoir impératif afin de provoquer le «réveil» des acteurs et la correction immédiate des dégradations, avant que ne se déclenche le cycle infernal de l'accident.

4.2.4 Bhopal, un système de production totalement dégradé

Autant le Vésuve et le Titanic sont les grands symboles des catastrophes du passé, autant Bhopal représente en matière de catastrophes chimiques le désastre contemporain le plus significatif tant par son ampleur que par son extrême complexité.

Le 2 décembre 1984, à Bhopal, ville de l'état indien de Madhya Pradesh, une fuite se produit dans un réservoir contenant de l'isocyanate de méthyle (MIC), servant à produire de l'insecticide. Un nuage de gaz extrêmement toxique se répand sur les populations avoisinantes causant des dommages dont on mesure encore l'étendue exacte. *«Ces facteurs systémiques ont entraîné la mort de 1 800 à 10 000 personnes et blessé de 200 000 à 300 000 individus, selon les sources d'information»*[10].

Pour Ward Morehouse, président du Council on International and Public Affairs de New York:

> *«Bhopal ne fut pas un accident. Ce fut un désastre qui devait arriver – un cas d'école du manque d'une corporation de rencontrer les standards même minimes d'une performance adéquate pour la sécurité des humains et de l'environnement naturel»*[11].

L'interprétation des faits: il est manifeste que tout le monde s'entend sur un point: on doit attribuer l'accident à une réaction chimique due à la présence d'eau dans le réservoir d'où est venue la fuite. Au-delà de ce constat qui est loin d'être suffisant, l'analyse est fragmentée et contradictoire. De ce fait, la compréhension des événements devient pratiquement impossible.

Selon Jackson B. Browning, vice-président d'Union Carbide, chargé de la santé, de la sécurité et de l'environnement: *«Cette eau aurait été introduite de façon délibérée selon lui»*(12).

La version des travailleurs de l'usine est différente:

> *«Cette version met en cause l'absence d'obturateur dans les tuyaux au cours d'une opération de nettoyage, qui a permis à l'eau de pénétrer dans le réservoir 610. L'absence d'obturateur est due au fait que personne ne l'a mis en place. Les ouvriers attribuent cela à la suppression du poste de responsable de l'entretien quelques jours avant»*(13).

D'autres faits soulignés par les ouvriers méritent d'être mentionnés:

- *«Les panneaux et les instructions de travail dans l'usine étaient écrits en anglais, alors que la majorité des travailleurs ne parlaient que l'hindi, la formation de ce personnel était insuffisante.»*
- *«... des accidents précurseurs s'étaient produits dans l'usine:*
  - *en décembre 1981, une fuite de phosgène avait entraîné un mort et deux blessés;*
  - *en janvier 1982, une fuite de MIC avait fait 15 victimes;*
  - *en août 1982, un technicien avait été brûlé par le MIC;*
  - *en octobre 1982, une fuite de MIC, d'acide chlorhydrique, avait touché des personnes à l'intérieur et à l'extérieur de l'usine. À la suite de cet incident, un tract avait été distribué par le syndicat en hindi, "Attention aux accidents mortels. Des gaz toxiques menacent la vie de millions d'ouvriers et de citoyens... Accroissement du nombre des accidents dans l'usine, les mesures de sécurité sont défectueuses"»*(14).

Suivant les auteurs Kervern et Rubise: *«Présents à des degrés divers dans les systèmes associant plusieurs acteurs dans la réalisation d'une tâche collective, ces déficits se retrouvent toujours à l'origine des grandes catastrophes technologiques»*(15). Suivons-les dans l'analyse succincte qu'ils font *a posteriori* de l'accident. Pris dans son ensemble, ce système présente tous les déficits managériaux, organisationnels et culturels:

- pas d'analyse des incidents précurseurs: DSC 7;
- pas d'instruction compréhensible pour le personnel qui, parfois, ne parle que l'hindi: DSC 8 et 9;
- absence d'un plan de crise: DSC 10;
- dilution des responsabilités entre autorité publique et direction d'entreprise: comment expliquer autrement l'accumulation des bidonvilles à proximité d'installations aussi dangereuses: DSC 6;
- l'absence de personnel d'entretien au moment d'opérations délicates d'entretien est le fruit d'une mauvaise organisation de la sécurité: DSC 5;
- le sentiment de quasi-infaillibilité des procédés d'Union Carbide aux États-Unis explique la très grande surprise, encore aujourd'hui manifestée, devant ce qui s'est produit en Inde: DSC 1;

- en 1984, année de l'accident, les services de sécurité d'une très importante usine américaine d'Union Carbide Institute, en Virginie, avaient mis en garde la direction contre les risques majeurs liés à ce type de production. Ce cri d'alarme s'est perdu dans cette culture d'infaillibilité ou de non-communication : DSC 1 et 3 ;
- manifestement, le système complexe de l'implantation du sous-système Union Carbide dans le sous-système de l'état du Madhya Pradesh n'a pas été analysé comme tel : DSC 2 ;
- les ouvriers ont clairement indiqué qu'on ne tenait pas compte de leurs réactions lors des accidents précurseurs : DSC 3.

Comme on aurait pu pointer du doigt le commandant du Titanic, il serait possible de trouver des coupables individuels dans le drame de la Union Carbide et même si on doit le faire pour des raisons judiciaires, cela ne suffit pas à comprendre ce qui s'est passé :

«... il ne s'agit pas de faire de l'homme isolé l'accusé d'un procès kafkaïen où on essayerait de services en services, de bureaux en bureaux, d'organismes en organismes de déterminer pourquoi les pilotes de certains avions, pourquoi le commandant de l'Amoco Cadiz ou de l'Exxon Valdez, pourquoi les dirigeants de l'Union Carbide ou de la NASA ont commis telle ou telle erreur? La vraie question n'est pas "pourquoi eux?" La vraie question est "dans quel contexte leur comportement s'est-il développé?"»[16].

Le contexte historique : à cette époque, suivant les auteurs Pauchant et Mitroff, la compagnie Union Carbide considérait vendre sa participation majoritaire de 50,9 % dans Union Carbide of India Ltd (UCIL), l'entreprise où a eu lieu l'événement. L'usine de 10 000 employés ne fonctionnait qu'à moins de 50 % de sa capacité de production. Une pression certaine s'exerçait sur les dirigeants locaux pour qu'ils augmentent la productivité et diminuent les coûts de production. Découragés, plusieurs cadres de l'UCIL ont démissionné, beaucoup de leurs remplaçants avaient moins d'expérience dans l'industrie chimique. L'UCIL a dû réduire le personnel affectant ainsi le moral des employés et les procédures de sécurité et d'urgence. Pour sa part, le gouvernement indien hésitait à contraindre les gestionnaires à mettre en place des mesures de sécurité strictes, craignant une baisse des possibilités d'emploi et des investissements. Enfin, la croissance exponentielle de la population se traduisait par une carence généralisée des installations urbaines et des services publics.

Il n'était évidemment pas dans l'intérêt de Union Carbide de prendre des risques aussi considérables. En effet, *«Le coût total des dommages revendiqués s'élevait entre 350 millions et 4 milliards de dollars en 1985»*[17]. Pour Kervern et Rubisse : *«On voit ici qu'en l'absence d'une grille de lecture des mégacindyniques, une organisation apparemment rationnelle crée des risques dont l'ordre de grandeur est de 20 à 200 fois la valeur annuelle de ce qu'elle produit»*[18].

Le fait est que la logique d'entreprise appliquée par l'Union Carbide s'est trouvée dépassée étant trop partielle et fermée. On ne peut comprendre cette catastrophe apparemment incompréhensible qu'en saisissant son caractère global. Jean Chesneaux, professeur à l'École des hautes études en sciences sociales, à Paris, parle également de système: *«L'Union Carbide, fait-il remarquer, constitue un système autonome très cohérent dans sa logique interne, mais radicalement dissocié de son environnement réel tant social que naturel...»*(19). La logique *cindynique* est, pour sa part, globale et ouverte, mais elle devrait s'exercer dans le cadre d'une coopération active entre le gouvernement indien, les employés et la direction de l'entreprise. Cette remarque conduit les auteurs à conclure:

> *«C'est évidemment l'ignorance de la logique cindynique dans l'ère pré-Bhopal qui explique l'incapacité de ce triangle à prendre clairement conscience de ses responsabilités en matière de sécurité des populations concernées. Le rapport de force, ou l'ambiguïté des relations, entre Union Carbide et le gouvernement indien ont engendré des déficits systémiques dont le résultat est malheureusement, et pour toujours, passé à la postérité»*(20).

4.2.5 De l'accident grave à la catastrophe

La frontière entre l'accident, au sens commun du terme, et la catastrophe industrielle, apparaît de plus en plus floue. Le début d'un cycle de dégradation se traduit par des incidents sans trop de gravité. Laissé à lui-même, le système continue sa détérioration pour devenir le théâtre d'accidents graves. Ainsi, sans l'intervention lucide de professionnels de la gestion des dangers, le cycle morbide peut conduire à la catastrophe. De plus en plus il devient pertinent, voire impératif, d'intégrer à la doctrine conventionnelle de la sécurité du travail, certains des acquis de la science du danger élaborés à partir de l'analyse des catastrophes.

Au moment d'écrire ces lignes, l'actualité de la fin de l'été 2001 nous fourni la matière nécessaire pour illustrer notre propos. En un mois:

- le 24 août, un Airbus 330 d'Air Transat frôle la catastrophe, forcé de planer pendant une trentaine de minutes au-dessus de l'océan Atlantique en panne totale de moteurs; les 291 passagers et 13 membres de l'équipage sont sains et saufs, ils auraient bien pu se retrouver à jamais dans les eaux abyssales de cette mer bleue;
- le 11 septembre, les deux tours géantes du World Trade Center s'effondrent à la suite d'un attentat terroriste, faisant 3000 morts, déstabilisant l'Occident qui se trouve forcé du coup à prendre conscience de la vulnérabilité de ses systèmes complexes;
- le vendredi 21 septembre, la ville de Toulouse est le théâtre de l'explosion de l'usine chimique AZF de groupe TotalFinaElf, tuant 29 personnes et en blessant 2442 autres;
- le jeudi 27 septembre, un citoyen suisse en proie à la démence fait irruption dans le parlement cantonal de Zoug, lance une grenade et tire dans toutes les directions, tuant 14 personnes et faisant autant de blessés avant de s'enlever la vie.

Qu'y a-t-il de commun entre ces 4 événements, 3 catastrophes avérées et l'incident d'Air Transat, celui-ci n'ayant pas fait de victimes? Les cindyniciens y trouveront probablement confirmation de l'existence de multiples facteurs communs à toutes les catastrophes causées par l'homme, les déficits systémiques cindynogènes.

Retenons, pour notre part, deux éléments:

- dans les quatre cas, il s'agit d'événements dont on a dit qu'ils avaient une probabilité infiniment faible, par conséquent nulle, de se produire; des événements dont l'occurrence était considérée impossible et impensable. Dans les trois cas ou il y a eu des victimes, il s'agit, dans l'immense majorité d'entre elles, de personnes en train de réaliser un travail rémunéré;
- sans prétendre proposer une nouvelle définition de la notion de catastrophe, nous pouvons affirmer que les catastrophes, comme les accidents graves ou mortels, sont autant d'événements dramatiques et navrants dont l'occurrence fait reculer, temporairement ou durablement, les frontières supposées de l'impossible, de l'impensable, de l'improbable et de l'imprévisible.

Il existe, bien entendu, plusieurs définitions de la notion de catastrophe, le professeur Hélène Denis de l'École polytechnique de Montréal a fait le tour de la question et propose la définition suivante:

> *«La catastrophe, telle que définie ici, est donc entendue au sens d'un événement soudain, à faible probabilité qui, s'il survient, a des conséquences si importantes en terme de pertes (humaines, matérielles, financières, etc.) pour une collectivité donnée, qu'il provoque des tensions dans le tissu social de cette collectivité»*[21].

Au sens de cette définition, les accidents graves, ceux qui laissent des séquelles permanentes, de même que les accidents mortels, correspondent vraisemblablement à la définition d'une catastrophe. En effet, même si, du point de vue de la société, le terme catastrophe est habituellement réservé à des événements plus considérables en termes de dommages, il n'en demeure pas moins que pour le collectif que constitue une entreprise et, plus encore pour une famille et un cercle de connaissances, l'accident grave ou mortel provoque indéniablement des tensions dans le tissu social de l'entreprise, de la famille et des connaissances.

Toute catastrophe, qu'elle ait une envergure sociale et se traduise par un grand nombre de victimes (par exemple l'accident de Bhopal), ou qu'elle soit d'envergure locale et se traduise par un petit nombre de victimes (par exemple un accident du travail mortel), comporte généralement trois phases:

1. *«La <u>phase prodromique</u>, qui précède la catastrophe et qui inclut les signes précurseurs;*
2. *L'<u>impact</u>, la <u>mitigation</u>, c'est-à-dire la lutte aussi bien technique au sens strict (par exemple contre l'incendie) que les mesures de protection contre les effets (par exemple sur la santé) ...;*
3. *L'<u>après-catastrophe</u>, ou encore la <u>normalisation à long terme</u>, incluant la gestion des conséquences des actions posées lors du sinistre»*[22].

Notre intérêt étant limité à la réduction sinon à l'élimination des lésions professionnelles graves et mortelles, et non la gestion des crises et des catastrophes, nous nous concentrons ici sur la phase prodromique.

Le professeur Denis subdivise cette phase en deux stades A et B :

«Il s'agit, pour le premier, des croyances/normes initiales où l'on ne souscrit pas aux régulations et, pour le deuxième stade, de la période d'incubation de la catastrophe, là où l'on refuse de voir les dangers, où l'on est sourd aux signes avant-coureurs»[(23)].

Sans nier le fait chronologique inhérent aux stades A et B de la phase prodromique, nous soutenons que les conséquences du fait de ne pas souscrire à la régulation (phase A) demeurent présentes alors que se développent les conditions décisives de la catastrophe (phase B).

Comme il s'agit ici de circonscrire les causes déterminantes du phénomène des accidents catastrophiques, cette précision a une grande importance. C'est au cours de la phase prodromique, en effet, que s'accumulent les facteurs cindynogènes (créateurs de dangers) dont l'effet cumulatif a pour conséquence de déplacer les limites du possible ou, plus précisément, d'élargir l'espace critique entre un état des lieux marqué par la présence de mesures de sûreté et de sécurité et donc non propice à la survenue d'accident, et un état des lieux marqué par la présence de dangers et donc propice à la survenue d'accidents graves, voire catastrophiques.

4.2.6 Agir aux confins du possible

Lorsque survient un accident avec morts ou blessés graves, il n'est pas rare, il est même très fréquent, d'entendre des expressions d'incrédulité du genre : *«Je n'aurais jamais cru ça possible»*, *«Je n'arrive pas à y croire, tout avait été calculé»*, et d'autres manifestations d'étonnement de même nature. Très souvent, trop souvent, on a ce sentiment, légitime par ailleurs, que la frontière du possible a été dépassée, que l'impossible s'est produit. Et plus le drame est considérable en termes de victimes, plus il nous apparaît invraisemblable, incroyable, impensable et impossible. Pourtant, son occurrence est avérée, l'impossible est devenu possible, il nous faut repenser nos calculs du risque, il nous faut faire un effort supplémentaire d'imagination pour prévoir ce qui n'avait pas été prévu.

Lorsque nous y regardons de plus près, nous sommes forcés de constater que la frontière entre le possible et l'impossible n'est pas une ligne précise et immuable à sa face même, une ligne à l'intérieur de laquelle tout ce qui pouvait être prévu, en science et en conscience, l'aurait été et où, tout ce qui se produit est le fait de facteurs inimaginables, impossibles et/ou incontrôlables.

La ligne du risque calculé ou supposé tel n'existe que dans la mesure ou elle permet de préciser des idées, à des fins d'analyse en quelque sorte, elle est donc une ligne imaginaire et non une frontière.

De fait, si la ligne n'existe que pour des fins didactiques, la zone de risques, elle, existe vraisemblablement. Il s'agit d'un espace élastique, d'un écart critique situé entre deux bornes, deux marges si l'on préfère, pour souligner la non-fixité de cette borne : la marge amovible de sûreté et de sécurité tendant vers l'utopie de la sûreté et de la sécurité totale ou absolue et la marge également amovible de l'aléa et du risque tendant vers l'apocalypse de l'absence totale de sûreté et de sécurité.

Figure 4.3 - Définition de l'espace d'intervention de sûreté et de sécurité

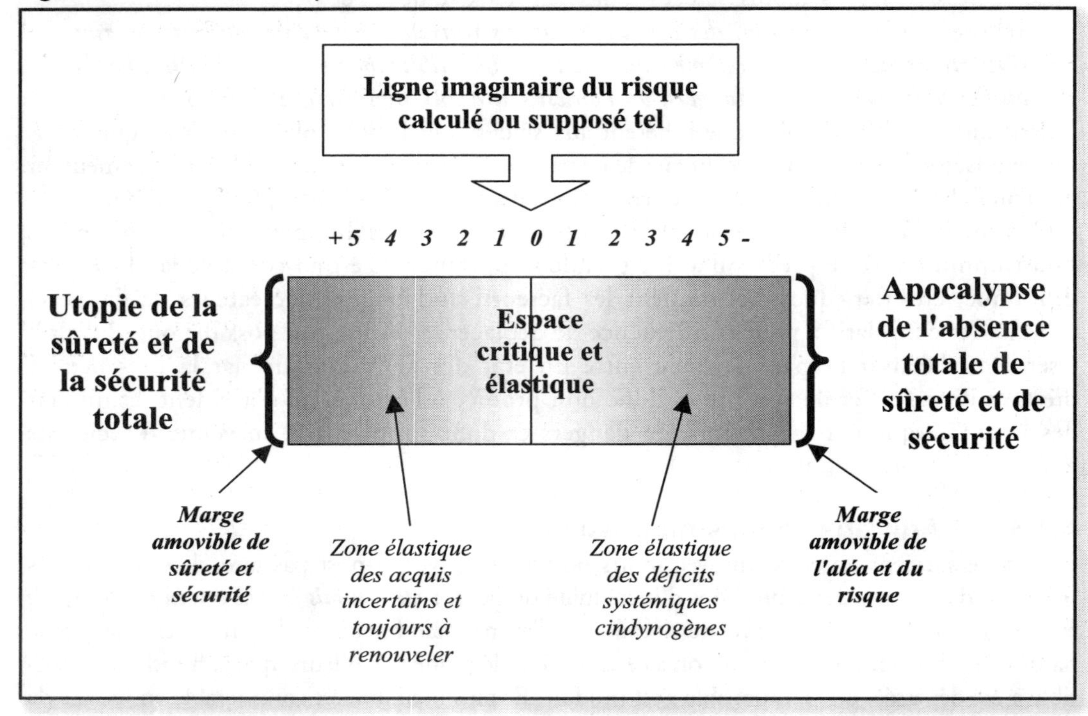

De quoi donc est meublé cet espace élastique et critique situé aux confins du possible ? Partant d'une ligne imaginaire située entre deux marges, comme l'indique la figure ci-après, la zone critique est constituée de deux zones : la zone des acquis incertains et toujours à renouveler qui fait écho au stade A de la phase prodromique ; la zone des déficits systémiques cindynogènes qui elle, fait écho au stade B de la phase prodromique.

Le lecteur aura compris que la situation devient plus critique et dramatique au fur et à mesure qu'on s'éloigne du +5 pour s'approcher du -5, passage au cours duquel le respect des acquis s'amenuise, alors que la présence de déficits systémiques augmente.

4.2.6.1 Les acquis incertains

Du côté gauche de la ligne imaginaire, allant vers l'utopie de la sûreté et de la sécurité totale, l'espace critique et élastique est constitué de l'ensemble des acquis historiques réalisés par autant d'avancées de la science et de la conscience humaine, il s'agit des acquis formellement reconnus par un cadre normatif, par des professionnels et des techniciens. Ces acquis que nous qualifions d'incertains parce qu'ils sont autant de conquêtes toujours à refaire, en fonction de personnes et de réalités particulières, couvrent un univers de référence très vaste et varié, allant de l'éthique à la pratique en passant par la normalisation et l'intégration systémique. Nous les avons regroupés ainsi: la prévoyance, la prévention, l'intégration et la «provention».

La prévoyance résulte des acquis propres à l'instance individuelle face au danger: l'instinct de survie et de protection, l'éducation familiale et scolaire, la formation professionnelle, l'intelligence pratique, l'imagerie mentale et la créativité personnelle. Dans la mesure où les personnes sont mobiles, passant d'un milieu culturel à un autre (migration et immigration) d'une entreprise à une autre, les acquis des personnes sont incertains, parfois dangereux, toujours à refaire par le moyen de l'information et la formation en emploi.

De la même façon, les technologies, l'organisation du travail et les méthodes de production évoluent en devenant plus sophistiquées, plus complexes et plus exigeantes, ce qui se traduit par autant d'écarts entre les acquis et les exigences du travail. Le XXe siècle fut l'occasion de développer une infinité de moyens de prévention pour parer les effets du machinisme, de la production continue et de l'automatisation. Est ainsi apparue une multitude de règlements, de normes et de procédures spécifiques à autant de situations avérées dangereuses.

Lorsqu'il s'agit de normes dont l'application relève de professionnels responsables, elles ont de fortes chances d'être connues et appliquées. Mais s'il s'agit de normes générales concernant l'espace et l'environnement de travail, il est très fréquent qu'elles soient inconnues des travailleuses et travailleurs et ignorées par les employeurs.

L'intégration technologique est davantage guidée par un souci de sûreté des équipements et des procédés que par la sécurité immédiate des personnes en emploi. Ici, les normes sont liées autant, sinon davantage à la compétence des ingénieurs et des gestionnaires de systèmes qu'à la réglementation publique. Les accidents liés aux systèmes de production et aux procédés de fabrication sont plus rares mais généralement plus graves, il s'agit d'erreurs de conception ou de problèmes dus à l'usure ou à la détérioration des organisations. Lorsqu'il est question du risque technologique majeur, de situations où l'homme a perdu le contrôle sur la machine, c'est de problèmes de cet ordre dont il est question.

L'enjeu le plus actuel et le plus complexe de tous touche sans doute les questions d'intégration culturelle: la connaissance, les valeurs, l'éthique, le politique, les fondements philosophiques et les modèles sociaux. Il s'agit des enjeux culturels et collectifs. Ce sont les plus incertains de tous parce qu'ils sont continuellement remis en cause sur la base de considérations idéologiques qui transcendent la société.

Nous proposons le néologisme «provention» pour désigner les efforts, pour transformer le travail en expérience positive, constructive et génératrice de santé, de sécurité et de vitalité pour celles et ceux qui le réalisent. Il s'agit de faire en sorte que la conception et la définition des bonnes conditions de travail soient plus que l'absence de danger pour l'intégrité des personnes en emploi, plus que l'absence de facteurs d'insatisfaction dans le travail, mais bien une occasion de se réaliser comme personne, d'accomplir une œuvre dont on est fiers, une œuvre pour laquelle on attend et on reçoit de la reconnaissance.

Disons, pour utiliser une métaphore, qu'il ne suffit pas à une personne en situation de couple, une femme par exemple, de pouvoir affirmer: *«je suis heureuse en ménage, mon conjoint est bon pour moi, il respecte les règles du Code civil, il n'enfreint pas les normes du Code criminel, il ne me bat pas en secret, etc.»*. Il faut, on en conviendra facilement, des preuves d'amour, il faut que le couple soit l'occasion d'une certaine élévation spirituelle, d'une vie bonne, d'un plaisir profond.

Bien entendu, la relation de nature professionnelle inhérente au travail n'a rien à voir avec l'amour à l'intérieur d'un couple. Sauf que le travail, comme la vie de couple, est une activité humaine incontournable, elle fait partie de ce qui définit l'humain. Et si le travail exige les plus grandes qualités personnelles que l'on puisse développer pour réaliser une activité professionnelle, il va de soi que cette activité ait des retombées positives et non juste l'absence de répercussions négatives. La prévention vise à empêcher l'indésirable danger de se matérialiser, la provention vise à faire en sorte que la désirable satisfaction et le désirable plaisir se réalisent dans et à travers l'activité de travail.

En somme, ces acquis incertains sont le fruit d'autant d'œuvres d'imagination, de conception, d'intelligence, de formalisation, de modélisation et de développement durable qui témoignent de la hauteur de la civilisation dont ils sont l'expression vivante. Toutes les fois que nous manquons à ces exigences plus ou moins formelles, nous induisons dans la société un déséquilibre dont la conséquence va de l'incident avant-coureur et, si on n'y prend pas garde, à un ou des accidents dont l'ampleur peut être une catastrophe.

4.2.6.2 Les déficits systémiques cindynogènes

Du côté droit de cette ligne, allant vers l'apocalypse, l'espace critique et élastique est constitué de l'ensemble des carences qui se manifestent tant sur le plan de la science que sur celui de la conscience. Cette zone couvre l'ensemble des déficits systémiques cindynogènes observés par l'étude à posteriori des grandes catastrophes industrielles. Il couvre un vaste spectre de problèmes allant de l'insouciance à la démence en passant par l'incompétence; de la négligence plus ou moins criminelle aux divers niveaux du crime contre l'humanité en passant par la gamme des crimes de droit commun, causes de violence au travail.

Le terrible accident de Bhopal, la pire catastrophe chimique de l'histoire comporte à lui seul, nous l'avons vu, une illustration de tous les DSC et des enjeux qui les sous-tendent.

Toutes les illustrations du précédent et du présent chapitre s'appliquent ici pour meubler la zone des dangers méconnus pouvant conduire à des catastrophes.

Qu'en est-il de la logique appliquée dans les cas de lésions professionnelles ? Combien de fois serions-nous portés à dire, à la suite d'événements ayant causé des lésions graves, voire mortelles : comment cela a-t-il bien pu se passer ? Comment expliquer tel ou tel geste posé à l'encontre du sens commun ? Et de conclure trop souvent : une défaillance humaine, une erreur de jugement, etc. Mais qu'est-ce qui dans le contexte de l'organisation a bien pu créer les conditions de ces erreurs et de ces défaillances ?

- Considèrent-on les déficits systémiques, résultant de l'application d'une logique parfaitement cohérente mais limitée et parfois fermée ?
- Combien d'entreprises considèrent que des accidents sans blessés graves ne signifient rien, sinon qu'on l'a échappé belle, alors qu'il s'agit de signes précurseurs ?
- La communication interne des entreprises fait-elle une juste place aux risques de lésions ou bien considère-t-on que cela ne concerne que les employés et les agents de maîtrise ?
- Les méthodes sécuritaires sont-elles mises à jour pour tenir compte de l'évolution de la production ?
- La formation accompagne-t-elle cette évolution ?
- Les possibilités mêmes diffuses de crises ou de dommages graves font-elles l'objet de réflexions collectives et de plans bien compris, ou bien s'agit-il là de sujets tabous ?
- Admet-on que certaines fonctions de l'entreprise peuvent être créatrices de dangers, et que par conséquent, elles doivent être prises en considération par les instances stratégiques à la direction des organisations ?
- Les responsables de la santé, de la sécurité et de l'environnement possèdent-ils l'autorité formelle pour en imposer aux responsables de la production lorsque les impératifs de protection l'exigent ?
- Nous prenons-nous parfois pour le nombril du monde en matière de protection de la vie humaine et naturelle, au point de penser qu'étant les meilleurs il ne peut rien nous arriver ?
- Y a-t-il parfois des cloisonnements entre les services pour éviter de discuter certaines questions délicates, ce qui obligerait à mettre en cause des pratiques techniques, médicales, ou autres, bloquant ainsi la communication, créant du coup une source de crises et de conflits ?
- Ne préfèrent-on pas croire, parfois, pour éviter d'interagir avec les instances sociales, que les choses sont simples, que notre système est autonome, indépendant du reste du monde, sauf pour les questions commerciales, au risque de devoir, un jour ou l'autre, être confrontés de plein fouet avec les médias pour une question de protection de la vie ?
- Pèche-t-on, parfois, comme les dirigeants de Union Carbide et du Titanic, par excès de confiance, se croyant infaillibles parce que le contraire ne convient pas à l'image qu'on a de notre organisation et de nous-mêmes ?

L'approche systémique adoptée par les sciences du danger, les *cindyniques*, ne remet pas en cause les acquis de la santé et de la sécurité du travail, elle ne va à l'encontre d'aucune des disciplines spécialisées du domaine. Ce qu'elle ajoute, c'est une perspective globale et une démarche scientifique qui constituent des assises pour aborder globalement les questions de SST, d'environnement et de gestion du risque, comme un tout, avec toute la rigueur qu'exige cet objet.

Conclusion

Le 11 septembre de l'année 2001 aura marqué un tournant dans l'histoire du monde, il semble qu'après l'attentat contre le World Trade Center, rien ne sera plus jamais pareil. Ce qui était impossible hier apparaît possible aujourd'hui. Nos remparts contre l'insécurité et la peur se sont effondrés avec les tours du plus haut édifice en Amérique.

Nos moyens techniques et normatifs de lutte contre la malveillance apparaissent dérisoires, nous avons perdu le principal facteur de cohésion entre les humains : la confiance, la confiance en nos équipements, en nos institutions et en nos voisins du monde.

Nous sommes, temporairement ou durablement déstabilisés, voire paniqués et disons les mots, brutalement éveillés en tant que société à la réalité de ceux, qui dans le monde, sont quotidiennement assaillis par les violences, les guerres et la pauvreté ; de ceux-là pour qui le confort, la tranquillité et la quiétude, non seulement n'existent pas, mais n'ont jamais existé.

S'il fut une époque, pas si lointaine, où l'approche globale des causes à l'origine profonde des lésions professionnelles apparaissait « flyée », sans prise véritable sur la réalité du travail, il n'est plus possible, après des drames inqualifiables comme ceux dont nous avons parlé dans ce livre, de nier la pertinence d'une vision large, complexe et systémique de ces problèmes de société.

Bibliographie

(1) News United States Department of Labor, Bureau of Labor Statistics, Washington D.C. 20212, décembre 2001

(2) Baril, R. et Berthelette, D. Les composants et les déterminants organisationnels des interventions du maintien du lien d'emploi en entreprises, IRSST, RR 238, mars 2000, p. 3

(3) Burns, R., jugement du Tribunal du travail dans l'affaire CSST contre Produits Forestiers Canadiens Pacifique Ltée, 1er février 1993, p. 11

(4) Llory, M. (1996) Accidents industriels: Le coût du silence, Éditions L'Harmattan, Paris

(5) Commission d'enquête sur la tragédie de la mine Belmoral et les conditions de sécurité dans les mines souterraines. (mars 1981) Volume 1, rapport final sur les circonstances, les conditions préalables et les causes de la tragédie du 20 mai 1980, p. 64

(6) Nicolet, J.-L. (1998) Autopsie de quelques grandes catastrophes, dans Introduction aux *cindyniques*, Éditions ESKA, Paris, p. 15-35

(7) Nicolet, J.-L. IDEM p. 15-35

(8) Nicolet, J.-L. IDEM p. 23

(9) Nicolet, J.-L. IDEM p. 23

(10) Pauchant, T.C. et Mitroff I. (1995) La gestion des crises et des paradoxes, Prévenir les effets destructeurs de nos organisations, Éditions Québec/Amérique, Collection PRESSES HÉC, Montréal, p. 59-60

(11) IDEM p. 59

(12) Kervern, G.-Y. et Rubisse, P. (1991) L'archipel du danger, Introduction aux *cindyniques*, Éditions Économica, p. 130

(13) Kervern, G.-Y. et Rubisse, P. IDEM p. 130

(14) Kervern, G.-Y. et Rubisse, P. IDEM p. 130-131

(15) Kervern, G.-Y. et Rubisse, P. IDEM p. 127-128

(16) Kervern, G.-Y. et Rubisse, P. IDEM p. 121

(17) Pauchant, T.C. et Mitroff I. (1995) La gestion des crises et des paradoxes, Prévenir les effets destructeurs de nos organisations, Éditions Québec/Amérique, Collection PRESSES HÉC, Montréal, p. 65

(18) Kervern, G.-Y. et Rubisse, P. (1991) L'archipel du danger, Introduction aux *cindyniques*, Éditions Économica, p. 132

(19) IDEM p. 132

(20) IDEM p. 132-133

(21) Denis, H. (1993) Gérer les catastrophes, L'incertitude à apprivoiser, Les Presses de l'Université de Montréal, p. 23

(22) Denis, H. IDEM, p. 27

(23) Denis, H. IDEM, p. 29

On craint d'être complice
parce qu'on ne sait pas
être complexe
(Edgar Morin)

Chapitre 5

L'imbroglio des maladies professionnelles : sombrer dans le simplisme ou s'ouvrir à la complexité

Introduction

Au sortir d'un siècle dominé par les exploits d'une industrie fondée sur des connaissances physiques, chimiques, biologiques, technologiques, etc., notre société n'a pas réglé la question des maladies professionnelles, loin s'en faut. Plus grave encore, loin de faire consensus dans les sociétés occidentales, la question divise les spécialistes en deux mondes inconciliables, du moins en apparence. Pour tenter de se faire une idée de l'état de la question, nous présentons ici les données provenant de ces deux mondes, des données en contradiction les unes avec les autres, des données pourtant censées, dans les deux cas, traduire la réalité des faits.

Nous commencerons par la vision officielle, celle de l'institution chargée de reconnaître les maladies professionnelles dans la société québécoise aux fins d'indemniser les personnes qui les ont contractées. Nous examinerons ensuite les données provenant d'études épidémiologiques consacrées essentiellement aux cancers et aux pneumoconioses dus à l'exposition professionnelle (E.P.). Ces données, faute de ne pas jouir du sceau de l'officialité, n'en jouissent pas moins de celui de l'objectivité scientifique.

Partant de ces faits, notre démarche nous amènera à la problématique *ergocindynique* des maladies professionnelles. En analysant des aspects pratiques aussi bien qu'épistémologiques, nous verrons que bien des questions demeurent sans réponse dans le contexte actuel et que la complexité des problèmes constitue en soi un problème difficile à gérer pour le système.

5.1 Les maladies professionnelles selon les données du régime d'indemnisation

Le but de ce chapitre étant de vérifier l'ampleur du problème posé par l'existence et la reconnaissance des maladies professionnelles à travers un ensemble extrêmement vaste de données, il nous a fallu faire un choix aussi judicieux que possible. Comme pour les lésions accidentelles, le point de départ de notre démarche ne pouvait être que les lésions reconnues à des fins d'indemnisation par la CSST: maladies professionnelles et décès conséquents.

Bien qu'élaborées à des fins de gestion d'un régime public de type compagnie d'assurances, circonscrites par une loi limitative et une administration spécialisée et bien que susceptibles d'être ajustées au cours des années subséquentes, ces données sont réputées témoigner de façon significative de la connaissance que nous avons des faits relatifs aux lésions professionnelles, ici, les maladies dues à l'exposition professionnelle.

5.1.1 Les maladies professionnelles indemnisées: une vue d'ensemble du phénomène

Le tableau 5.1 comporte un nombre considérable de données qu'il nous faut expliciter. Pour les années 1979 à 2001, ce tableau présente, lorsque les données sont disponibles:

- le nombre de travailleuses et de travailleurs couverts par le régime ;
- les dossiers acceptés, ceux que l'on retrouve dans les rapports annuels ainsi que dans les compléments statistiques ;

Tableau 5.1 - Évolution des maladies professionnelles suivant le nombre de travailleurs couverts, le nombre de dossiers acceptés, les dossiers acceptés révisés, les autres dossiers et la moyenne établie sur 3 ans, de 1979 à 2001

	NOMBRE DE TRAVAILLEURS COUVERTS	DOSSIERS ACCEPTÉS	DOSSIERS ACCEPTÉS RÉVISÉS (1)	AUTRES DOSSIERS (2)	MOYENNE MOBILE DE 3 ANS
1979	1 881 000	4 000	-	-	-
1980	1 935 000	4 892	-	-	4 716
1981	1 958 000	5 255	-	-	4 769
1982	1 950 400	4 161	-	-	4 408
1983	2 083 007	3 808	-	-	3 990
1984	2 147 954	4 001	-	-	3 187
1985	2 256 600	1 753	-	-	3 526
1986	2 331 753	4 825	-	3629	2 708
1987	2 412 983	1 547	-	3597	2 934
1988	2 500 414	2 429	-	4288	2 814
1989	2 572 810	4 466	5150	3315	3 912
1990	2 571 428	4 840	5947	3767	4 793
1991	2 465 107	5 073	6312	4396	4 967
1992	2 362 733	4 987	6531	5128	4 969
1993	2 365 765	4 848	6278	5041	5 059
1994	2 477 480	5 343	6727	5307	4 971
1995	2 538 058	4 722	6143	5068	4 848
1996	2 597 538	4 480	5579	5055	4 849
1997	2 637 932	5 346	5346	4202	5 046
1998	2 692 257	5 312	5312	4653	5 293
1999	2 730 345	5 221	5221	5039	5 216
2000	2 823 366	5 114	5114	4730	5 207
2001	2 877 400	5 286	-	-	-

Sources : CSST, rapports annuels et annexes statistiques 1979 à 2001
(1) Données mises à jour au cours des années subséquentes de l'année de référence par la CSST.
(2) Dernière décision rendue au cours de l'année de référence : "demande d'indemnisation refusée", "en suspens".

- les dossiers acceptés révisés, ceux qui tiennent compte des délais parfois longs de plusieurs années avant d'être finalisés;
- les autres dossiers, ceux qui sont en suspens au moment de la publication du rapport annuel et ceux qui sont refusés;
- la moyenne mobile de 3 ans reprend les données relatives aux dossiers acceptés, issues des rapports annuels, pour établir le taux d'incidence.

À l'aide de graphiques, lorsque cela est nécessaire, examinons ce tableau colonne par colonne:

- à l'image de l'évolution des lésions accidentelles, celle des maladies professionnelles présente une variation considérable d'une décennie à une autre:
  - de 1980 à 1987, malgré des variations annuelles assez importantes, les dossiers de maladies professionnelles acceptés et indemnisés, sur la base d'une moyenne mobile de 3 ans, sont en baisse passant d'environ 4700 cas par année au début de la période à environ 2700 cas à la fin;
  - de 1988 à 2000, la courbe s'inverse, le nombre de cas acceptés et indemnisés passant d'environ 2800 cas par année au début de la période à 5200 cas à la fin;
- si nous observons la même réalité transposée en taux d'incidence par mille travailleuses et travailleurs, nous constatons à l'aide du graphique 5.1:

Graphique 5.1 - Évolution du taux d'incidence des maladies professionnelles indemnisées (moyenne mobile 3 ans) Québec, 1979 à 2001 (valeurs exprimées pour mille travailleurs)

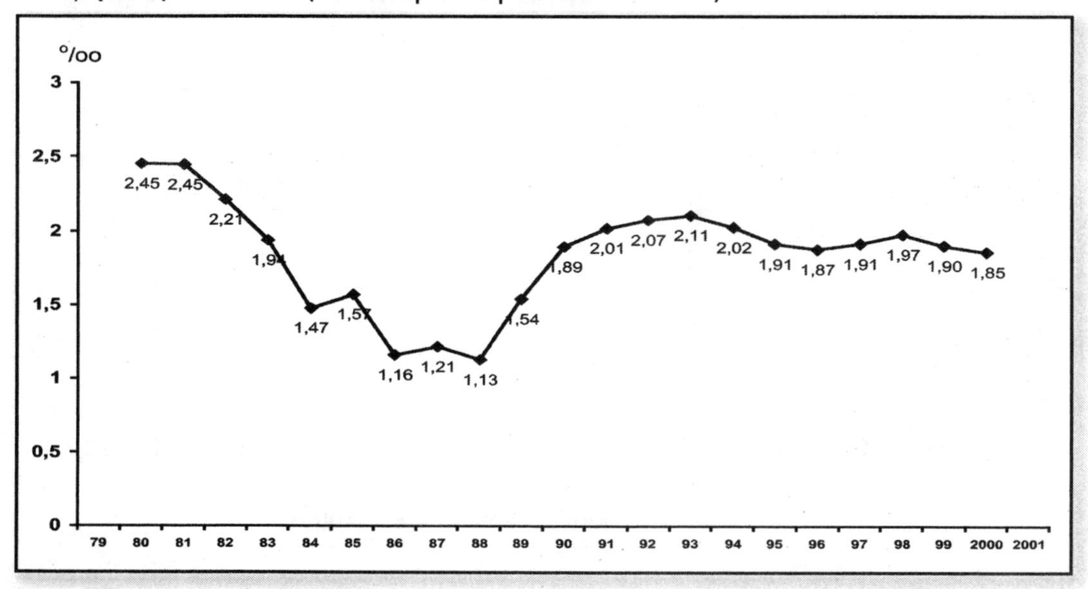

Source: CSST, rapports annuels 1979 à 2001

- de 1979 à 1988, une baisse considérable, le taux passe alors de 2,45 à 1,13;
- de 1988 à 1992, une hausse aussi considérable, le taux passant de 1,13 à 2,11;
- de 1992 à 2000, le taux est relativement stable, en légère hausse jusqu'à 1,85.

Le cas de la surdité professionnelle: La courbe serait beaucoup plus droite si, pour toute la durée concernée, elle comprenait tous les cas de maladies professionnelles. En effet, pour comprendre cette courbe, il faut savoir qu'avant 1989, la CSST n'incluait pas dans ses statistiques les cas de maladies sans interruption de travail, la surdité professionnelle par exemple, ce qui donnait une image pour le moins incomplète de la situation. Depuis que ces informations apparaissent dans les rapports de la CSST, le nombre de maladies professionnelles reconnues par la commission semble avoir augmenté, alors qu'en réalité nous avons affaire ici à une question de conception de ce qui présentait de l'intérêt du point de vue de l'institution en regard de l'information à diffuser dans le cadre de son rapport annuel. Incidemment, nous savons que de 1996 à 2000, pour ne prendre que ces années, les troubles de l'oreille, de la mastoïde ou de l'audition représentent près de 20 % des maladies professionnelles, soit entre 900 et 1000 cas annuellement.

Les dossiers acceptés révisés: La colonne contenant les *Dossiers acceptés révisés* au cours des années subséquentes est plus significative quant au nombre de cas de maladies effectivement indemnisés par l'institution. On y remarque une augmentation de 23 % entre 1989 et 1991

Graphique 5.2 - Comparaison de l'évolution du nombre de dossiers acceptés et indemnisés et des autres dossiers

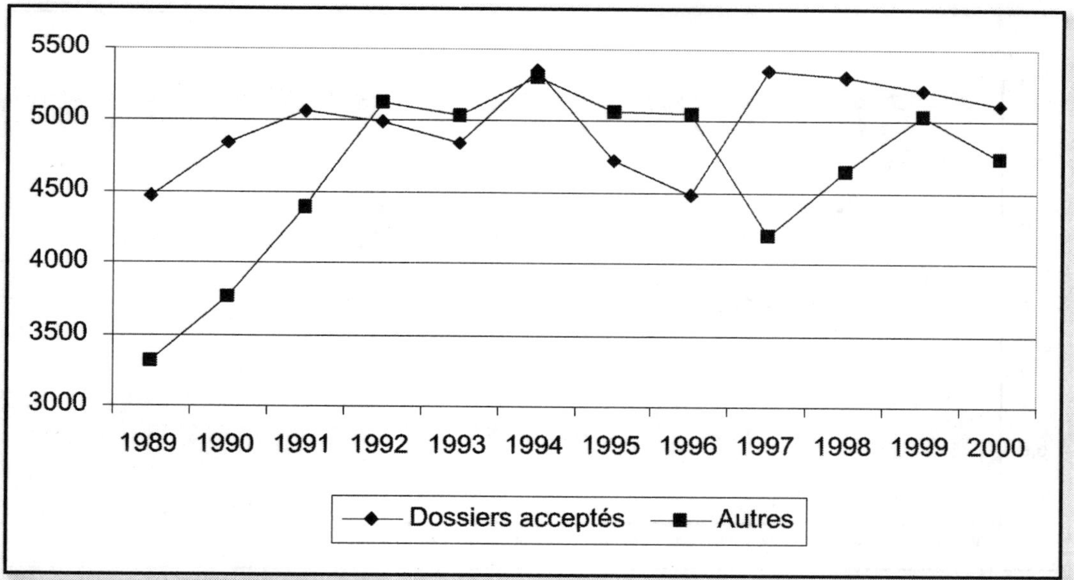

5500
5000
4500
4000
3500
3000
1989 1990 1991 1992 1993 1994 1995 1996 1997 1998 1999 2000
Dossiers acceptés
Autres

Sources: CSST, rapports annuels et annexes statistiques 1989 à 2000

suivie d'une stabilisation jusqu'en 1995, la diminution allant jusqu'en 2000 reflète simplement le fait que ces dossiers n'ont pas encore été revus. En somme, nous ne disposons de données significatives que pour une courte période de six ans au cours de laquelle le nombre de maladies professionnelles reconnues a augmenté de 20 à 30 %.

Les autres dossiers de maladies professionnelles: Le lecteur aura sans doute déjà remarqué, avant même de consulter le prochain graphique, le peu d'écart qu'il y a entre le nombre de *Dossiers acceptés* et celui des *Autres dossiers*, les deux séries de chiffres étant égales à peu de chose près. Le rapport annuel de la CSST définit la catégorie *Autres dossiers* comme étant : *dernières décisions rendues au cours de l'année de référence: demandes d'indemnisation refusées* et *en suspens*. Le nombre et la proportion de ces cas par rapport aux cas acceptés sont à ce point élevés qu'il nous faut y réfléchir.

Il serait pour le moins intéressant de connaître la proportion des dossiers de *demandes d'indemnisation refusées* par rapport aux demandes *en suspens*, la réponse à cette question n'est malheureusement pas donnée par les rapports de la CSST. Cette colonne contient probablement les cas, environ 2000 par année, qui font la différence entre les dossiers

Graphique 5.3 - Évolution du taux d'incidence des maladies professionnelles et des accidents du travail indemnisés (moyenne mobile 3 ans) Québec, 1979 à 2001 (valeurs exprimées en pour mille travailleurs)

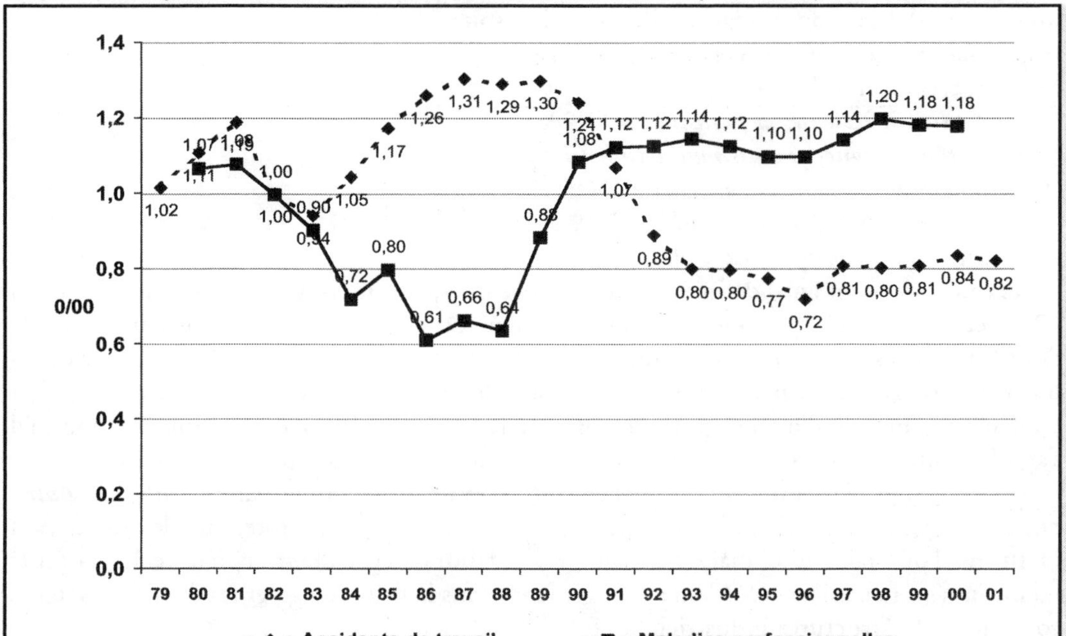

Sources : CSST, rapports annuels 1979 à 2001

acceptés et les dossiers acceptés révisés. Ne disposant pas de plus de précisions, nous devons nous limiter à considérer que le nombre de dossiers refusés est pratiquement inconnu, à moins de faire des recherches beaucoup plus spécialisées.

Le taux d'incidence des maladies professionnelles: Les données du précédent tableau nous permettent d'établir l'incidence de ces affections. Comme ce fut le cas pour les lésions accidentelles, nous avons établi le taux d'incidence à l'aide d'une base mobile de trois ans. Le graphique ci-après place en parallèle le taux d'incidence des lésions accidentelles et celui des maladies professionnelles; on y constate que les deux courbes évoluent à l'inverse l'une de l'autre:

- la courbe des accidents du travail, nous l'avons vu dans le précédent chapitre, prend de moins en moins en compte les dossiers pour lesquels les lésions ne comportent pas de perte de temps;
- la courbe des maladies professionnelles, à l'inverse, prend de plus en plus en compte les dossiers sans perte de temps, essentiellement les cas de surdité professionnelle.

5.1.2 L'éventail des maladies professionnelles

Le prochain tableau ne présente que des données récentes, il est impossible, à partir des statistiques mises à notre disposition par la CSST, de dégager une vision de plus longue échéance. Essayons de saisir l'essentiel de ce que contient ce tableau en commençant par un examen des grandes catégories de maladies, soit:

- *maladies et troubles systémiques (62,3%);*
- *blessures et troubles traumatiques (8,1%);*
- *maladies infectieuses et parasitaires (1,2%);*
- *symptômes, signes et états mal définis (0,4%);*
- *néoplasmes, tumeurs et cancers (0,1%);*
- *autres maladies, états ou troubles (0,1%);*
- *autres ou indéterminés (27,7%).*

Les catégories sont ainsi définies qu'on y trouve des quantités très disparates allant de 0,1 à 62%, ce qui n'éclaire pas outre mesure le lecteur. Dans un tableau comportant autant de données précises et des quantités près de zéro, il est assez étonnant par ailleurs de retrouver une catégorie *Autres ou indéterminés,* comprenant le quart des cas indemnisés. L'étonnement est d'autant plus grand qu'il ne peut pas s'agir ici des *Autres maladies, états ou troubles,* puisqu'il s'agit là d'une des catégories du tableau qui incidemment ne regroupe que peu de cas.

Nous pouvons penser que les dossiers en cours d'évaluation entrent dans la catégorie *Autres ou indéterminés.* Il serait intéressant ici également de pouvoir compter sur des données à maturité. Pour faire une analyse exhaustive, il faudrait également reprendre les facteurs mentionnés au chapitre précédent: changements dans la façon de gérer les dossiers, facteurs conjoncturels, structures industrielles, etc.

Nulle part dans cette liste décrivant la nature des lésions ou des maladies, on peut lire les mots *psychologique, psychique* ou *mental,* pourtant comme nous le verrons plus loin, la CSST reconnaît

Tableau 5.2 - Répartition des dossiers pour maladies professionnelles ouverts et acceptés de 1996 à 2000

NATURE DE LA MALADIE	1996 NOMBRE	%	1997 NOMBRE	%	1998 NOMBRE	%	1999 NOMBRE	%	2000 NOMBRE	%
Entorse, foulure, déchirure	134	2.4	96	1.8	78	1.5	63	1.2	83	1.6
Blessure traumatique aux muscles, tendons, etc.	11	0.2	7	0.1	6	0.1	9	0.2	5	0.1
Autres intoxications ou effets toxiques	18	0.3	12	0.2	21	0.4	35	0.7	15	0.3
Blessure ou trouble traumatique avec diagnostic imprécis	305	5.5	308	5.8	268	5.0	268	5.1	278	5.4
Autres blessures ou troubles	58	0.1	45	0.8	30	0.6	16	0.3	34	0.7
Total blessures et troubles traumatiques	*526*	*9.4*	*468*	*8.8*	*403*	*7.6*	*391*	*7.5*	*416*	*8.1*
Trouble du système nerveux périphérique	240	4.3	264	4.9	283	5.3	247	4.7	274	5.4
Trouble de l'oreille, de la mastoïde ou de l'audition	1038	18.6	986	18.4	992	18.7	966	18.5	909	17.8
Syndrome de Raynaud	19	0.3	11	0.2	8	0.2	13	0.2	13	0.3
Maladie de l'appareil circulatoire, n.c.a.	17	0.3	8	0.1	6	0.1	6	0.1	7	0.1
Bronchopneumopathie obstructive chronique ou état apparenté	27	0.5	37	0.7	43	0.8	20	0.4	22	0.4
Pneumoconiose	23	0.4	25	0.5	44	0.8	44	0.8	35	0.7
Entérite ou colite non infectieuse	21	0.4	11	0.2	2	0.0	3	0.1	14	0.3
Affection du rachis (dos)	34	0.6	34	0.6	33	0.6	14	0.3	12	0.2
Inflammation, rhumatisme, sauf le rachis	2307	41.4	2243	42.0	2067	38.9	1792	34.3	1756	34.3
Inflammation de la peau ou tissu sous-cutané	2	0.0	7	0.1	5	0.1	3	0.1	ND	
Dermatite	155	2.8	150	2.8	145	2.7	139	2.7	122	2.4
Autres maladies ou troubles systémiques	31	0.6	21	0.4	17	0.3	14	0.3	21	0.4
Total : maladies et troubles systémiques	*3914*	*70.2*	*3797*	*71.0*	*3645*	*68.6*	*3261*	*62.5*	*3185*	*62.3*
Maladies infectieuses et parasitaires	56	1	32	0.6	70	1.3	70	1.3	61	1.2
Néoplasmes, tumeurs et cancers	4	0.1	6	0.1	14	0.3	8	0.2	7	0.1
Symptômes, signes et états mal définis	13	0.2	9	0.2	16	0.3	12	0.2	23	0.4
Autres maladies, états ou troubles	22	0.4	12	0.2	11	0.2	6	0.1	7	0.1
Autres ou indéterminés	1043	18.7	1022	19.1	1153	21.7	1473	28.2	1415	27.7
Total	*5578*	*100*	*5346*	*100*	*5312*	*100*	*5221*	*100*	*5114*	*100*

Source : CSST, Direction de la statistique et de la gestion de l'information de la CSST, Québec 1996-2000

annuellement environ 400 cas d'anxiété, stress, épuisement professionnel (burnout), sans compter les 600 cas de chocs nerveux. Nous devons comprendre que ces dossiers sont classés dans les statistiques d'accidents du travail parce qu'au départ, ils sont le résultat d'un fait accidentel.

Les principales maladies indemnisées sont:

- *inflammation, rhumatisme, sauf le rachis (34,3%);*
- *trouble de l'oreille, de la mastoïde ou de l'audition (17,8%);*
- *blessure ou trouble traumatique avec diagnostic imprécis (5,4%);*
- *autres* ou *indéterminées (27,7%).*

Devant des données aussi difficiles à interpréter pour le lecteur non spécialisé, nous sommes en droit de nous demander pourquoi la CSST n'utilise pas une classification plus simple et plus explicite. Une telle classification permettrait non seulement de mieux départager les divers types de lésions et maladies professionnelles, elle permettrait également de faire des comparaisons avec les données d'autres organismes, notamment l'Organisation internationale du travail (OIT).

Le graphique suivant pourrait servir de modèle:

Graphique 5.4 – Coûts des maladies professionnelles et des lésions reliées au travail

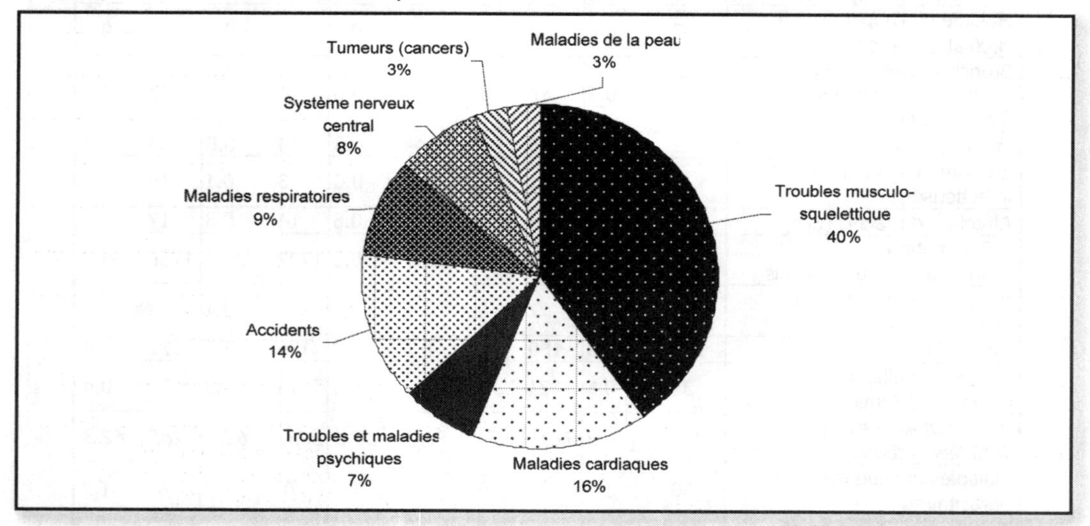

Source: Takala J. (ILO) Indicators of death, disability and disease at work. African Newsleter on occupational Health and Safety, Decembre 1999,9(3):60-65

Il est question ici des coûts des lésions et maladies professionnelles, il pourrait évidemment être question du nombre de cas avérés pour chaque type de lésion. Ajoutons qu'il est intéressant de constater que l'OIT distingue les accidents du travail des troubles musculo-squelettiques. Incidemment, dans le cas précité, les accidents ne représentent que 14% des coûts de l'ensemble des lésions alors que les troubles musculo-squelettiques en représente 40 %. Qu'en est-il au Québec ? qu'en est-il également du rapport entre les maladies cardiaques (16 %), les troubles respiratoires (9 %), les cancers (3 %), etc...?

5.1.3 Les cancers et les pneumoconioses dus à l'exposition professionnelle

Considérant les limites de notre revue de littérature et notre intérêt particulier pour les cas de cancer et de pneumoconiose, nous présentons ici des données particulièrement détaillées sur le sujet. Le prochain tableau montre que de 1993 à 2001, la CSST a reçu 307 demandes d'indemnisation pour des cas de cancer, une moyenne de 34,1 par année, ainsi, pour la nature *Tumeur maligne (cancer) ou mésothéliome*, 196 demandes on été acceptées, 94 ont été refusées et 17 demeurent en suspens.

Tableau 5.3 - Répartition des maladies professionnelles survenues de 1993 à 2001 selon la décision et l'année de l'événement pour la nature tumeur maligne (cancer) ou mésothéliome

DÉCISIONS	ACCEPTÉES	REFUSÉES	EN SUSPENS	TOTAL
1993	27	1	0	28
1994	11	1	0	12
1995	20	5	0	25
1996	12	7	0	19
1997	21	14	0	35
1998	29	22	1	52
1999	27	22	3	52
2000	34	11	5	50
2001	15	11	8	34
TOTAL	196	94	17	307

Sources: CSST, DCGI, service de la statistique, Données observées au 31 décembre 1997 pour l'année d'événement 1993 Données observées au 31 décembre 1998 pour l'année d'événement 1994, Données observées au 31 décembre 1999 pour l'année d'événement 1995, Données observées au 31 décembre 2000 pour l'année d'événement 1996 Données observées au 31 décembre 2001 pour l'année d'événement 1997, Données observées au 31 décembre 2002 pour les années d'événement 1998 à 2001

Le tableau ci-après permet d'ajouter une précision importante: 155 des 196 dossiers acceptés, soit 79 %, se rapportent aux bronches et aux poumons. Il reste donc 41 cas de tumeur maligne (cancer) ou mésothéliome, soit 21 %, pour couvrir tous les sièges, sauf celui des bronches et poumons.

Tableau 5.4 - Répartition des maladies professionnelles survenues de 1993 à 2001 selon la décision et l'année de l'événement pour la nature tumeur maligne (cancer) ou mésothéliome, pour le siège bronches ou poumons

DÉCISIONS :	ACCEPTÉES	REFUSÉES	EN SUSPENS	TOTAL
1993	27	1	0	28
1994	10	1	0	11
1995	18	4	0	22
1996	8	5	0	13
1997	16	12	0	28
1998	21	18	0	39
1999	17	13	3	33
2000	25	9	5	39
2001	13	4	8	25
TOTAL	155	67	16	238

Tableau 5.5 - Répartition des maladies professionnelles survenues de 1993 à 2001 selon la décision et l'année de l'événement pour la nature pneumoconiose

DÉCISIONS :	ACCEPTÉES	REFUSÉES	EN SUSPENS	TOTAL
1993	75	48	1	124
1994	56	41	0	97
1995	83	102	1	186
1996	67	60	0	127
1997	46	23	0	69
1998	98	31	0	129
1999	101	39	0	140
2000	105	24	3	132
2001	80	25	3	108
TOTAL	711	393	8	1112

Sources : CSST, DCGI, service de la statistique, Données observées au 31 décembre 1997 pour l'année d'événement 1993
Données observées au 31 décembre 1998 pour l'année d'événement 1994, Données observées au 31 décembre 1999 pour l'année d'événement 1995, Données observées au 31 décembre 2000 pour l'année d'événement 1996
Données observées au 31 décembre 2001 pour l'année d'événement 1997, Données observées au 31 décembre 2002 pour les années d'événement 1998 à 2001

Il est également intéressant de noter que le pourcentage de dossiers refusés varie de façon significative d'un siège de la maladie à un autre:

- 48 % des cas couvrant tous les sièges sont refusés;
- 43 % des cas couvrant le siège bronches et poumons sont refusés;
- 66 % des cas couvrant tous les sièges à l'exception de bronches et poumons sont également refusés.

Au cours de la même période en regardant le tableau 5.5, nous trouvons qu'un total de 1112 décisions ont été rendues en relation avec des pneumoconioses:

- 711 dossiers acceptés, 64 %;
- 393 dossiers sont refusés, 35 %;
- 8 dossiers sont en suspens, 1 %.

Dans la partie de ce chapitre portant sur les données de sources scientifiques, nous ajoutons des précisions quant aux différents sièges de la maladie. Nous le faisons dans la mesure où notre revue de littérature nous procure des données à partir desquelles nous pouvons faire des comparaisons.

5.1.4 Les décès consécutifs à une maladie professionnelle

Les statistiques de mortalité constituent, nous l'avons écrit précédemment, un indicateur de référence en matière de santé, qu'il s'agisse de santé du travail ou de santé publique en général.

Le tableau 5.6 reprend, pour les années 1979 à 2001, le nombre de personnes couvertes pas le régime, il est complété par trois colonnes de chiffres:

- les décès consécutifs à une maladie professionnelle tels qu'ils apparaissent dans le rapport annuel;
- les décès établis sur la base de dossiers révisés au cours des années subséquentes;
- la différence entre les données des rapports annuels et celles des dossiers révisés.

Le nombre de décès consécutifs aux maladies professionnelles suivant les rapports annuels de la CSST: les statistiques des décès commandent quelques remarques importantes:

- depuis 1979, sauf pour les années 1980 à 1985 pour lesquelles nous ne disposons pas de données, les décès consécutifs à une maladie professionnelle sont en progression relativement constante, de 5 en 1979 à 23 en 1989 et à 86 en 2001, pour une moyenne annuelle de 43 cas;
- à l'instar des statistiques de lésions accidentelles, le nombre des décès consécutifs à une maladie professionnelle est plus élevé qu'il n'y paraît à la lecture des rapports annuels de la CSST. En effet, pour les années 1989 à 1995, années pour lesquelles nous disposons des données, le nombre annuel moyen de décès effectivement reconnus et indemnisés par la CSST est de 82. Pour la même période, le nombre annuel moyen de décès révélés par la publication annuelle de l'institution est de 31, la différence est de 264 %.

Le taux de mortalité consécutive à une maladie professionnelle: Il s'agit, comme nous l'avons vu dans le précédent chapitre, du nombre de décès par 100 000 travailleuses et

Tableau 5.6 - Décès consécutifs à une maladie professionnelle, selon les rapports annuels et selon des statistiques révisées de 1979 à 1996

	TRAVAILLEURS COUVERTS	DÉCÈS : MALADIES PROFESSION-NELLES	DÉCÈS : DOSSIERS RÉVISÉS	DIFFÉRENCE ENTRE LES DONNÉES RELATIVES AUX DÉCÈS NOMBRE / %
1979 (2)	1 881 000	5	-	-
1986	2 331 753	20	-	-
1987	2 412 983	18	-	-
1988	2 500 414	12	-	-
1989	2 572 810	23	66	43 / 287 %
1990	2 571 428	36	92	56 / 255 %
1991	2 465 107	35	77	42 / 220 %
1992	2 362 733	27	91	64 / 337 %
1993	2 365 765	26	82	56 / 315 %
1994	2 477 480	32	76	44 / 237 %
1995	2 538 058	33	93	60 / 282 %
1996	2 597 538	23	95	72 / 413 %
1997	2 637 932	93	-	-
1998	2 692 257	74	-	-
1999	2 730 345	69	-	-
2000	2 823 366	73	-	-
2001	2 877 400	86	-	-

Sources : rapports annuels et annexes statistiques de la CSST
(1) données mises à jour par la CSST au cours des années subséquentes à l'année de référence
(2) pour les années 1980 à 1985, les données ne sont pas disponibles

travailleurs couverts par le régime québécois de SST. Le graphique suivant reprend le taux de mortalité pour cause d'accidents du travail et présente le taux de mortalité pour cause de maladies professionnelles et la somme des deux.

Il est intéressant de constater que :

- le taux de mortalité pour cause de maladie professionnelle, à l'encontre de celui des accidents professionnels, est en augmentation constante de 1987 à 2000 ;
- le taux de mortalité pour toutes lésions professionnelles, accidents et maladies confondus, est relativement constant, voire même en légère augmentation ;
- le taux de mortalité total serait en hausse si on l'établissait à partir des données révisées, en effet, la proportion des cas qui n'apparaît pas dans les rapports annuels étant particulièrement considérable au chapitre des maladies professionnelles, la courbe qui les représente en serait relevée d'autant.

Graphique 5.5 - Évolution du taux de mortalité associé aux décès; ensemble des lésions indemnisées, accidents de travail, maladies professionnelles, Québec, 1987 à 2000 (moyenne mobile sur 3 ans)

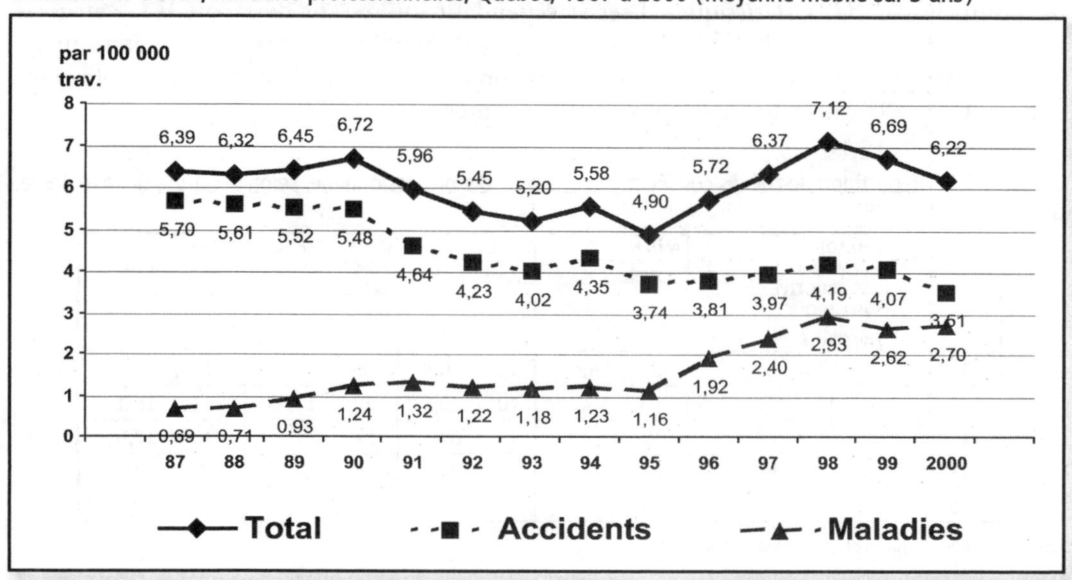

Rappelons-nous, de plus, que le taux de mortalité ne tient pas compte de changements survenus dans la structure de la main-d'œuvre, ce qui a pour effet d'augmenter le dénominateur et, par conséquent, de sous-estimer une part de ce taux.

En somme, sur cette seule base, on ne peut pas dire que la situation des lésions professionnelles s'est améliorée, tout juste pouvons-nous constater le fait que la diminution du nombre de décès consécutifs à un accident du travail est compensée par une augmentation du nombre des décès consécutifs à une maladie professionnelle.

Les principales causes de mortalité: Considérant les cinq années pour lesquelles nous avons l'information :

- 44 % des cas de décès dus à une maladie professionnelle reconnue par la CSST sont le résultat de l'*amiantose*;
- la *silicose* compte pour 11 %;
- les *néoplasmes, tumeurs et cancers* pour 22 %;
- les *maladies pulmonaires obstructives chroniques* ajoute 8 %;
- le reste, environ 17 %, relève de la catégorie *«Autres ou indéterminés»*.

On s'étonne une fois de plus de constater un si grand nombre de cas appartenant à la catégorie *Autres ou indéterminés*. On peut toutefois supposer que les décès *Autres* sont le fait d'un grand nombre de causes disparates qui par conséquent présenterait peu d'intérêt du point de vue de la statistique. Il serait cependant intéressant de savoir si la catégorie *Indéterminées* est là pour la forme, s'il s'agit de causes qui ne sont pas encore déterminées, ou s'il existe effectivement des décès reconnus comme résultant d'une maladie professionnelle, sans que la cause de ces décès soit effectivement déterminée.

Tableau 5.7 - Répartition des décès consécutifs à une maladie professionnelle, selon la nature de la maladie, de 1996 à 2000

	MALADIE PULMONAIRE OBSTRUCTIVE CHRONIQUE NOMBRE / %	AMIANTOSE NOMBRE / %	SILICOSE NOMBRE / %	NÉOPLASME, TUMEUR ET CANCER NOMBRE / %	AUTRES OU INDÉTERMINÉES NOMBRE / %
1996	7 / 7,3	33 / 34,4	10 / 10,4	35 / 36,5	11 / 11,5
1997	14 / 15,1	43 / 46,2	10 / 10,8	12 / 12,9	14 / 15,1
1998	4 / 5,4	35 / 47,3	5 / 6,8	17 / 23	13 / 17,6
1999	2 / 2,9	35 / 50,7	5 / 7,2	10 / 14,5	17 / 24,6
2000		33 / 45,2	8 / 11	15 / 20,5	11 / 19,2

Sources : rapports annuels et annexes statistiques de la CSST

Comme pour les cas de maladies professionnelles, des données récentes fournies par la CSST nous permettent de préciser les statistiques relatives à la reconnaissance de décès par tumeur maligne (cancer), mésothéliome et pneumoconiose.

Nous constatons, à la lecture du prochain tableau, une augmentation considérable du nombre de décès par cancer ou mésothéliome, de 36 à 53 cas, pour une moyenne annuelle de 41,6 cas.

Tableau 5.8 - Répartition des décès inscrits et acceptés, de 1996 à 2001, selon l'année d'inscription du décès par la nature tumeur maligne (cancer) ou mésothéliome

ANNÉE D'INSCRIPTION DU DÉCÈS	NOMBRE
1996	36
1997	23
1998	46
1999	48
2000	44
2001	53
TOTAL	250

Sources : CSST, DCGI Service de la statistique
Données descriptives observées au 14 février 2003

Les deux prochains tableaux précisent pour leur part le nombre de décès selon le siège de la maladie.

Tableau 5.9 - Répartition des décès inscrits et acceptés, de 1996 à 2001, selon l'année d'inscription du décès par la nature tumeur maligne (cancer) ou mésothéliome, pour le siège bronches ou poumons

ANNÉE D'INSCRIPTION DU DÉCÈS	NOMBRE
1996	35
1997	13
1998	25
1999	23
2000	20
2001	20
TOTAL	136

Sources: CSST, DCGI Service de la statistique
Données descriptives observées au 14 février 2003

Le siège *bronches ou poumons* totalise 136 décès en 6 ans, soit une moyenne de 22,6 par année.

Tableau 5.10 - Répartition des décès inscrits et acceptés, de 1996 à 2001, selon l'année d'inscription du décès par la nature tumeur maligne (cancer) ou mésothéliome, pour sièges autres que bronches et poumons

SIÈGE DE LA LÉSION	1996	1997	1998	1999	2000	2001	TOTAL
Appareil respiratoire	1						1
Péritoine		1					1
Plèvre		9	20	25	22	32	108
Siège abdominal interne, NP					1		1
Vessie			1		1	1	3
TOTAL	1	10	21	25	24	33	114

Sources: CSST, DCGI Service de la statistique
Données descriptives observées au 14 février 2003

Pour ce qui a trait aux autres sièges, la *Plèvre* compte pour la presque totalité des cas: 108 sur 114, ou 95 % des décès.

Les décès pour cause de *Pneumoconiose* sont en baisse. Suivant le tableau 5.11, il passe de 43 à 26 entre 1996 et 2001, pour une moyenne annuelle de 30,3 cas par année.

Tableau 5.11 - Répartition des décès inscrits et acceptés, de 1996 à 2001, selon l'année d'inscription du décès pour la nature pneumoconiose

ANNÉE D'INSCRIPTION DU DÉCÈS	NOMBRE
1996	43
1997	49
1998	25
1999	16
2000	23
2001	26
TOTAL	182

Sources : CSST, DCGI, Service de la statistique
Données descriptives observées au 14 février 2003

Divers facteurs concernant les maladies professionnelles nous incitent à approfondir quelque peu notre examen des faits. Les principaux sont :

- l'augmentation du nombre de maladies professionnelles indemnisées ;
- l'augmentation encore plus forte des demandes d'indemnisation en suspens ou refusées ;
- l'augmentation des décès dus à ces maladies professionnelles ;
- l'intérêt des milieux scientifiques pour ces questions ;
- l'existence d'un grand nombre de résultats de recherches épidémiologiques portant sur l'existence de ces maladies et sur leur reconnaissance par les institutions chargées d'indemniser les victimes.

5.2 Les maladies professionnelles selon les sources scientifiques

Comme il n'existe pas d'estimation scientifique établie pour l'ensemble des maladies professionnelles et pour limiter la quantité de données de notre présentation des faits, nous avons choisi d'explorer les données scientifiques qui sont à la fois les plus documentées, significatives et fiables. Ainsi, notre revue de littérature couvre-t-elle presque exclusivement les cancers et les pneumoconioses. Ce choix et cette limitation sont d'autant plus légitimes que l'écart entre les données scientifiques et celles de la CSST est si considérable qu'après avoir pris connaissance de celles touchant les cancers et les pneumoconioses, on ne ressent plus le besoin de raffiner l'investigation. Une brève analyse de ces données ainsi que leur mise en parallèle avec celles de la CSST nous permettra de soulever des questions d'une gravité certaine.

Pour les fins de ce livre, il était impératif de faire le point sur les données scientifiques les plus récentes en la matière; c'est ce que nous avons fait à la faveur d'une brève revue de littérature, avec l'aide d'une diplômée de maîtrise en toxicologie de l'Université de Montréal, madame Lyne Lafrenière.

La recherche bibliographique a été réalisée en utilisant la banque de données de Medline, une source reconnue pour sa fiabilité. Lorsqu'il est question de la santé et des sciences médicales, cette banque de données, l'une des plus complètes au monde, est en effet incontournable. Il faut dire que la presque totalité des articles scientifiques américains et européens sont répertoriés par Medline. De plus, les articles qu'on y trouve proviennent de périodiques scientifiques possédant des comités de lecture lui assurant ainsi une qualité scientifique certaine.

Plusieurs estimations du nombre et du pourcentage de cancers et autres maladies attribuables à l'exposition professionnelle ont été réalisées par des chercheurs très réputés en épidémiologie. Il faut bien noter cependant que ce ne sont que des estimations résultant d'hypothèses et d'extrapolations, donc entachées d'incertitudes. On peut toutefois affirmer, en dépit de ces réserves, que les données recueillies ne laissent aucun doute sur l'existence des problèmes qui font l'objet des enquêtes. Les réserves portent incidemment sur le degré de précision des données, il s'agit bel et bien de situer l'ordre de grandeur de faits dont on ne peut aucunement mettre en doute la véracité.

5.2.1 Les décès reliés à diverses maladies professionnelles

En se basant sur une série d'articles faits dans les 10 dernières années pour les États-Unis, S.B. Markowitz, E. Fisher, M.C. Fahs, J. Shapiro et P.J. Landrigan[1] étudient la mortalité relative à plusieurs maladies professionnelles. En ce qui a trait au cancer, une estimation de 10 % des cas serait selon eux attribuable à une exposition professionnelle. Toujours selon Markowitz et al., 100 % des pneumoconioses seraient dues à une exposition professionnelle et 1 à 3 % des décès par maladie respiratoire chronique, maladie cardiovasculaire, neurologique et rénale, seraient également dus à ce type d'exposition.

On voit ici des différences vraiment très importantes entre les nombres moyens de décès prévus par les estimations des chercheurs et les nombres moyens de décès effectivement indemnisés. Alors que les chercheurs estiment qu'il devrait y avoir 3708 décès par cancer, le Workers Compensation Board (WCB) n'en a indemnisé que trois, c'est donc seulement 0,08 % de cas qui auraient été indemnisés.

Sur la moyenne annuelle de 233 décès par maladie professionnelle rapportés par le WCB, seulement 3 sont des décès par cancer. Pourtant, rappellent les auteurs, en 1979 il y a eu 80 décès dans l'état de New-York par mésothéliome, un cancer qu'il est difficile de ne pas associer exclusivement à l'exposition professionnelle.

Au total, les chercheurs estiment entre 4686 et 6592 par année les décès dus à l'exposition professionnelle, alors que seulement 233 cas sont effectivement indemnisés, soit 4,2 à 5 % seulement. Il faut ajouter au surplus que ces données sont conservatrices puisqu'on ne tient compte ici que des décès provenant de 6 conditions particulières et avec des estimations conservatrices du risque.

Les auteurs en viennent à une considération majeure avec laquelle il faut composer : alors que le système voué à l'indemnisation des lésions professionnelles jouit d'une expérience exceptionnelle de laquelle on attend beaucoup pour faire la surveillance des maladies professionnelles, les données qu'il publie ne sont pas conçues à cette fin.

Cela a pour double résultats la sous-estimation du nombre de personnes actuellement affectées par une maladie professionnelle potentiellement mortelle et la présentation d'indications trompeuses sur le schéma structurel des maladies professionnelles. Ce qui, en définitive, fausse l'orientation des praticiens de la surveillance des maladies professionnelles qui sont impressionnés par le volume et la pertinence supposée des données des rapports des WCB.

Dans un article paru dans la revue Travail et santé, le professeur Michel Gérin[2] de l'Université de Montréal, un spécialiste des cancers d'origine professionnelle, se base sur les estimations de Markowitz tout en les confinant aux effets toxiques pour en faire l'application au Québec.

Selon lui, il faut situer le fardeau des effets toxiques en milieu de travail au Québec à environ 1500 à 2000 décès et à un minimum de 7000 nouveaux cas de maladie par année.

Tableau 5.12 - Estimation de la mortalité due à des maladies professionnelles dans l'état de New-York de 1979 à 1982

CAUSES DES DÉCÈS	MORTALITÉ MOYENNE POUR L'ÉTAT, DE 1979 À 1982	DÉCÈS DUS À L'EXPOSITION PROFESSIONNELLE % / NOMBRE	MOYENNE ANNUELLE DES DÉCÈS DUS À L'E.P. RAPPORTÉE PAR LE WCB
Cancers	37 081	10 / 3 708	3
Pneumoconioses	25	100 / 25	34
Maladies respiratoires chroniques	4 104	1 à 3/ 41 à 123	3
Maladies cardiovasculaires, rénales et troubles neurologiques	91 213	1 à 3/ 912 à 2 736	176
Autres conditions	34 631	------ / -----	17
TOTAL	167 054	----- / 4 686 à 6 592	233

Bien qu'il faille toujours se rappeler que toute estimation de ce genre s'avère nécessairement entachée d'incertitudes, la comparaison de ces données avec les statistiques de décès de la CSST montre que nous sommes bien loin du compte. En effet, en 1999, les rapports annuels de la CSST révèlent 33 décès dus à l'une ou l'autre des maladies professionnelles reconnues, cela fait 2,2 et 1,6% du total attendu par les scientifiques. Même si nous considérons les données à maturité, soit 93 décès, cela ne fait toujours que 6% et 4,6% du total attendu.

5.2.2 Les décès par cancer dus à l'exposition professionnelle

Dans le cas de tous les cancers, l'estimation la plus généralement acceptée pour les États-Unis est celle de Doll et Peto[3], et ce, même si elle date de 1981. Ces auteurs dont les études sont reconnues par l'OMS, considèrent qu'environ 4% de tous les décès par cancer sont attribuables à l'exposition professionnelle. Avant de tenter d'appliquer cette proportion aux cas de cancer enregistrés au Québec, suivons les scientifiques dans les réserves méthodologiques qu'ils nous proposent.

La transposition de ce 4% des États-Unis au Québec ou à tout autre pays comporte inévitablement une marge d'erreur. En effet, cette estimation étant une proportion, elle dépend par conséquent de la prévalence du travail dans le pays en question et des autres facteurs de risques cancérogènes dans la population, d'où l'importance de toujours voir ces chiffres comme étant un ordre de grandeur.

Le fait que l'analyse faite par Doll et Peto se limite aux données portant sur des personnes âgées de moins de 65 ans représente en soi une limite importante. Sachant pertinemment que les périodes de latence pour les cancers sont parfois très longues, jusqu'à 30 ou 40 ans, plusieurs cas de cancer ne sont pas visibles avant l'âge de la retraite.

Cette restriction méthodologique mène donc probablement à une estimation très conservatrice. Autre limite de l'analyse de Doll et Peto : leurs études portaient seulement sur les produits cancérogènes professionnels reconnus. Selon A. Kraut[4], cette approche peut également mener à une estimation très conservatrice puisque seulement un faible pourcentage de tous les cancérogènes possibles a été étudié.

En somme, considérant le conservatisme inhérent à ces données américaines, nous pouvons penser que le 4% de Dole et Peto constitue un ordre de grandeur applicable au Québec. Ainsi, sur les 16 360 cas de décès par cancer survenus au Québec en 1998[5], dernière année pour laquelle nous avons des données, 4%, soit 654 décès, seraient dus à l'exposition professionnelle. Selon les chiffres de la CSST en 1998, rappelons-le, la nature *Tumeur maligne (cancer) ou mésothéliome* dénote 46 décès. Sous réserve des subtilités inhérentes à la définition des termes, le rapport est de 1 décès par cancer sur 14 qui serait reconnu comme étant dû à l'exposition professionnelle, soit 7%.

La méthode scientifique comporte une marge d'erreur lorsqu'elle procède par estimations, elle présente toutefois l'avantage de se vérifier dans une certaine mesure par la prédictibilité de ses résultats. Une connaissance devient plus sûre quand elle a été validée par les résultats obtenus par d'autres scientifiques. Elle devient alors plus utile parce qu'elle permet de prédire le résultat d'études subséquentes. Voyons si ces études permettent de confirmer ou d'infirmer les résultats obtenus par Doll et Peto.

Selon Bang, comme nous pouvons le voir dans le prochain tableau, pour les États-Unis l'exposition professionnelle contribue à générer des décès chez les personnes qui ont contracté la maladie au cours de leur vie professionnelle dans une proportion variant de 1 à 10 % selon le siège de la maladie. Pour tous les sièges confondus, il estime que de 6 à 10 % des décès par cancer sont dus à l'E.P.

Les décès par cancer dus à une exposition professionnelle au Canada ont fait l'objet de l'estimation de A. B. Miller[(6)], elle est basée sur des données canadiennes. En réponse à la même interrogation, soit le nombre de décès par cancer dus à une exposition professionnelle, l'auteur rapporte le chiffre de 9 %. Appliqué aux mêmes données québécoises, ce 9 % donnerait 1472 décès par cancer dus à une exposition professionnelle pour l'année 1998.

D'autres auteurs présentent des écarts selon les types de cancers. Toujours pour le Canada, les chercheurs Cullen et al. , M.R. Cullen, M.G. Cherniak et L. Rosesstock[(7)] estiment qu'une proportion variant de 4 à 10 % des décès par cancer seraient attribuables à l'exposition professionnelle.

Tableau 5.13 - Nombre estimé de décès par cancer dus à l'exposition professionnelle aux États-Unis en 1996

	TOUS LES ÂGES	> 25 ANS	% DUS À L'E.P.	NOMBRE ESTIMÉ DE DÉCÈS DUS À L'E.P.
Tous les sièges	554 740	550 302	6-10	33 018-55 030
Poumons	158 700	158 636	10	15 864
Prostates	41 400	41 069	1	411
Leucémies	21m000	19 572	7	1 370
Vessies	11 700	11 606	7	812
Peau	7 300	6 242	6	434

Au Québec en 1999, 5001 personnes sont décédées d'un cancer dont le siège est *bronches et poumons*, soit 1709 femmes et 3292 hommes. Si l'on en croit les données scientifiques de Bang, environ 10 % de ce nombre seraient dus à une exposition professionnelle, soit plus ou moins 500 personnes. Même en enlevant les cas de personnes âgées de 25 ans et moins, soit un pourcentage infime, l'estimation nous situe très loin des 23 cas indemnisés par la CSST cette même année.

5.2.3 Les pneumoconioses et les cancers dus à l'exposition professionnelle

Selon l'étude de M. Stanbury, P. Joyce et H. Kipen[8] portant sur l'incidence de l'exposition professionnelle sur les nouveaux cas de pneumoconiose, il y a plus de 50 % de sous-reconnaissance des nouveaux cas de silicose au New-Jersey. Les auteurs estiment qu'il est possible d'utiliser la silicose comme maladie sentinelle pour réfléchir à la problématique de la sous-reconnaissance de l'ensemble des maladies professionnelles en général par les régimes d'indemnisations.

En effet expliquent-ils, si la proportion d'individus indemnisés pour une silicose, une maladie bien connue et clairement indemnisable, est si petite, on est en droit de se questionner sérieusement sur ce qui se produit dans le cas des maladies professionnelles plus difficiles à cerner, comme le cancer du poumon par exemple.

Markowitz, S.B. et al.[9] se sont intéressés aux données relatives aux congés signés par des médecins d'hôpitaux telles que compilées par le Statewide Planning and Research Cooperative System (SPARCS) du département de la santé de l'état de New-York. Les chiffres publiés par ces auteurs donnent un autre indice du manque d'informations collectées par le WCB. Selon cette banque de données, 599 congés d'hospitalisation pour pneumoconiose sont rapportés annuellement dans l'état de New-York durant les années 1980-1985. En contraste, le WCB n'a compilé que 52 cas de la même catégorie de maladie en moyenne par année entre 1979 et 1982, soit 8,6 %.

Le tableau montre que le pourcentage de reconnaissance qu'il est possible d'estimer par ce moyen original ne déroge pas de façon significative de ce que nous obtenons par d'autres moyens, celui-ci variant entre 7 et 11 %. Il est clair que le nombre de congés d'hospitalisation n'est pas équivalent au nombre d'individus affectés d'une pneumoconiose selon le WCB. Il est possible qu'un même individu puisse être hospitalisé plus d'une fois dans la même année, on peut penser que les congés d'hospitalisation surestiment le nombre d'individus présentant une pneumoconiose.

Cependant, ceci est contrebalancé par le fait que seulement les cas les plus sévères demandent une hospitalisation et ne représentent qu'une faible proportion de tous les cas

Tableau 5.14 - Nombre moyen de pneumoconioses observées à travers les congés d'hospitalisation et les cas indemnisés

PNEUMOCONIOSES	MOYENNE ANNUELLE DES CONGÉS D'HOSPITALISATION DE 1980 À 1985	NOMBRE MOYEN DE CAS INDEMNISÉS PAR LE WCB NOMBRE / %
Amiantoses	210	14 / 7 %
Silicoses	298	28 / 9 %
Autres	91	10 / 11 %
Total	599	52 / 9 %

de la maladie. Vu sous cet angle, il semble également clair que les données du WCB sous-estiment la prévalence des pneumoconioses dans l'état de New-York.

Tout comme les Nord-Américains, les Européens s'intéressent à l'incidence de l'activité professionnelle sur le nombre de cancers contractés par la population et sur la proportion de ceux-ci reconnue à des fins d'indemnisation. Les données de Gaffuri, E.[10] apparaissant dans le prochain tableau montre, pour les divers pays étudiés, un écart très considérable entre les estimations des cas de cancer professionnel et le nombre de cas rapportés et indemnisés.

Tableau 5.15 - Pourcentages estimés de cancers professionnels et nombre de cas indemnisés pour trois pays européens

	ANNÉE	CAS ESTIMÉS	CAS INDEMNISÉS
Italie	82	2 600	22
France	86	6 000	101
Allemagne	86	-	291

En France, en 1986 par exemple, on estimait à 4 % la fraction des cancers qui seraient d'origine professionnelle, ce qui donne 6000 cas ; de ce nombre, 101 ont effectivement été indemnisés, soit un faible 1,6 %. En Italie, la proportion est plus faible encore, se situant à 0,8 %.

Suivant Gonzalez et Agudo[11], la sous-reconnaissance des cancers attribuables à l'exposition professionnelle vaut pour l'Espagne et la France. Dans les années 90 par exemple, on compte en France environ 150 à 200 cas de cancer indemnisés chaque année. Pourtant, si on applique à ce pays l'estimation conservatrice la plus généralement admise, soit celle de Doll et Peto situant à la hauteur de 4 % la proportion des cancers attribuables à l'exposition professionnelle, on obtiendrait environ 7000 indemnisations pour cancer professionnel chaque année.

5.2.4 Les cancers dus à l'exposition professionnelle selon le siège de la maladie

Notre revue de littérature permet de présenter des données encore plus précises en ceci qu'elles concernent des estimations relatives aux cas de cancer touchant des sièges particulièrement vulnérables à l'exposition professionnelle. Nous partirons des données établies par l'épidémiologiste américain K. M. Bang[12] pour ensuite présenter les estimations des autres auteurs intéressés par la même question.

Le chercheur s'est intéressé à l'influence de l'exposition professionnelle sur l'apparition de nouveaux cas de cancer dans la population. Notre seizième tableau présente une estimation valable pour les États-Unis en 1996. Le cancer professionnel serait, selon l'auteur, responsable d'une part très significative de l'ensemble des cancers affectant la population américaine, soit 6 à 10 % pour l'ensemble des sièges : poumons, vessie, etc.

L'estimation varie bien entendu selon le siège de la maladie : 10 % pour le poumon ; 7 % pour la leucémie et la vessie ; 6 % pour la peau et 1 % pour la prostate.

Tableau 5.16 - Incidence estimée des cas de cancer dus à l'exposition professionnels, aux États-Unis en 1996

	TOUS LES ÂGES	> 25 ANS	% DUS À L'E.P.	NOMBRE ESTIMÉ DE CAS DUS À L'E.P.
Tous les sièges	1 359 150	1 348 277	6-10	80 897-134828
Poumon	177 000	176 929	10	17 693
Prostate	317 100	314 563	1	3 146
Leucémie	27 600	25 723	7	1 801
Vessie	52 900	52 879	7	3 702
Peau	38 300	37 994	6	2 280

Appliquée aux 34 504 cas de cancer déclarés au Québec en 1999[13], la proportion établie par le chercheur donne entre 2070 et 3450 cas de cancer dus à l'exposition professionnelle. Pour la même année, la CSST a reconnu et indemnisé 27 nouveaux cas de *tumeur maligne (cancer) ou mésothéliome*, elle en a refusé 22 alors que 3 demeurent en suspens soit entre 1 sur 75 (1,3 %) et 1 sur 128 (0,7 %) de cas acceptés. Nous parlons donc d'un écart très considérable.

Voyons maintenant ce que disent les auteurs d'autres recherches scientifiques dédiées aux mêmes objectifs épidémiologiques, réalisées dans divers pays caractérisés par un degré de développement industriel comparable à celui du Québec.

Deux chercheurs canadiens, K. Teschke et M.C. Barroetavena[14] ont tenté d'évaluer ce que nous savons à propos des cancers d'origine professionnelle au Canada. Leurs données portent sur les années 1980-1989 et concernent seulement trois provinces ; les chercheurs n'ayant pu obtenir d'informations assez complètes des autres administrations, dont le Québec.

On constate, à la lecture du tableau 5.17, qu'ici également seulement une infime fraction des maladies dues à l'exposition professionnelle est reconnue à des fins d'indemnisation.

Tableau 5.17 - Incidence des cas de cancer, par siège, inscrits au registre des cancers, nombre de demandes acceptées par les WBC et fraction estimée de cancers professionnels dans la population pour les hommes seulement

PROVINCE SIÈGES DE LA MALADIE	NOMBRE DE NOUVEAUX CAS	POURCENTAGE ESTIMÉ DE CANCERS PROFESSIONNELS	RÉCLAMATIONS ACCEPTÉES NOMBRE / %
Colombie-Britannique			
Tous les sièges	56 247	2 à 8	107 / 0,19
Plèvre (mésothéliome)	196	47 à 76	71 / 36,7
Poumon	11 118	3 à 17	17 / 0,15
Vessie	2 762	6 à 21	9 / 0,33
Voies respiratoires	120	12 à 19	0
Saskatchewan			
Tous les sièges	19 710	2 à 6	15 / 0,08
Poumon	3 279	3 à 17	14 / 0,43
Vessie	1 310	8 à 21	0
Ontario			
Tous les sièges	151 693	2 à 8	360 / 0,24
Plèvre (mésothéliome)	316	47 à 76	78 / 24,7
Poumon	31 368	3 à 17	239 / 0,76
Vessie	11 047	8 à 21	4 / 0,04
Voies respiratoires	356	12 à 19	12 / 3,37

Les cancers du poumon sont les plus nombreux en Ontario, ils touchent 31 368 personnes. Selon les auteurs, entre 941 et 5332 cancers, soit entre 3 et 17% seraient d'origine professionnelle, alors que seulement 239, soit 0,76% font effectivement l'objet d'une reconnaissance par les autorités concernées.

En 1999, on compte chez les Québécoise et les Québécois 5794 cas de cancer du poumon, si on pouvait faire une simple application au Québec des pourcentages établis pour l'Ontario par Teschke et Barroetavena, on obtiendrait entre 174 et 985 cas, soit au moins 6 fois les 27 cancers reconnus par la CSST cette même année, et peut-être 37 fois ce nombre.

Les cas de cancer de la plèvre, ici le mésothéliome, un cancer qu'il est difficile de ne pas associer au travail, sont les plus souvent reconnus: 24,7 % des cas en Ontario et 36,7 % en Colombie-Britannique. Notons qu'en 1999 au Québec, 105 personnes sont décédées d'un cancer de la plèvre, soit 83 hommes et 22 femmes. Pour cette même année, la CSST en a indemnisé 25, soit 1 sur 4. Considérant les estimations des épidémiologistes, environ 60 % devraient être d'origine professionnelle et indemnisés à ce titre, soit plus de 60 personnes.

Au Québec, les chercheurs J. Siemiatycki, M. Gérin, R. Dewar, L. Nadon, R.Z. Lakhani, D. Bégin, et L. Richardson[15] estiment que: chez les hommes de 35 à 70 ans, entre 8 et 20 % des cas de cancer du poumon seraient attribuables à l'exposition professionnelle.

M.M. Finkelstein[16] a étudié les cas d'amiantoses indemnisés en Ontario. Sur 32 dossiers étudiés présentant un cancer du poumon, 30 ont au moins 10 ans d'exposition professionnelle à l'amiante. Cependant: sur ces 30 hommes potentiellement indemnisables, seulement 12 l'ont été, soit 20 %. L'auteur ajoute qu'en Ontario, moins de 50 % des personnes mourant d'un cancer relié à l'amiante sont indemnisées.

D'autres chercheurs, M.C. Barroetavena, K. Teschke et D.V. Bates[17]) ont analysé, en les combinant, des expériences appartenant à des pays assez différents, soit l'Australie (New South Wales) et la Colombie-Britannique au Canada pour arriver à la conclusion que la sous-reconnaissance des cancers du poumon y est comparable. Selon ces chercheurs, le risque d'induction du cancer du poumon suite à l'exposition à l'amiante est généralement considéré comme étant le double du risque d'induction du mésothéliome:

- en Colombie-Britannique, les auteurs estiment à 10 % le nombre des cas prévus de cancer du poumon effectivement reconnus à des fins d'indemnisation, soit 25 cas sur les 240 prévus;
- en Australie, on rapporte 88 cas de cancer du poumon indemnisés contre les 888 cas prévus.

Selon les auteurs Doll et Peto cités plus haut, environ 15 % des cancers du poumon résulteraient d'une exposition professionnelle, les estimations de ces auteurs sont pourtant considérées conservatrices.

En 1991, P. Vineis et L. Simonato[18] ont effectué une analyse systémique pour évaluer et comparer les résultats d'études portant sur le cancer du poumon et de la vessie faites dans plusieurs pays. Selon leur évaluation, la proportion du cancer du poumon attribuable à l'exposition professionnelle varie entre 1 et 40 %. Cet écart très considérable s'explique par le fait que la proportion du cancer du poumon attribuable à l'exposition professionnelle peut être très élevée parmi une population sélectionnée résidant dans un endroit spécifique, et être très basse dans une autre population donnée.

Selon Vineis et Simonato:

- entre 2 et 24 % des cancers de la vessie seraient attribuables à l'exposition professionnelle;
- pour Doll et Peto, il est question de 10 %.

Ces résultats appliqués aux données du fichier des tumeurs du Québec, soit 1694 nouveaux cas de cancer de la vessie en 1999 donneraient 161 nouveaux cas de cancer de la vessie dus à l'exposition professionnelle. Or, la CSST en a reconnu trois entre 1996 et 2001.

Dans une étude effectuée par P. Boffeta et M. Kogevinas[19] les chercheurs concluent qu'en Europe, l'exposition professionnelle est responsable de :

- 13 à 18 % des cancers du poumon ;
- 2 à 10 % des cancers de la vessie et ;
- 2 à 8 % des cancers laryngés chez l'homme.

T. Skov et al.[20], des chercheurs danois, montrent que la sous-reconnaissance des mésothéliomes et des adénocarcinomes nasaux est d'environ 50 %. Ces deux exemples sont pourtant des cas classiques de cancer rare apparaissant presque exclusivement parmi les personnes ayant eu une exposition professionnelle particulière : le mésothéliome étant étroitement lié à l'amiante et l'adénocarcinome nasal à la poussière de bois. Selon les données nationales danoises sur le cancer, un total de 48 mésothéliomes et de 10 adénocarcinomes nasaux ont été diagnostiqués dans ce pays en 1985. Cependant, seulement 22 mésothéliomes et 6 adénocarcinomes ont été rapportés dans les données d'indemnisation.

Ces données indiquent une sous-reconnaissance des cancers professionnels de l'ordre de 50 %, néanmoins, par rapport à ce que nous avons observé jusqu'ici, ce résultat semble moins éloigné de la réalité. Dans l'étude signée par les chercheurs T. Skov, S. Mikkelsen, O. Svane et E. Lynge[21] résumée par les deux tableaux ci-après, on remarque à peu près la même expérience.

Dans une autre étude, datant de 1992 cette fois, Skov et al.[22], les auteurs, s'interrogent sur la validité des diagnostics posés par les médecins. Si le diagnostic du mésothéliome et de l'adénocarcinome nasal, deux cancers professionnels bien connus, mènent à si peu d'intérêt pour l'historique de l'exposition du patient de la part du médecin, ces chercheurs se posent de sérieuses questions sur l'état des choses lorsqu'il s'agit de maladies qui ne sont pas associées hors de tout doute à une exposition professionnelle, comme c'est le cas par exemple du cancer du poumon.

Tableau 5.18 – Mésothéliomes et adénocarcinomes chez les hommes, rapportés par le ministère du Travail et par la Commission nationale des accidents du travail du Danemark, de 1983 à 1987

TYPES DE CANCER	CAS RAPPORTÉS	CAS NON RAPPORTÉS	TOTAL	ESTIMATION DU NOMBRE DE CAS DUS À L'E.P.
Mésothéliomes (plèvre)	78	100	178	142
Adénocarcinomes (sinus)	11	18	29	20
TOTAL	89	118	207	162

Tableau 5.19 - Mésothéliomes et adénocarcinomes chez les hommes selon l'âge des patients, rapportés par le ministère du Travail et par la Commission nationale des accidents du travail du Danemark, de 1983 à 1987

ÂGE AU DIAGNOSTIC	CAS RAPPORTÉS	CAS NON RAPPORTÉS	% RAPPORTÉS	ESTIMATION DU NOMBRE DE CAS DUS À L'E.P.
20-39 ans	7	2	22	9
40-64 ans	50	51	50	101
>65 ans	119	39	25	158
TOTAL	176	92	34	268

En Finlande, le cas du cancer de la plèvre et du péritoine nous semble particulièrement intéressant. En effet, l'étude de A. Karjalainen et al.[23], dont les principales données quantifiées apparaissent dans le tableau 5.20, montre une évolution très rapide des cas indemnisés dans ce pays.

Ainsi, en l'espace de trois ans, le pourcentage des cas de cancer indemnisés a doublé ou presque pour ces deux causes de maladie. Il importe de le souligner: ce résultat n'est pas le fruit du hasard. En effet, une campagne d'information à l'échelle nationale a été entreprise pour améliorer les diagnostics des maladies professionnelles reliées à l'amiante durant les années 1987 à 1992.

Tableau 5.20 – Cas de cancer de la plèvre et du péritoine chez les hommes, rapportés par le registre du cancer et celui des maladies professionnelles de Finlande et fraction des cas dus à l'exposition professionnelle, de 1990 à 1992 et de 1993 à 1995

	REGISTRE FINLANDAIS DU CANCER	REGISTRE FINLANDAIS DES MALADIES PROFESSIONNELLES	POURCENTAGE DES CAS DUS À L'E.P.
1990-1992			
PLÈVRE	98	44	45
PÉRITOINE	7	2	29
1993-1995			
PLÈVRE	89	80	90
PÉRITOINE	12	6	50

Tableau 5.21 - Incidence des cancers et des pneumoconioses dus à l'exposition professionnelle selon les auteurs

AUTEUR PAYS / ÉTATS	NOMBRE DE CAS	ESTIMATION DES CAS DUS À L'E.P. % / NOMBRE	CAS INDEMNISÉS % / NOMBRE
Bang É.-U.	1,348,277 cancers (c.) tous sièges	6-10 / 80,897-134,828	- / -
	176,929 c. poumon	10 / 17,693	- / -
	314,363 c. prostate	1 / 3,146	- / -
	25,723 c. leucémie	7 / 1,801	- / -
	52,879 c. vessie	7 / 3,702	- / -
	37,994 c. peau	6 / 2,280	- / -
Teschke et al., C.B.	56,247 c. tous sièges	2-8 / 1,125-4,500	0,19 / 107
	196 c. plèvre	47-76 / 92-149	36,7 / 71
	11,118 c. poumon	3-17 / 334-1,890	0,15 / 17
	2,762 c. vessie	6-21 / 166-580	0,33 / 9
	120 c. voies resp.	12-19 / 14-23	0 / 0
Ontario	151,693 c. tous sièges	2-8 / 3,034-12,135	0,24 / 360
	316 c. plèvre	47-76 / 149-240	24,7 / 78
	31,368 c. poumon	3-17 / 941-5,333	0,76 / 239
	11,047 c. vessie	8-21 / 884-2,320	0,04 / 4
	356 c. voies resp.	12-19 / 43-68	3,37 / 12
Boffeta et al., Europe	Cancers du poumon	13-18 /	
	Cancers de la vessie	2-10 /	
	Cancers laryngés chez l'homme	2-8 /	
Siemiatycki et al. Québec	Cancers du poumon, chez l'homme 35-70 ans	8-20 /	
Finkelstein Ontario	30 hommes – 10 ans d'E.P. à l'amiante	100 / 30	20 / 12
Skov et al. Danemark 1985	48 mésothéliomes	100 / 48	50 / 22
	10 adénocarcinomes	100 / 50	50 / 6
Skov et al. Danemark 1983-1987	178 mésothéliomes	80 / 142	44 / 78
	29 adénocarcinomes	70 / 20	38 / 11
Karjalainem et al. Finlande 1990-1992	98 cancers de la plèvre	100 / 98	45 / 44
	7 cancers du péritoine	100 / 7	29 / 2
Karjalainem et al. Finlande 1993-1995	89 cancers de la plèvre	100 / 89	90 / 80
	12 cancers du péritoine	100 / 12	50 / 6

Tableau 5.22 - Décès par cancer et pneumoconiose dus à une exposition professionnelle selon les auteurs

AUTEUR PAYS / ÉTATS	NOMBRE DE CAS	ESTIMATION (E.P.) % / NOMBRE	CAS INDEMNISÉS % / NOMBRE
Dole et Peto É.-U.	Tous les cancers (c.)	4 /	- / -
Markowitz et al. É.-U., N.Y	37,081 c. tous sièges	10 / 3,708	0,0001 / 3
	25 pneumoconioses	100 / 25	100 / 34
	4,104 mal. resp. chron.	1-3 / 41-123	0,001 / 3
	91,213 maladies card., rén. et troubles neuro.	1-3 / 912-2736	0,002 / 176
	34,631 autres cond.		0,0005 / 17
	167,054 décès (total)	- / 4686-6592	0,0014 / 233
Miller Canada	65,000 cancers	9 / 5800	
Cullen et al. Canada	132,100 cancers	4-10 / 5285-3210	
Gaffuri Italie		2 / 2600	- / 22
France		4 / 6000	0 / 101
Allemagne			0 / 291
Suède		2 / 700	
Bang É.-U.	554,302 c. tous sièges	6-10 / 33 018-55 030	
	158,636 c. poumon	10 / 15 864	
	41,069 c. prostate	1 / 411	
	19,572 c. leucémie	7 / 1370	
	11,606 c. vessie	7 / 812	
	6,242 c. peau	6 / 434	

Il s'agissait pour les autorités de s'assurer qu'une évaluation systématique de l'exposition professionnelle soit faite par les médecins dans tous les cas de cancer pulmonaire suspectés être reliés à l'amiante. Pour les fins de ce programme, un « guidebook » a été préparé, une formation ainsi qu'une campagne d'information à l'échelle nationale ont été réalisées.

Ce programme de sensibilisation à la problématique de la reconnaissance de certaines maladies professionnelles peut expliquer, du moins en partie, pourquoi le taux de reconnaissance des cancers professionnels s'est tellement amélioré durant les années subséquentes.

5.3 Résumé des études épidémiologiques

Il peut apparaître aride de saisir de façon synthétique l'essentiel des informations contenues dans les études épidémiologiques variées tant dans la forme que dans le contenu que nous venons de citer. Le but poursuivi par la présentation des deux tableaux ci-après est justement d'aligner les principales données de manière à ce que le lecteur puisse y déceler l'information qui l'intéresse en particulier.

Le tableau 5.21 reprend les principales données chiffrées se rapportant à l'incidence des cancers et des pneumoconioses dus à l'exposition professionnelle. Le tableau 5.22 fait de même pour les cas de décès.

Pour tous les auteurs considérés, l'examen des tableaux nous permet de résumer l'essentiel de l'information comme suit :

- pour tous les cancers ou pour l'ensemble des sièges de la maladie, le pourcentage de cas estimés être dus à l'exposition professionnelle varie de 2 à 10 %, seulement une infime proportion fait effectivement l'objet d'une reconnaissance par les institutions dédiées à l'indemnisation des maladies professionnelles ;
- pour tous les cas de décès par cancer ou pour l'ensemble des sièges de la maladie, le pourcentage de cas estimés être dus à l'exposition professionnelle varie de 6 à 10 %, seulement une très petite proportion fait effectivement l'objet d'une reconnaissance par les institutions dédiées à l'indemnisation des maladies professionnelles ;
- alors que 100 % des pneumoconioses sont réputées être dues à l'exposition professionnelle, le taux de reconnaissance à des fins d'indemnisation varie de 20 à 100 % ;
- le cancer du poumon devrait, selon les estimations, être le fait de l'exposition professionnelle dans une proportion variant de 2 à 7 % dans les cas les plus bas, à une proportion de 8 à 20 % dans les cas les plus élevés, le taux de reconnaissance varie, dans les deux seuls cas où il est donné, de 0,15 à 0,76 % ;
- un auteur s'est intéressé au cancer de la prostate, de la peau et à la leucémie, il estime que respectivement 1, 6 et 7 % des cas sont liés à l'exposition professionnelle ;
- l'exposition professionnelle vaudrait pour un taux variant d'un écart de 2 à 10 % à un écart de 6 à 21 % des cancers de la vessie, le taux de reconnaissance pour sa part varie de 0,04 0,33 % ;

- dans le cas de la plèvre, l'estimation va d'un écart de 47 à 76 % à un taux de 100 %, entre 26 et 45 % des cas sont reconnus ;
- il est estimé qu'entre 12 et 19 % des cancers des voies respiratoires seraient dus à l'exposition professionnelle, cependant, le taux de reconnaissance varie entre 0 % et 3,37 % seulement ;
- pour 80 et 100 % des cas, le mésothéliome est réputé être d'origine professionnelle, il est reconnu comme tel dans 44 à 50 % des cas ;
- il en va de même pour l'adénocarcinome, entre 70 et 100 % seraient d'origine professionnelle, entre 6 et 38 % sont reconnus comme tel ;
- enfin, 100 % des cancers du péritoine seraient des maladies professionnelles, entre 29 et 50 % donnent lieu à une indemnisation.

5.4 La problématique *ergocindynique* des maladies professionnelles

Il ressort de notre revue de littérature que les pneumoconioses et les cancers résultant d'une exposition professionnelle souffrent indiscutablement de sous-reconnaissance aussi bien que de sous-déclaration.

L'écart entre le nombre de maladies et de décès dus à l'exposition professionnelle tel qu'estimé par des scientifiques occidentaux d'une part, le nombre de maladies professionnelles et de décès consécutifs à ces maladies indemnisés par la CSST d'autre part, est à ce point considérable qu'il apparaît invraisemblable, voire insensé.

À moins de nager dans un univers d'invraisemblance, de confusion et d'absurdité, force est d'admettre que, de deux choses l'une :

- ou bien les estimations des dizaines de scientifiques qui se sont intéressés à la question de l'existence et de la reconnaissance effective des maladies professionnelles par les régimes d'indemnisation sont fantaisistes ;
- ou bien les systèmes occidentaux, notamment le système québécois de reconnaissance effective des maladies professionnelles à des fins d'indemnisation, sont largement inefficients.

Il n'est pourtant pas dans l'intérêt des sociétés, ni de leurs représentants autorisés, ni des institutions responsables, non plus que des professionnels de la santé, de masquer la réalité ou de fausser les données relatives aux causes et à l'origine des maladies. En serait-il autrement lorsqu'il s'agit de lésions professionnelles ?

Ce n'est pas davantage le propre des scientifiques d'illusionner le monde en échafaudant des prétentions fantaisistes, invraisemblables et absurdes. Suivant les règles les plus élémentaires des méthodes scientifiques, si un fait est révélé par un seul et unique résultat d'étude, nous pouvons peut-être rejeter ce constat, surtout s'il est fondé sur des estimations. Mais si plusieurs autres résultats viennent confirmer cette démarche dont la seule prétention est de donner un ordre de grandeur à des réalités sociales spécifiques et si au surplus, aucune recherche de même nature ne vient mettre en doute les résultats non plus que la méthodologie, et bien là, il faut se poser de très sérieuses questions.

Une multitude de facteurs peuvent contribuer à expliquer ce phénomène, notre analyse repose :

- sur ce qui est reconnu par les spécialistes comme étant les causes premières de ce déficit historique ;
- sur la présentation des problèmes mis en priorité par la CSST et le directeur national de la santé publique du Québec.

Sur ces bases, nous tentons de comprendre les facteurs d'explications historiques et systémiques de l'évolution du système de déclaration et de reconnaissance des maladies professionnelles par les professionnels et les instances décisionnelles concernées et ainsi faire écho aux acquis de la science du danger appliquée au travail, l'*ergocindynique.*

5.4.1 Des explications valables mais insuffisantes

Les explications généralement reconnues par les spécialistes, ceux-la mêmes qui ont établi l'écart entre la réalité des maladies professionnelles et la sous-reconnaissance de cette réalité par les régimes d'indemnisation, sont tout à fait valables, elles ne font d'ailleurs l'objet d'aucune contestation dans les milieux universitaires et scientifiques en général.

Nous reprenons à notre compte ces explications à partir desquelles nous ajoutons des éléments de questionnement de nature systémique pour ainsi faire ressortir la complexité des faits et donner une explication plus complète et *ergocindynique* des phénomènes.

Le temps de latence: Les maladies professionnelles se développent de façon très subtile, insidieuse et à la faveur d'un temps de latence très important en longueur et en potentiel d'oubli. Il ne faut donc pas s'étonner si la signature de l'exposition professionnelle échappe fréquemment aux médecins.

Les cancers d'origine professionnelle par exemple sont relativement faciles à identifier lorsqu'ils surviennent durant les années actives au cours desquelles l'exposition du travailleur se poursuit. Les tentatives d'établir un rapport entre un cancer survenant chez un individu retraité et son exposition professionnelle antérieure sont relativement rares, d'autant plus que ces données sont difficilement accessibles 30 ou 40 ans après le fait.

Pour que le temps de latence ne joue pas contre la personne qui a contracté le germe d'une maladie grave ou mortelle en début de carrière, il faudrait que cette maladie ait été reconnue à l'époque, qu'elle ait fait l'objet d'une information rigoureuse et répétée, que le danger de maladie soit inscrit dans des registres publics accessibles, etc. Or la reconnaissance des faits relatifs aux maladies professionnelles ne passe pas par une méthode *cindynique* appliquée dans les entreprises et les instances de santé publique et elle ne jouit pas d'une gestion du danger fondée sur le principe de précaution. Au contraire, cette reconnaissance passe par un mécanisme médico-légal dont les enjeux politiques et économiques sont majeurs pour les entreprises.

L'approche n'en est pas une de santé publique orientée vers l'identification précoce, la prévention et le soin des malades, mais plutôt une approche orientée vers la recherche de fautifs et de coupables. Ainsi, le principe du droit à l'indemnisation sans égard à la faute ne vaut que dans la mesure ou le payeur de l'assurance du risque professionnel a été identifié. Pour éviter de ternir leur image de bons citoyens corporatifs et de payer des primes élevées à la CSST, les entreprises se défendent comme si elles étaient accusées de crime contre les personnes en cause.

Alors que 30 ou 40 ans après l'exposition, la reconnaissance d'un lien de cause à effet entre cette exposition et une maladie exige des conditions extrêmement favorables. Le système ne comporte à peu près aucune de ces conditions, au contraire, il place l'individu malade devant un pouvoir considérable dont l'intérêt le pousse à utiliser tous les moyens disponibles pour nier ou relativiser ce lien porteur d'accusations politiquement et économiquement coûteuses.

La multicausalité: Ce facteur joue aussi un rôle important dans la non-reconnaissance des maladies professionnelles. Le cancer du poumon par exemple est une maladie dite multifactorielle, le tabagisme étant considéré la cause principale, l'exposition professionnelle la cause secondaire. Il n'est pas étonnant alors que ce type de cancer professionnel confonde les médecins et même les porteurs de la maladie eux-mêmes.

Le système étant orienté vers la reconnaissance des problèmes à caractère unifactoriel, il en résulte que le doute qu'il est généralement possible de soulever, sinon toujours, sur l'étiologie des maladies professionnelles, joue au détriment des personnes qui ont contracté ces maladies. À la limite, la contribution du travail à la survenue d'une multitude de maladies peut être niée, négligée ou portée à la charge d'autres facteurs. En pareil cas, le principe d'imputabilité ne joue pas en faveur de la prévention, la confusion s'installe à demeure et les problèmes s'aggravent.

Dans tous les cas où il est question de problématiques à caractère multifactoriel, une approche de santé publique s'impose; de plus, la recherche scientifique indépendante devrait être le moyen à privilégier pour déterminer la part de responsabilité et l'imputation conséquente des entreprises, des individus et de la société.

En l'absence d'un tel mécanisme, le nombre de victimes augmente sans cesse et ni la société, ni les entreprises, ni les individus sont en mesure d'agir adéquatement. Combien d'hospitalisations pourraient être évitées ou raccourcies si la connaissance primait sur l'ignorance, si le système visait effectivement l'identification et l'élimination des dangers à la source ?

La formation médicale insuffisante: Ce facteur semble bien être l'un des plus importants, la formation médicale insuffisante est mentionnée par la plupart des analystes. Selon Gaffuri, les médecins généralistes ignorent les causes des maladies professionnelles. Les questionnaires des hôpitaux, faut-il le souligner, comportent très peu de questions sur l'exposition professionnelle, de plus, ces questions sont trop vagues pour permettre à un médecin généraliste d'établir les liens pouvant exister entre la maladie et la profession.

Bien sûr que des carences dans la formation médicale et l'organisation des soins de santé sont des facteurs explicatifs de la sous-déclaration et de la sous-reconnaissance des maladies professionnelles, bien sûr qu'il pourrait en être autrement, mais dans quelle mesure ? La médecine et les soins médicaux ne pourront jamais suppléer les carences d'un système peu orienté vers la prévention, d'un système qui laisse entrer sur le marché du travail des milliers de produits ou de combinaisons de produits et de conditions de travail dangereuses pour la santé.

Il serait regrettable et inopportun de mettre trop d'emphase sur un des acteurs concernés, fut-il extrêmement important ; la *cindynique* nous apprend qu'il faut considérer toute contribution individuelle comme étant fonction de l'ensemble des acteurs concernés.

Le contexte légal restrictif: Selon le docteur Jules Brodeur, ex-directeur du département de toxicologie de l'Université de Montréal, le contexte légal constitue nettement le facteur le plus important. Pour sa part, le professeur Michel Gérin de cette même université, considère que le caractère restrictif des critères d'imputation de l'origine professionnelle des maladies joue un rôle important dans la sous-reconnaissance de ces maladies. Selon lui, le tableau des maladies professionnelles ne couvre qu'une partie des pathologies reconnues et qu'une partie également des travailleurs concernés selon leur statut socioprofessionnel.

La reconnaissance scientifique complexe: Malgré toute la rigueur qui le caractérise, le scientifique est lui aussi confronté à la complexité engendrée par la multiplicité des facteurs, par l'incertitude quant aux propriétés cancérogènes de certains produits, par la pondération des facteurs de risques professionnels et non professionnels. Dans la mesure ou le scientifique est souvent sollicité pour établir les critères d'imputation, ce facteur est intimement lié au précédent.

La propension des travailleurs à ne pas se prévaloir du droit à l'indemnisation: Les données collectées par Finkelstein dans le cadre de l'étude effectuée auprès des travailleurs ontariens semblent bien confirmer ce fait : alors qu'ils étaient tous en droit de procéder à une demande de reconnaissance de leur droit à l'indemnisation, moins de la moitié des travailleurs ayant contracté un cancer relié à l'amiante s'était prévalu de ce droit.

Parmi les raisons pouvant expliquer ce fait, il faut noter l'ignorance, tant des médecins que des travailleurs, des liens potentiels qui existent entre la maladie et le travail. Finkelstein l'a montré : presque tous les travailleurs ontariens, les isolateurs ayant contracté un mésothéliome ont demandé et obtenu des indemnités ; par comparaison, moins de 50 % des travailleurs ayant contracté les autres cancers reliés à l'amiante ont bénéficié de ce droit.

Dans le cas des isolateurs, le taux de reconnaissance est à peu de chose près égal à ce que prévoient les estimations des scientifiques. Ce score exceptionnel serait dû à deux facteurs : la notoriété de la maladie suite à la grande quantité d'informations diffusées sur le sujet et le peu d'autres agents connus pouvant engendrer cette maladie.

En somme, nous disent les analystes compétents, lorsqu'il s'agit de substances toxiques, quand l'exposition a eu lieu longtemps avant l'apparition de la maladie, alors que personne n'a mesuré le niveau de présence des produits toxiques dans l'environnement du travailleur et que, de plus, cette substance exerce des effets similaires à ceux des maladies communes dans la population, et bien alors, les risques de sous-reconnaissance et de sous-déclaration sont évidemment considérables.

Ajoutons que dans ce contexte, il devient facile de pratiquer à outrance le conformisme légal, la contre-expertise professionnelle et les tracasseries administratives. Nous avons vu que là où les autorités optent pour des stratégies de sensibilisation, d'information et de formation des divers acteurs concernés, les résultats sont radicalement différents.

5.4.2 Des questions sans réponse

Le programme national de santé publique 2003-2012[24] du gouvernement québécois comporte un chapitre consacré à la santé en milieu de travail. Le document rappelle d'abord que la CSST, maître d'œuvre du régime québécois chargé d'assurer la santé et la sécurité des travailleuses et des travailleurs, confie par contrat aux Régies régionales de la santé et des services sociaux un mandat spécifique en matière de santé publique. Avant de présenter son plan d'action, le directeur national de la santé publique fait la liste des problèmes visés par les interventions prioritaires déterminées par la CSST.

Par comparaison avec les données de la CSST portant sur les maladies professionnelles, ce document est d'une limpidité remarquable, il n'en pose pas moins des questions d'une gravité certaine, des questions qui rejoignent celles posées par les épidémiologistes et dont nous avons rendu compte dans notre revue de littérature.

Le résumé de la publication gouvernementale nous éclaire sur la prévalence de certaines lésions professionnelles et nous amène parfois à poser des questions qui elles, demeurent sans réponse:

- les lésions musculo-squelettiques sont la cause principale d'incapacité dans la population québécoise. Au cours d'une période de 12 mois, un travailleur sur quatre déclare des douleurs importantes et incapacitantes au bas du dos et un sur cinq aux membres supérieurs. Plus de la moitié de ces douleurs sont perçues comme étant reliées entièrement ou en partie au travail. En 2000, la CSST a versé des indemnisations à plus de 140 000 accidentés affectés par des lésions musculo-squelettiques, soit environ la moitié des journées de travail indemnisées par la commission:
  - sachant que près de 2 800 000 travailleuses et travailleurs sont couverts par le régime québécois d'indemnisation des lésions professionnelles, doit-on comprendre que sur les 700 000 personnes et plus présentant des troubles musculo-squelettiques, la moitié, environ 350 000 personnes, souffre de lésions entièrement ou partiellement reliées au travail; il serait intéressant de connaître dans quelle mesure le principe d'imputabilité pourrait être appliqué pour les 210 000 cas qui n'apparaissent pas dans les statistiques de la CSST?
  - doit-on plutôt comprendre que le principe d'imputabilité n'est pas appliqué dès lors qu'il est possible de trouver qu'un facteur autre que le travail a pu contribuer à la lésion?

- la bérylliose, associée à la fabrication de tubes fluorescents dans les années 40, cette maladie avait disparue dans sa forme chronique suite à l'application d'une norme américaine. À la suite d'expositions prolongées ou répétitives, des cas de bérylliose chronique ont été identifiés au Québec vers la fin de 1998 et le début de 1999, sachant que pour les autres catégories de lésions, le document mentionne le nombre de cas reconnus par la commission, le fait qu'ici on ne le dise pas nous amène à poser des questions:
  - ces cas ont-ils été découverts par la CSST ou référés à cette dernière ?
  - ces cas ont-ils donné lieu à une demande et à une reconnaissance du droit à l'indemnisation ?
- la silicose: entre 1988 et 1997, 298 travailleurs provenant principalement des secteurs miniers (40 %), des fonderies (21 %) et du travail de la pierre (10 %) ont été reconnus atteints d'une silicose par la CSST;
- des cas de silicose accélérée ont été répertoriés: ces cas se présentent chez des travailleurs plus jeunes et ayant été exposés moins longtemps à la silice. La silicose est fortement associée au procédé d'abrasion par jet de sable:
  - puisqu'on ne donne pas le nombre de cas reconnus à des fins d'indemnisation, doit-on comprendre que ces cas entrent dans la définition de la silicose ou bien qu'ils ne sont pas reconnus par l'institution chargée de les indemniser ?
- l'amiantose et certains cancers pulmonaires dont le mésothéliome sont des maladies reliées à l'amiante. Entre 1988 et 1997, la CSST a reconnu 378 cas d'amiantose, 209 cancers pulmonaires et 191 mésothéliomes, associés à 691 travailleurs provenant principalement des secteurs suivants: la construction, la réparation et l'entretien de structures et de produits contenant de l'amiante, les mines et la transformation de l'amiante;
- l'asthme professionnel est considéré comme étant la maladie pulmonaire la plus fréquente dans les pays industrialisés, on évalue que 15 % des cas d'asthme seraient d'origine professionnelle. L'asthme, dont la prévalence est de 5 % dans la population québécoise est associé à l'exposition à des agents sensibilisants comme les isocyanates, la farine et les protéines de crustacés qui seraient à l'origine de nombreux cas d'asthme professionnel au Québec:
  - l'asthme professionnel n'apparaît pas dans les statistiques qui nous ont été fournies par la CSST concernant les maladies professionnelles et le document gouvernemental ne mentionne pas le nombre de cas de cette maladie indemnisés par l'institution;
  - pour le Canada, le taux de prévalence de l'asthme dans la population de 12 ans et plus est de 8,4 %, au Québec il est de 8,7 %[25]. Un taux de 5 % appliqué aux travailleuses et aux travailleurs couverts par la CSST apparaît pour le moins conservateur. Or, 5 % des 2 877 400 personnes concernées font ou feraient 143 870 cas d'asthme, dont 15 % seraient dus à l'exposition professionnelle, soit 21 580 cas, mais combien sont indemnisés ? Où sont-ils classés ?

- des intoxications en milieu de travail surviennent fréquemment, peut-on lire dans le document. Résultant de l'exposition à l'oxyde de carbone, à l'hydrogène sulfuré, à certains gaz irritants comme l'ammoniac, le dioxyde de soufre et les oxydes d'azote, ces intoxications sont la cause d'atteintes permanentes sévères, d'hospitalisations et parfois même de décès. Pour donner une indication de la gravité de ces intoxications, le document rappelle qu'une moyenne de 10 cas d'intoxication à l'oxyde de carbone sont traités annuellement au Québec. D'autres contaminants, à caractère plus insidieux, mais dont les conséquences sont loin d'être négligeables, sont reliées aux pesticides, aux solvants organiques et au plomb. *«L'absence ou l'inefficacité des mesures de contrôle et de gestion des contaminants utilisés ou générés en milieu de travail compte parmi les principaux facteurs qui contribuent aux intoxications professionnelles, notamment lors de l'utilisation des pesticides et de solvants organiques»*[26]:
  - suivant les estimations du professeur Michel Gérin, 7000 nouveaux cas d'intoxication surviennent annuellement au Québec, les intoxications seraient à l'origine de 1500 à 2000 décès par année, se peut-il que le nombre de cas indemnisés soit si peu significatif qu'il ne mérite pas de mention spécifique ?
  - incidemment, la catégorie *Intoxication* n'apparaît pas dans la liste des maladies fournie par la CSST, de plus, comment comprendre qu'il y ait une ligne intitulée *Autres intoxications ou effets toxiques* dans laquelle on trouve une moyenne annuelle de 20 cas ?
- les maladies infectieuses d'origine professionnelle: la fréquence des expositions professionnelles au sang et autres liquides biologiques est très mal connue, constate le directeur national de santé publique. *«Comme plusieurs de ces expositions n'entraînent pas d'absentéisme au travail, ajoute-t-il, elles ne sont pas toujours rapportées et incluses dans les statistiques de la CSST»*[27]. Des données viennent appuyer ce constat:
  - un projet a permis de comptabiliser 5641 expositions au sang et autres liquides biologiques parmi les travailleurs de la santé de 16 centres hospitaliers de courte durée sur une période de cinq ans;
  - le service de consultation pour la prophylaxie postexposition de la région de Montréal-Centre a évalué, au cours d'une période de trois ans, 1445 personnes exposées accidentellement au sang et autres liquides biologiques. Près de 80 % de ces expositions étaient d'origine professionnelle;
  - entre 1995 et 2000, suite à des expositions accidentelles au mycobactérium tuberculosis, 123 réclamations ont été acceptées par la CSST;
  - des données préliminaires de la CSST mentionnent que 138 et 202 accidents de travail relatifs à des expositions à des agents biologiques ont été rapportés en 1999 et en 2000. Environ 70 % de ces cas sont des contacts potentiels avec le virus du sida:
    - nous savons que des milliers de personnes ont été exposées accidentellement à du sang et à d'autres liquides biologiques, mais combien sur ce nombre ont subi des lésions professionnelles indemnisées ou pas ?

   - le document utilise le vocable *accident du travail* pour parler des 138 et 202 cas relatifs à des expositions à des agents biologiques rapportés en 1999 et en 2000 ; faut-il comprendre que des cas ou des travailleuses et des travailleurs auraient contracté le virus du sida seraient classés parmi les accidents du travail ?
- les substances cancérogènes: C'est le cas de plusieurs substances présentes en milieu de travail tels que l'arsenic, le cadmium, l'amiante, le chrome, le nickel et ses composés, les fumées d'hydrocarbure, etc. Toutes les substances reconnues internationalement comme cancérogènes ne sont cependant pas notifiées comme telles dans la réglementation québécoise. Le document cite à ce sujet des études comportant des estimations :
  - 5 à 40 % des cancers diagnostiqués selon leur étiologie seraient d'origine professionnelle ;
  - les cancers des voies respiratoires sont les plus fréquents en termes de décès :
    - suite à la revue de littérature présentée ci-devant, nous ne sommes pas du tout étonnés d'apprendre que le directeur national de la santé publique prête foi aux estimations des épidémiologistes en cette matière ;
    - mais combien de travailleuses et de travailleurs encore en fonction ou retirés du marché du travail ont contracté une ou des maladies du travail ?
    - dans le cas du cancer, nous pouvons tenter une estimation : en 2000, la CSST a reconnu 34 cas de cancer professionnel, soit 0,01 % des 31 000 cas de la maladie[28]; les estimations des scientifiques sont à l'effet qu'il devrait y en avoir entre 2 et 10 %, soit entre 620 et 3100 nouveaux cas dus à l'exposition professionnelle. Quant aux décès en 1998, les 46 cas indemnisés représentent 0,01 % des 16 360 cas; suivant les estimations des épidémiologistes, on devrait en compter de 6 à 10 % du total, soit entre 980 et 1636 ;
    - qu'en est-il du principe d'imputabilité pour les cas non reconnus ? Qu'en est-il du principe d'incitation à la prévention dans tous les cas ou les coûts sont imputés à l'État et aux individus qui ont contracté les maladies en question ?
- la surdité professionnelle constitue la seconde maladie professionnelle en nombre de cas, environ 1000 sont indemnisés annuellement par la CSST. D'autres données ajoutent à ce chiffre :
  - environ 500 000 travailleurs seraient exposés à des niveaux nocifs de bruit, donc susceptibles de développer une surdité ;
  - 20 % des cas de surdité chez l'adulte seraient attribuables à des bruits en milieu de travail ;
  - la surdité pourrait survenir à la suite d'une brève exposition ;
  - nous ne disposons pas du nombre de cas de surdité existant dans la population québécoise, nous savons toutefois que[29]:
    - 7 % de la population adulte présente un certain degré de surdité ;
    - appliqué aux travailleurs couverts par la CSST, ce pourcentage donnerait un total de 201 418 personnes ;

    - si on applique à ce nombre le 20% estimé par le directeur de la santé publique, nous obtenons 40 284 cas de surdité parmi les travailleuses et les travailleurs québécois. Il ne s'agit pas ici d'une estimation scientifique mais bien d'un indicateur approximatif qu'il nous faut utiliser faute de sources plus significatives;

- le document rappelle que les travailleuses enceintes ou qui allaitent, exposées à des conditions non ergonomiques telles que la station debout prolongée, le port de charges lourdes, des efforts physiques, etc., peuvent être affectées de diverses façons: naissances prématurées, retards de croissance, avortements et «mortinaissances». L'exposition à des agents physiques, biologiques et chimiques est également de nature à compromettre gravement la santé de l'enfant à naître, de l'enfant allaité et celle de la mère:
  - nous savons que de nombreuses femmes sont retirées du travail pour des raisons de protection de la mère et de l'enfant à naître, mais combien contractent quand même des maladies et combien parmi elles sont indemnisées?
- les problèmes en émergence: il s'agit de problèmes qui ne sont pas visés par les interventions prioritaires déterminées par la CSST, mais qui, du point de vue de la santé publique, méritent d'être mieux documentés. Le stress généré par le travail vient au premier rang, il est à l'origine ou contribue à plusieurs affections:
  - les maladies cardiovasculaires, toutes causes confondues, constituent la principale cause de décès au Canada avec 37%, elle est également la principale cause d'incapacité et de maladie, étant responsable du plus grand nombre d'hospitalisation. *«Or, on estime à environ 20% la proportion des maladies cardiovasculaires qui seraient en lien avec l'organisation du travail»*[30]:
    - nous savons qu'au Québec, environ 20 500 personnes meurent annuellement de maladies cardiovasculaires[31]. En appliquant à ce chiffre les valeurs établies par le directeur national de la santé publique, nous obtenons ce qui suit: 20 500 X 37% X 20% = 1517 décès; ce chiffre n'est qu'un indicateur que nous utilisons faute de mieux. Nous n'avons pas la moindre idée du nombre de ces décès qui ont fait l'objet d'une demande d'indemnisation, encore moins du nombre de ceux qui ont été ou qui auraient du être indemnisés;
  - les problèmes de santé mentale attribuables au travail, peut-on lire dans le document, sont passés de 7 à 13% avec une durée d'absence du travail qui a triplé entre 1987 et 1998;
  - le harcèlement en milieu de travail entraîne des conséquences physiques et psychiques importantes pour ceux et celles qui en sont l'objet: 18% des travailleurs ont déclaré avoir été victimes d'intimidation au travail dans le courant de l'année 1998. Les facteurs organisationnels joueraient un rôle dans l'apparition de ces

problèmes: conflits mal gérés, incompétence managériale, précarité de l'emploi, intensification du travail.

Notre chapitre 6 étant entièrement consacré aux questions de santé mentale, nous aurons l'occasion de revenir sur ces données et de les compléter. Mais comment ne pas ajouter qu'en matière de maladies professionnelles, nous vivons dans un univers occulte, un univers dans lequel prime l'ignorance, une ignorance dont il faut se demander si elle est inéluctable et/ou entretenue par le système en place et par ceux qui le dirigent?

5.4.3 Une approche épistémologique simple héritée du XIXe siècle

Le problème de la sous-déclaration et de la sous-reconnaissance des maladies professionnelles date de très longtemps, c'est le moins que l'on puisse dire. À l'instar des autres régimes occidentaux, le régime québécois d'indemnisation des lésions professionnelles découle de la nécessité de protéger les personnes dont l'intégrité physique était mise en péril par de nouveaux dangers par de nouvelles situations de travail découlant de la révolution industrielle de la fin du XIXe siècle.

Ce n'est pas sans raison que les premières lois utilisaient le vocable accident du travail, sans référence explicite aux maladies professionnelles, pour qualifier les événements dramatiques qui affectaient l'intégrité des travailleuses et des travailleurs, les machines industrielles faisaient d'innombrables victimes, la nature accidentelle des lésions était évidente et le lien entre les blessures et le travail ne faisait aucun doute, voilà ce qu'il est convenu d'appeler une problématique simple.

Même si divers travaux étaient déjà réputés provoquer des atteintes à la santé, le travail minier en particulier, l'urgence allait du coté des blessures accidentelles, beaucoup plus nombreuses, spectaculaires et évidentes. Au cours du XXe siècle, avec le développement et l'utilisation systématique d'une multitude de produits chimiques dans la production industrielle et la fabrication de biens de consommation, le danger d'intoxication, pour ne mentionner que celui-ci, est devenu constant. Ce danger, ajouté à bien d'autres conditions malsaines de travail: bruits excessifs, températures inconfortables, humidité, poussières de toutes natures, radiations, travail répétitif, précarité d'emploi, etc., fait en sorte que les lésions professionnelles ne sont plus essentiellement des blessures accidentelles. Au contraire, les malaises et maladies professionnelles, qu'ils soient physiques ou psychologiques comme nous le verrons dans le prochain chapitre, font bien plus de dommages que les accidents du travail. D'une problématique simple, nous sommes passés à une problématique infiniment plus complexe.

Nos données scientifiques étant essentiellement des estimations, la question n'est pas de connaître avec précision le nombre de travailleuses et de travailleurs qui ont été ou qui sont malades ou décédés après avoir contracté une maladie du travail. Notre but est à la fois moins spécifique et plus fondamental: trouver une explication plausible, articuler une problématique crédible. Nous les chercherons à travers un regard systémique de l'évolution historique de la question.

Pendant un siècle, le régime d'indemnisation est resté axé sur une épistémologie de la simplicité. Comme pour un accident du travail, la maladie professionnelle devait répondre à des critères simples: pour qu'il y ait maladie contractée par le fait et à l'occasion du travail, il fallait qu'une seule et unique cause en soit à l'origine, il fallait et il faut encore que la preuve scientifique du lien étiologique soit évidente et qu'au surplus elle soit exclusive et incontestable.

La réalité étant complexe, exiger une preuve à la fois simple, évidente et sans conteste, correspondait à sombrer dans le simplisme. Nous l'avons vu dans les chapitres précédents: la *culture de simplisme* fait partie des facteurs communs à la survenue des grandes catastrophes; la sous-déclaration et la sous-reconnaissance des maladies du travail pendant un siècle est loin d'être la moindre de ces catastrophes et elle se perpétue malgré les cris d'alarme des épidémiologistes et des toxicologues industriels.

Pendant un siècle, on a essentiellement ramené la reconnaissance des maladies professionnelles à une question scientifique simple: faire le lien de cause à effet entre une maladie spécifique et un individu spécifique, ce qu'il est presque toujours possible de contester. Pendant un siècle, l'approche du cas par cas nous a fait passer à côté de la réalité systémique au dépend des victimes.

Une telle situation est de nature à créer des souffrances inutiles et à priver des personnes du droit incontestable à recevoir des indemnités. De plus, les coûts des conséquences de ces lésions étant assumés par les assurances publiques lorsqu'elles existent, par les individus et leur famille le plus souvent, les entreprises ne sont pas incitées à prévenir ces lésions dans la mesure de leur importance.

Les responsables n'ayant pas eu à assumer les coûts économiques, sociaux et politiques de cette morbidité, ils n'ont pas investi dans la prévention des maladies, ce qui contribue à en faire un problème d'une envergure si considérable qu'on n'ose penser à le solutionner. La règle de l'imputabilité des coûts étant faussée, le système devient anarchique et irresponsable. Une chose nous apparaît certaine: l'économie étant de plus en plus mondialisée, il faudra travailler au plan international, voire mondial, si on veut avoir une chance de le résoudre.

Pendant un siècle, deux mondes ont évolué en parallèle: le monde de la réalité industrielle, de plus en plus complexe et systémique d'une part, le monde de la pratique médicale institutionnalisée et orientée vers le biologique d'autre part. Dans l'univers systémique de l'industrie, on a vu se développer toute la panoplie des produits susceptibles de provoquer des formes d'intoxications chimiques, biologiques, radiologiques et physiques, non réductibles à des facteurs biologiques individuels. Dans l'univers institutionnel, la médecine s'est développée sur la base d'exigences scientifiques jusque-là imperméables aux considérations systémiques et, au surplus, axée sur une stratégie de type médico-légale peu encline à l'ouverture sociale.

Pour leur part, les entreprises et les dirigeants des institutions n'ont eu de cesse d'utiliser tous les moyens scientifiques et légaux pour nier la complexité, pour exploiter le doute inhérent à l'investigation scientifique, pour ramener la reconnaissance des maladies à celles qui découlent d'un fait accidentel et non d'une évolution lente, insidieuse, multifactorielle et non évidente. En d'autres mots, on s'évertue à prendre tous les moyens pour refuser le fait de la complexité, ce qui permettait de repousser aux générations futures l'obligation de s'attaquer à ce problème de société.

L'incapacité ou le refus de composer avec la complexité du réel industriel, une réalité que nous percevons mieux en nous appuyant sur des études scientifiques, particulièrement celles menées par des épidémiologistes dont l'intérêt est davantage collectif qu'individuel, nous place en situation de devoir perpétuer une injustice ou bien de rechercher une solution radicale. Tel est le prix à payer pour ne pas avoir résolu un problème de société au fur et à mesure qu'il se développait, jusqu'à devenir un problème d'envergure historique.

Conclusion

Pour qualifier les aspects non voulus, nuisibles, délétères mais inhérents à la production de biens et de services, les auteurs Pauchant et Mitroff ont développé le concept de contre-production qu'ils définissent ainsi : «*...toute organisation – privée, publique ou gouvernementale – qui crée une production quelconque de biens et de services crée en même temps une contre-production. Cette contre-production est liée paradoxalement à l'effort de production, allant à l'opposé de l'effet escompté, mais est en même temps rigoureusement obligatoire pour la création de cette production*»(32).

Les maladies professionnelles ne sont certes pas voulues par les sociétés, dans tous les pays occidentaux, notamment au Québec, des régimes légaux existent pour contraindre les entreprises à éliminer à la source les causes de lésions professionnelles et pour indemniser les victimes le cas échéant.

Bien que le régime légal québécois soit perfectible, il appert qu'il n'est pas le seul, ni même le principal facteur explicatif de la contre-production que représente la somme des maladies professionnelles qui ne sont pas déclarées ni reconnues par les institutions.

Un régime légal ne vaut que dans la mesure ou une volonté politique ferme et éclairée l'oriente et le met à jour, dans la mesure ou les questions complexes sont reconnues et gérées comme telles, dans la mesure ou une problématique de santé publique est administrée comme telle par l'État, dans la mesure ou le bien-être des travailleuses et des travailleurs ne passe pas par la confirmation préalable de la culpabilité des entreprises avant de donner droit à un milieu de travail sain et à des indemnités justes et raisonnables.

La culture scientifique, la culture des organisations et la culture du management des systèmes complexes présentent des déficits systémiques cindynogènes. En d'autres mots, ce chapitre nous a permis de mettre à jour un phénomène de contre-production aussi catastrophique que navrant. Il s'agit d'un fait de nature systémique, d'une problématique qui exige une réflexion globale afin de déboucher sur des moyens complexes et adaptés.

Bibliographie

(1) Markowitz, S.B., Fisher, E., Fahs, M.C., Shapiro, J. & Landrigan, P.J. Occupational disease in New-York State: a comprehensive examination, American Journal of Industrial Medicine 1989, 16: 417-435

(2) Gérin, M. (1992) Pour une meilleure reconnaissance des maladies professionnelles reliées aux substances toxiques. Revue Travail et santé. Vol. 8:2

(3) Doll, R. & Peto, R. The causes of cancer: quantitative estimates of avoidable risks in the United States today. J. Natl. Cancer Inst. 66:1191-1308)

(4) Kraut, A., Estimates of the extent of morbidity and mortality due to occupational diseases in Canada, American Journal of Industrial Medicine 1994, fev, 25(2): 267-278

(5) Santé et Services sociaux Québec, surveillance de la mortalité au Québec: 1977-1998, mars 2001

(6) Miller, A.B., The information explosion: the role of the epidemiologist, Cancer Forum 1984 3(N3) 67-75

(7) Cullen et al. Cullen, M.R., Cherniak, M.G. et Rosesstock, L. (1990) Occupational medicine, part II. N.Eng.J.Med 322: 675-683

(8) Stanbury, M., Joyce, P., Kipen, H., Silicosis & workers'compensation in New Jersey. JOEM vol 37 number 12 dec 95:1342-1347

(9) Markowitz, S.B., Fisher, E., Fahs, M.C., Shapiro, J. & Landrigan, P.J. IDEM

(10) Gaffuri, E. Disparity between estimated numbers and reported cases of occupational cancer. Scand. J. Work. Environ. Health 1991; 17: 216-217

(11) Gonzalez et Agudo. Occupational cancer in Spain. Env. Health Persp. Vol. 107 suppl. 2 mai 1999

(12) Bang, K.M. Epidemiology of occupational cancer dans Occupational Medicine vol. 11.No 3 July-Sept. 1996:467-483

(13) Santé et Services sociaux Québec IDEM

(14) Teschke, K. & Barroetavena, M.C. (1992). Occupational cancer in Canada: What do we know? CMAJ 1992 Nov. 15; 147 (10): 1501-1507

(15) Siemiatycki, J., Gérin, M., Dewar, R., Nadon, L., Lakhani, R.Z., Bégin, D., Richardson, L., Associations Siemiatycki, réd), CRC Press, Boca Raton 1991, 141-295 between occupational circumstances and cancer in: Risk factors for cancer in the workplace

(16) Finkelstein, M.M., Analysis of mortality patterns and workers'compensation awards among asbestos insulation workers in Ontario, American Journal of Industrial Medicine 1989 16: 523-528.

(17) Barroetavena, M.C., Teschke, K. & Bates, D.V. (1996). Unrecognized asbestos Induced disease. American Journal of Industrial Medicine 29: 183-185.

(18) Vineis, P. & Simonato, L., Proportion of lung and bladder cancers in males resulting from occupation: a systematic approach, Archives on Environmental Health 1991, 46:6-15.

(19) Boffeta, P. et Kogevinas, M. Introduction: Epidemiologic Research and prevention of occupational cancer in Europe. Environmental Health Perspectives vol. 107 suppl. 2 may 1999

(20) Skov, T. et al. Reporting of occupational cancer in Danemark dans Scand. J. Work. Environ. Health 1990; 16:401-405

(21) Skov, T., Mikkelsen, S., Svane, O., et Lynge, E., Reporting of occupational cancer in Danmark dans Scand. J. Work. Environ. Health 1990; 16:401-405

(22) Skov et al. (1992) Identifying occupational cancer. American Journal of Industrial Medicine 21: 281-285

(23) Karjalainen, A. et al.Trends in mesothelioma incidence and occupational mesotheliomas in Finland in 1960-1995 dans Scand. J. Work. Environ. Health 1997; 23:266-270

(24) Gouvernement du Québec (1er octobre 2002) Le programme national de santé publique 2003-2012, Version de consultation

(25) Statitique Canada, CANSIM, tableau 104-0001 et 105-0001, décembre 2002

(26) Gouvernement du Québec (1er octobre 2002) Le programme national de santé publique 2003-2012, Version de consultation, p. 67

(27) Gouvernement du Québec IDEM p. 67

(28) Société canadienne du cancer, nombre estimé de nouveaux cas. Internet

(29) Institut de la statistique du Québec (1998) Enquête sociale et de santé, p. 299

(30) Gouvernement du Québec (1er octobre 2002) Le programme national de santé publique 2003-2012, Version de consultation, p. 68

(31) Institut de la statistique du Québec (2003) décès et taux de mortalité, Québec, 1951-2001, Internet

(32) Pauchant, T. C. et Mitroff, I. I. (1995) La Gestion des crises et des paradoxes - Prévenir les effets destructeurs de nos organisations. Éditions Québec/Amérique, Collection Presses HEC. p. 257

«Les comportements ne se changent pas de l'extérieur. L'être humain n'est pas un objet, mais un acteur de changement. Et pour changer, il faut d'abord qu'il le veuille et que cela ait un sens de son point de vue à lui»
(Omar Aktouf)

«L'amélioration des conditions de travail doit précéder l'action sur l'exécutant»
(James Carpentier)

Chapitre 6

Le risque psychologique majeur, le syndrome de la performance extrême

Introduction

Il y a trente ans, les futuristes nous promettaient la société des loisirs avant la fin du XXe siècle. Mais, chose curieuse, c'est le contraire qui s'est produit: le nombre d'heures de travail inscrit dans les conventions collectives n'a pas diminué de façon significative et l'intensité du travail s'est accrue de beaucoup, comme le montre les dernières données publiées par la Fondation européenne pour l'amélioration des conditions de vie et de travail[1]. On assiste à un phénomène très marqué de stress, de troubles mentaux et d'épuisement professionnel comme on en n'avait jamais observé dans l'histoire.

En effet, depuis près de 10 ans, le Bureau International du Travail (BIT) le dit: la santé mentale est devenue le principal problème de santé au travail en Occident[2]. Est-ce possible? On pense généralement que le phénomène est très récent, ce n'est pas le cas, seules l'ampleur et la progression affolante du phénomène le sont. Le mot stress fut utilisé par Hans Selye en lien avec une psychopathologie consécutive à une situation professionnelle dès 1936[3]. Le mot burnout pour sa part est apparu dans la littérature scientifique en 1970 avec les travaux de Herbert Freunberger[4], même si, par ailleurs, la notion d'épuisement professionnel faisait déjà l'objet d'écrits dès 1959 en France[5].

Encore aujourd'hui, la CSST ne considère les troubles psychologiques comme indemnisables que dans les cas où on peut les relier à des événements accidentels et elle n'en reconnaît qu'un très petit nombre. La connaissance scientifique de problèmes de santé physique, l'amiantose par exemple, date de la même époque et pourtant, même si la reconnaissance pour fin d'indemnisation de cette maladie pose toujours certains problèmes, il n'en demeure pas moins que sur le plan social et législatif, elle présente des avancées significatives. Il faut dire que des revendications appuyées par des grèves et suivies par des enquêtes ont favorisé cette évolution.

Que s'est-il donc passé pour qu'on en arrive à une telle situation de surcroît tout à fait à l'encontre des attentes des sociologues des années 60-70? La société engendre-t-elle des individus plus fragiles, le système de production de biens et de services est-il soudainement devenu plus exigeant au chapitre de la santé mentale? Les modèles de gestion et l'organisation du travail comportent-ils des pièges dont les personnes ne sortent qu'au prix d'une crise psychologique?

6.1 Une explosion de problèmes de santé mentale

Comment comprendre que le stress, l'épuisement professionnel et la détresse psychologique soient devenus des réalités quotidiennes d'une partie importante de la population active? Pour tenter d'élucider ce questionnement, nous avons fait, à l'instar des chapitres précédents, l'exercice suivant: examiner les informations provenant de la CSST, comparer ces données avec des connaissances provenant de sources scientifiques, de rapports ministériels, de compagnies d'assurances, etc.

6.1.1 Les problèmes de santé mentale selon les statistiques de la CSST

Partant des données qu'il a obtenues de la CSST, Michel Vézina[6], un expert québécois de réputation mondiale et spécialiste de l'incidence de l'organisation du travail sur la santé mentale des personnes en emploi, a élaboré des graphiques très explicites sur l'évolution des statistiques d'indemnisation des personnes qui ont été aux prises avec des problèmes de santé mentale strictement liés au travail.

À l'examen du graphique 6.1, on croit reconnaître les conséquences sur la santé mentale des travailleuses et des travailleurs de l'état d'esprit dominant l'organisation du travail dans les sociétés occidentales depuis deux décennies. En effet, il apparaît qu'entre 1990 et 2000 :

- le nombre total de cas a doublé, passant de 530 à 1059 ;
- les cas appartenant à la catégorie *anxiété, stress, burnout,* etc. a plus que quadruplé, passant de 102 en 1990 à 471 en 1996, pour se stabiliser jusqu'en 2000 ;
- les chocs nerveux sont en légère augmentation, oscillant entre 428 cas en 1990 à 610 en 1994, à 525 en 1996 et à 593 en 2000.

Graphique 6.1 – Lésions psychiques indemnisées par la CSST, de 1990 à 2000

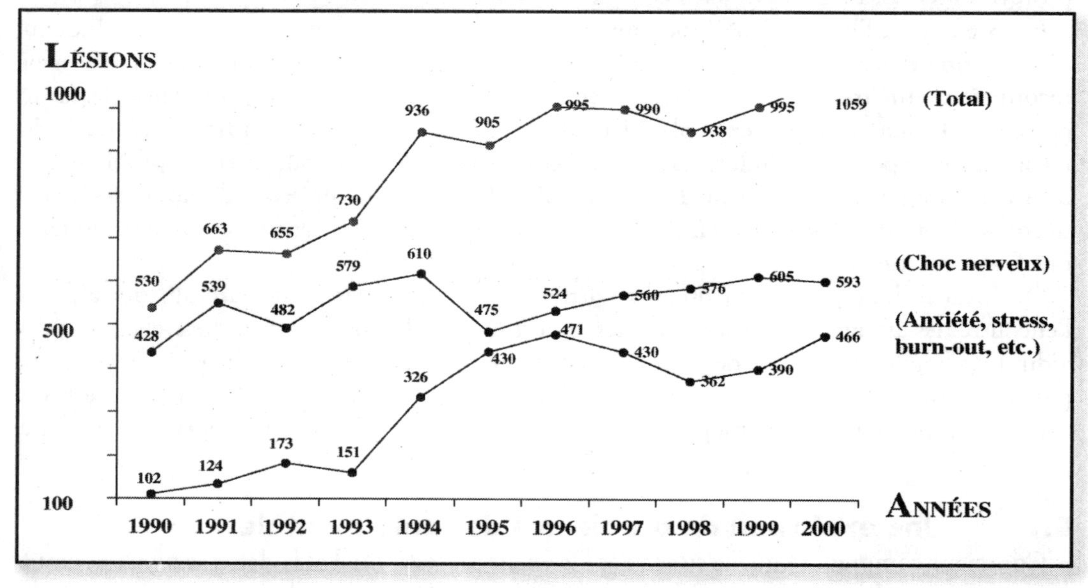

Suivant d'autres données obtenues de la CSST, les indemnisations versées pour cause d'épuisement professionnel et burnout seulement, à l'exception des cas d'anxiété et stress donc, sont demeurées relativement stables, sauf en 1994 ou le nombre de burnouts

Graphique 6.2 – Lésions psychiques indemnisées par la CSST, anxiété, stress, burnout, etc., de 1990 à 2000

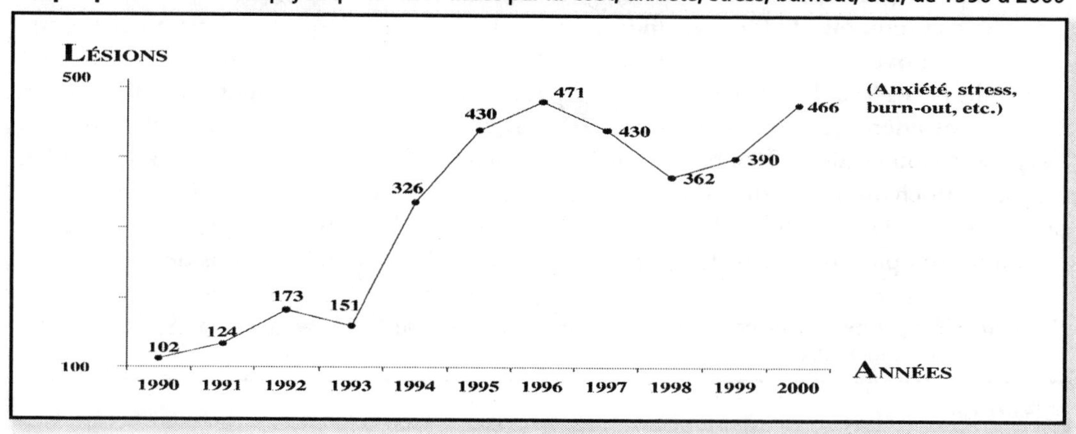

reconnus a plus que triplé, passant d'une moyenne de près de 17 au cours des quatre années précédentes à 52 pour cette seule année.

Le graphique 6.2 illustre bien le fait que les cas relatifs à l'anxiété au stress et au burnout sont regroupés sur une période de seulement trois ans, et qu'ils font toute la différence, passant de 151 cas en 1993 à 476 en 1996.

Tel qu'illustré par le graphique ci-après, par rapport à l'ensemble des lésions de toutes catégories indemnisées par la commission, le pourcentage des lésions psychiques demeure inférieur à 1 %, passant de 0,25 en 1990 à 0,87 en 2000.

Graphique 6.3 – Pourcentage des lésions psychiques par rapport à l'ensemble des lésions indemnisées par la CSST, de 1990 à 2000

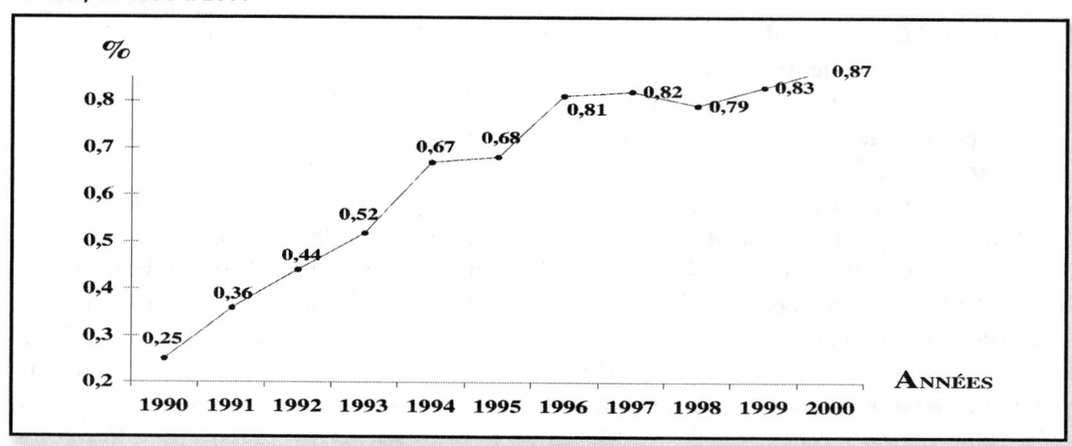

Cependant, par rapport aux maladies indemnisées par la CSST au cours de la même période, soit environ 6000 cas en moyenne par année, l'augmentation apparaît beaucoup plus significative. Pendant la période de 1990 à 2000, les cas de lésions psychiques sont passés de 11 à 20 % de l'ensemble des maladies, ce qui fait une augmentation de 90 %. Si l'on ne considère que les catégories *anxiété, stress* et *épuisement professionnel (burnout)* l'augmentation est de 450 %, passant de 2 à 8,8 % de l'ensemble des maladies indemnisées.

Notre prochain graphique illustre l'incidence de l'évolution du nombre des lésions psychiques sur les coûts en indemnités versées par la CSST. En une décennie, ces coûts ont été multipliés par un facteur de 3,5 passant de 1,5 millions à 5,3 millions de dollars.

Graphique 6.4 – Coûts en indemnités de remplacement de revenu (IRR) versés par la CSST pour lésions psychiques, de 1990 à 2000

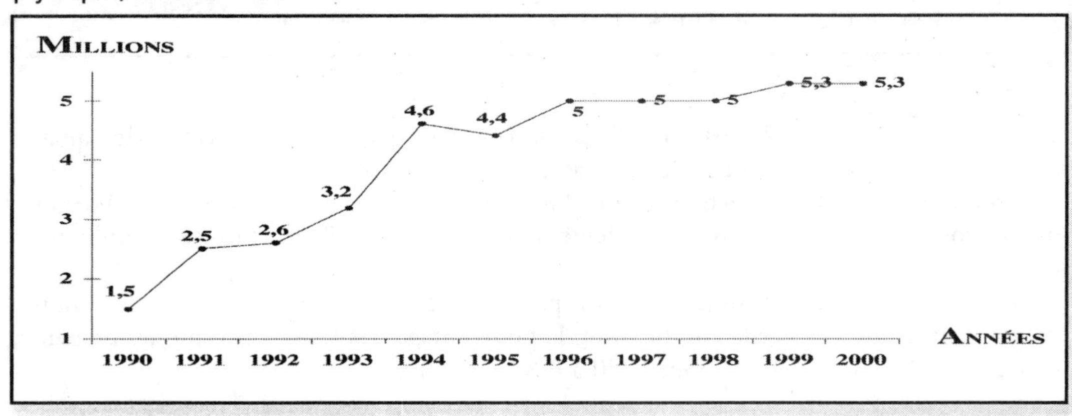

Depuis 1996, la difficulté de faire reconnaître les lésions psychiques a fait en sorte que le nombre de cas indemnisés par la commission s'est en quelque sorte stabilisé. C'est du moins ce qu'on peut lire dans le rapport annuel 2001 sur la santé de la population de la Régie régionale de la santé et des services sociaux du Montréal-Centre :

> *« Par la suite, l'évolution des réclamations pour troubles mentaux acceptées par la CSST a quelque peu plafonné, surtout en raison des exigences que la loi impose aux travailleurs pour faire reconnaître une maladie mentale comme une lésion professionnelle »*[7].

Bien que la progression du nombre de cas de lésions psychiques soit tout à fait impressionnante, il demeure une question de fond : le nombre de cas impliqués, quelques centaines, ne correspond aucunement à ce grave problème de civilisation justifiant le cri d'alarme lancé par le BIT en 1993 et réitéré en 2000[8], faisant de la santé mentale au travail le plus important problème de santé du travail en Occident.

Le petit nombre de cas indemnisés par la CSST nous porte à croire paradoxalement que le travail est un élément peu important parmi les facteurs de production des troubles mentaux qui surviennent à des travailleuses et à des travailleurs, à l'occasion du travail. Les données que nous présentons ci-après confirment plutôt l'évaluation du BIT.

Incidemment, il nous faudra chercher du coté de compagnies d'assurances privées les dizaines de milliers de cas manquants :

> *« Compte tenu des limites imposées par le cadre légal, les demandes d'indemnisation pour troubles mentaux sont davantage traitées dans le cadre des régimes d'assurance-salaire des entreprises. C'est pourquoi, lorsqu'on analyse les causes d'absence de longue durée indemnisées au Québec par les assurances-salaire privées, on constate que de 30 à 50 % d'entre elles sont attribuables à des problèmes de santé mentale, quand elles n'étaient que de 18 % en 1990 »*[(9)].

6.1.2 Les données provenant de sources scientifiques

Les problèmes de santé mentale apparaissent comme une des données les plus significatives des enquêtes de santé populationnelle menées au Québec par l'Institut de la statistique. Michel Vézina et Renée Bourbonnais[(10)] ont démontré une augmentation significative du pourcentage de personnes présentant des troubles de santé mentale les rendant incapables de travailler au cours des deux semaines précédant le jour ou les enquêtes furent réalisées :

- en 1987, sur l'ensemble de la population active qui était incapable de travailler pour des raisons de santé, 7,2 % l'étaient pour cause de problème de santé mentale ;
- en 1992-1993, cette catégorie de malades représentait 9,4 % de la population ;
- en 1998, sur les 5,7 % de la population active incapable de travailler pour des raisons de santé, l'enquête a établi que 13,2 % l'était pour cause de problème de santé mentale.

La prévalence des troubles de santé mentale a donc presque doublé entre 1987 et 1998, ajoutons qu'elle est sensiblement plus élevée chez les femmes que chez les hommes : en 1998 par exemple elle concerne 16,4 % de femmes contre 9,5 % d'hommes.

Les auteurs démontrent également qu'il se produit une augmentation de la gravité des cas. En effet, le nombre moyen de journées d'incapacité de travail des personnes en congé maladie pour des raisons de santé mentale au cours des 14 jours précédant l'enquête a plus que triplé de 1992 à 1998, passant de 7,4 à 24,6 pour 100 personnes, soit une hausse de plus de 300 %.

Les données de Santé Québec indiquent des pourcentages de la population active, elles n'indiquent pas le nombre de personnes effectivement concernées par ces proportions. Sans prétendre suppléer totalement aux limites inhérentes à la méthodologie de recherche de Santé Québec, nous avons estimé qu'en appliquant ces pourcentages à la population active, nous pouvons donner une indication un tant soit peu significative du nombre de personnes touchées par le phénomène.

Suivant son rapport annuel, la CSST couvrait un total de 2 877 400 travailleurs en 2001 ; si nous appliquons les pourcentages de l'enquête Santé Québec de 1998 à ce nombre, nous obtenons le résultat suivant :

- environ 164 000 personnes étaient en congé de maladie à un moment donné au cours de l'année ;
- de ce nombre, environ 21 648 l'étaient pour des raisons de santé mentale.

Michel Vézina considère qu'entre 35 et 40 % des personnes en congé pour cause de santé mentale, le doivent à des problèmes reliés au travail. Appliqués aux chiffres du précédent paragraphe, nous obtenons les résultats suivants : entre 7 600 et 8 600 personnes étaient en congé de maladie pour des raisons liées au travail à un moment donné en 2001. Il s'agit ici d'un instantané et non d'une évaluation du nombre de personnes ayant effectivement été en congé de maladie pour ce même motif tout au cours de l'année. En effet, les calculs de Vézina ne considèrent que les personnes qui étaient en congé de maladie au moment de l'enquête, ce qui exclut toutes les personnes qui ont été en congé de maladie pour ce motif à un autre moment de l'année.

Le lien entre la santé mentale et le travail : dès qu'on évoque des troubles de santé mentale, la question se pose toujours : ces troubles sont-ils reliés au travail, et dans quelle mesure ? La chercheure Louise Saint-Arnaud[11] s'est intéressée aux facteurs qui sont à l'origine de cette nouvelle épidémie ou de cette pandémie, pour être plus précis :

> *« Il faudrait, explique le professeur Vézina, parler d'une pandémie car il s'agit d'un excès de cas limités dans le temps, depuis une dizaine d'années, mais non dans l'espace, comme le voudrait la définition d'une épidémie, puisque le phénomène s'étend hors du Québec à tout le monde occidental »*[12].

Saint-Arnaud considère que le travail est généralement en cause dans la plupart des cas, plus précisément, il découle de ses recherches que :

- les facteurs d'ordre personnel sont invoqués dans moins de 10 % des cas ;
- près du tiers des cas sont exclusivement liés aux problèmes rencontrés en milieu de travail ;
- le travail peut être mis en cause dans environ 90 % des cas.

Dans le même esprit, une recherche finlandaise[13] effectuée entre 1990 et 1997, ayant pour but de suivre l'évolution de la santé de travailleurs municipaux sur une période relativement longue, a permis d'établir un lien entre ces troubles et le travail, en plus de valider certaines orientations pratiques pour les prévenir ou pour en réduire la gravité.

Ayant été réalisée pendant une période marquée par des réductions importantes d'effectifs et des réorganisations majeures du travail, des phénomènes comparables à ce que nous avons vécu au Québec au cours des mêmes années, cette étude pour le moins pertinente permet de constater l'incidence du travail et des conditions particulières dans lesquelles il est effectué, sur la santé des travailleuses et des travailleurs. Ce n'est pas sans raison que Vézina et Bourbonnais concluent en référant à cette étude :

« En suivant l'évolution des travailleurs qui étaient en bonne santé au début de la période d'observation, l'étude démontre clairement que l'absentéisme pour maladie est relié aux conditions de travail et que des améliorations dans les conditions psychosociales de travail réduisent le risques de maladies chez les travailleurs »[14].

Il est intéressant de constater que les quatre facteurs qui ont un effet déterminant sur la réduction des absences pour maladie sont liés à des conditions favorables à la santé mentale soit, l'augmentation des possibilités pour les travailleurs :

- d'utiliser leurs habiletés ;
- de prendre des décisions sur l'organisation de leur travail ;
- d'exercer un contrôle sur leur travail ;
- d'avoir accès à un soutien élevé ou amélioré de la part de leur superviseur.

À la suite de recherches qu'ils ont menées et d'autres travaux européens, américains ou québécois portant sur les conditions de santé mentale, Bourbonnais et al.[15] ont démontré comme étant un fait indéniable l'influence des facteurs suivants sur la santé mentale des personnes en emploi :

- le degré d'autonomie professionnelle ;
- la possibilité de prendre des décisions dans le travail ;
- les difficultés psychologiques inhérentes au travail ;
- la reconnaissance de la qualité et de la valeur du travail ;
- le soutien reçu de ses collègues et de son supérieur hiérarchique.

Les chercheurs notent que l'autonomie et la possibilité d'utiliser et de développer ses habilités constituent un antidote contre la charge de travail.

Très intéressantes et tout à fait significatives, ces données scientifiques confirment le lien entre la santé mentale et le travail. Elles montrent, à l'évidence, l'augmentation de la proportion de personnes touchées par la problématique, elles ne sont cependant pas explicites quant au nombre de personnes touchées par le phénomène.

6.1.3 Les données provenant d'une étude du ministère de la Santé et des Services sociaux[16]

Tout à fait récente, l'étude porte sur l'augmentation des absences en assurance-salaire, eu égard notamment aux troubles mentaux des employés du ministère de la Santé et des Services sociaux entre 1993-1994 et 1999-2000, des projections sont faites pour l'année 2000-2001. Au-delà d'un travail de documentation de la situation, le comité responsable de l'étude avait pour mandat de proposer un plan d'action pour améliorer les performances du ministère.

La main-d'œuvre du ministère représente pas moins de 10 % de la main-d'œuvre québécoise, soit 222 500 salariés, dont 9 500 cadres et 203 000 syndiqués. Il importe de souligner que les données présentées ici sont transposées en *postes en équivalent temps complet* (ETC) et non en nombre de personnes effectivement concernées. Ainsi transposé, le nombre de salariés du ministère se trouve réduit d'un tiers pour se situer à 142 000 employés. Il faudra donc se souvenir que 1000 postes en équivalent temps complet représentent dans les faits environ 1370 personnes dont certaines travaillent à temps complet et d'autre suivant des durées hebdomadaires variables.

Les données les plus générales portent sur les absences comptabilisées en fonction de l'un ou l'autre des trois régimes financés par l'employeur:

a) *assurance-salaire;* b) *lésions professionnelles* et c) *retrait préventif de la travailleuse enceinte ou qui allaite. «En 1998-1999, le réseau de la santé et des services sociaux est privé de plus de 10 500 personnes salariées en équivalent temps complet, ce qui représente près de 7,5 % des ressources totales du réseau»*[17]. La répartition est la suivante:

- assurance-salaire, 7 600 ETC (72 %);
- lésions professionnelles, 1 245 ETC (12 %);
- retraits préventifs de travailleuses enceintes ou qui allaitent, 1 644 ETC (16 %).

Les deux derniers régimes, faut-il le noter, relèvent de la CSST et n'en constitue vraisemblablement qu'un, aux fins de la cotisation du moins. Les coûts directs des trois régimes se situent à 330 millions de dollars annuellement, soit environ 4 % de la masse salariale du ministère.

Au cours des sept dernières années, de 1993-1994 à 1999-2000, les deux paramètres relatifs à l'assurance-salaire présentent une évolution en forte progression: le ratio des absences a progressé de 24 %, celui des coûts de 26 %. En 1998, pour le régime d'assurance-salaire, c'est de 7600 personnes salariées en équivalent à temps complet dont est privé le réseau de la santé et des services sociaux. En 1999-2000, pas moins de 200 millions de dollars ont été utilisés pour compenser les invalidités en assurance-salaire, on prévoit une augmentation de 5 % en 2000-2001.

Le rapport n'est pas précis quant au nombre de personnes ayant dû s'absenter du travail pour des motifs de santé mentale, on cite une étude de l'Université Laval, portant uniquement sur les invalidités des infirmières, suivant laquelle: *«25 % des invalidités étaient reliées à des troubles mentaux»*[18]. Il est cependant clair que les dépenses relatives à la santé mentale sont très considérables: *«Les données partielles recueillies confirment que 40 % des dépenses en assurance-salaire seraient reliées à des conditions de santé mentale»*[19]. Cela signifie que 40 % des jours d'absence pour maladie sont liés à des problèmes de santé mentale.

Sur la base d'une étude réalisée dans le réseau, le rapport donne une indication importante quant à l'évolution de la gravité de ces troubles mentaux:

> *«Selon ces informations, le pourcentage des heures d'absence en invalidité pour troubles mentaux était de l'ordre de 38 % en 1998-1999 et de 41 % en 1999-2000. Il s'agit d'une donnée reflétant la gravité de ces invalidités et non la fréquence qui, elle, est établie en fonction du nombre de cas»*[20].

L'intérêt de l'étude déborde le cadre du réseau de la santé et des services sociaux du gouvernement pour s'étendre aux entreprises privées de secteurs comparables de même qu'à l'échelle internationale :

> *« Quoique préoccupante, la situation des invalidités attribuables à des troubles mentaux dans le réseau de la santé et des services sociaux ne diffère pas de celle qui prévaut dans les autres secteurs d'activité, que ce soit sur le plan national ou international »*[21].

Le rapport relate des informations relatives à de grandes entreprises québécoises, œuvrant également dans le domaine des services, suivant lesquelles le niveau d'absence pour troubles mentaux se situe entre 24 % et 31 %.

On cite également des données provenant de compagnies d'assurances privées, confirmant cette tendance depuis le début des années 1990 pour l'ensemble des secteurs d'activités. Sur le plan international :

> *« les données de l'Organisation mondiale de la santé démontrent que depuis 1993 les troubles de l'humeur se situent au premier rang des incapacités alors qu'en fonction de la mortalité et de la morbidité, ces troubles sont passés du dixième rang en 1993 au sixième rang en 1997 »*[22].

Les données du ministère sont précises quant à la gravité des troubles de santé mentale, elles ne disent cependant pas combien parmi les 7600 personnes en équivalent temps complet du réseau de la santé et des services sociaux sont absentes du travail pour troubles mentaux. Pour établir le nombre de personnes effectivement touchées, il faudrait connaître ce nombre et y ajouter les personnes absentes pour troubles mentaux relevant du régime de lésions professionnelles qui en reconnaît un certain nombre. Incidemment, en 1998, pour la catégorie *Personnel spécialisé et auxiliaires des soins infirmiers, thérapeutiques* de la CSST, le nombre de dossiers s'élève à 84, ce qui totalise 7763 jours perdus et des déboursés de 636 070 $. Il faudrait ajouter également les cas dont la durée dépasse deux ans et qui ne sont pas considérés par l'étude, étant gérés par une compagnie d'assurances privées.

6.1.4 Les données des compagnies d'assurances

Le rapport du ministère de la Santé et des Services sociaux nous a permis de constater la gravité de la situation des absences pour troubles de santé mentale gérées par l'assurance-salaire de l'employeur. Pour être complète, l'analyse doit également rendre compte des données relatives au régime d'assurances collectives financé par les employés. Il s'agit des cas d'invalidités, soit les absences du travail de plus de deux ans.

En effet, les deux premières années de congé maladie sont financées par l'employeur, dès lors qu'une personne demeure en congé maladie pour une durée excédant deux ans, elle tombe sous un régime d'assurances collectives privées, qui lui, est financé par une cotisation perçue à même la rémunération des employés. Ces absences ne coûtent rien à l'employeur, en termes de cotisation du moins, ce qui explique probablement pourquoi le ministère n'en fait pas mention dans le rapport analysé au point précédent. Pourtant, il s'agit de personnes qui ne sont plus à même de réaliser la mission pour laquelle elles ont été embauchées.

Suivant des données qui nous ont été transmises par la SSQ, pour l'ensemble de ses groupes du secteur public avec un délai de carence de 24 mois, le nombre de cas d'invalidité pour *troubles d'ordre psychologique* couvrant la décennie 1990-1999 s'élève à 2970 personnes, soit 2123 femmes et 847 hommes sur un total de 7915 cas d'invalidité pour toutes causes confondues. Transposé en pourcentage de l'ensemble des causes d'invalidité, cela donne 37,5 % des cas pour les deux sexes, 39,7 % chez les femmes et 33 % chez les hommes.

Pour la même cause d'invalidité, la progression au cours de la décennie est constante et considérable, le tableau ci-après en fait foi. Ainsi, le pourcentage des cas de troubles d'ordre psychologique passe de 26,6 % en 1990, à 40,6 % en 1995 et à 47,6 % en 2000. Si l'on ne prend que les femmes, nous atteignons 49,8 % des cas.

Tableau 6.1 - Évolution des cas d'invalidité de 1990 à 1999 selon la cause et le sexe

	INVALIDITÉS TOUTES CAUSES, HOMMES ET FEMMES EN NO. ET EN %		INVALIDITÉ POUR TROUBLES PSYCHOLOGIQUES, HOMMES ET FEMMES EN NO. ET EN %		INVALIDITÉ POUR TROUBLES PSYCHOLOGIQUES, HOMMES EN NO. ET EN %		INVALIDITÉ POUR TROUBLES PSYCHOLOGIQUES, FEMMES EN NO. ET EN %	
1990	698	100 %	186	26,6 %	66	23,9 %	120	28,4 %
1995	695	100 %	282	40,6 %	82	36,1 %	200	42,7 %
1999	824	100 %	392	47,6 %	81	40,7 %	311	49,8 %

Source : François Boisjoli, vice-président vente et marketing, SSQ.

L'évolution des données concernant les cas de troubles d'ordre psychologique est d'autant plus significative qu'elle se situe dans une période ou le nombre total des invalidités pour toutes causes est en diminution comme l'indique le graphique. En effet, suivant la même source, si on considère toutes les causes, à l'exception de celles d'ordre psychologique, le nombre d'invalidités enregistrées par le fichier de la SSQ est de 2958 pour la première moitié de la décennie et de 1987 pour la seconde moitié, une baisse de près du tiers des cas.

Michel Vézina et al.[23] ont également recensé et étudié des données provenant des compagnies d'assurances privées. Les auteurs notent qu'à la fin de la dernière décennie, 30 à 50 % des absences du travail de longue durée, indemnisées au Québec par les compagnies d'assurances-salaire sont attribuables à des problèmes de santé mentale, contre 18 % en 1990. Il semble donc établi qu'au début de la dernière décennie, pour l'ensemble des secteurs d'activités, entre le tiers et la moitié des invalidités de longue durée découlaient de troubles psychologiques. Rien n'indique un quelconque renversement des tendances au cours des douze dernières années, au contraire, les reportages des médias semblent tous démontrer une constante aggravation de la situation.

Graphique 6.5 - Distribution des invalides par causes d'invalidité pour les groupes du secteur public, hommes et femmes

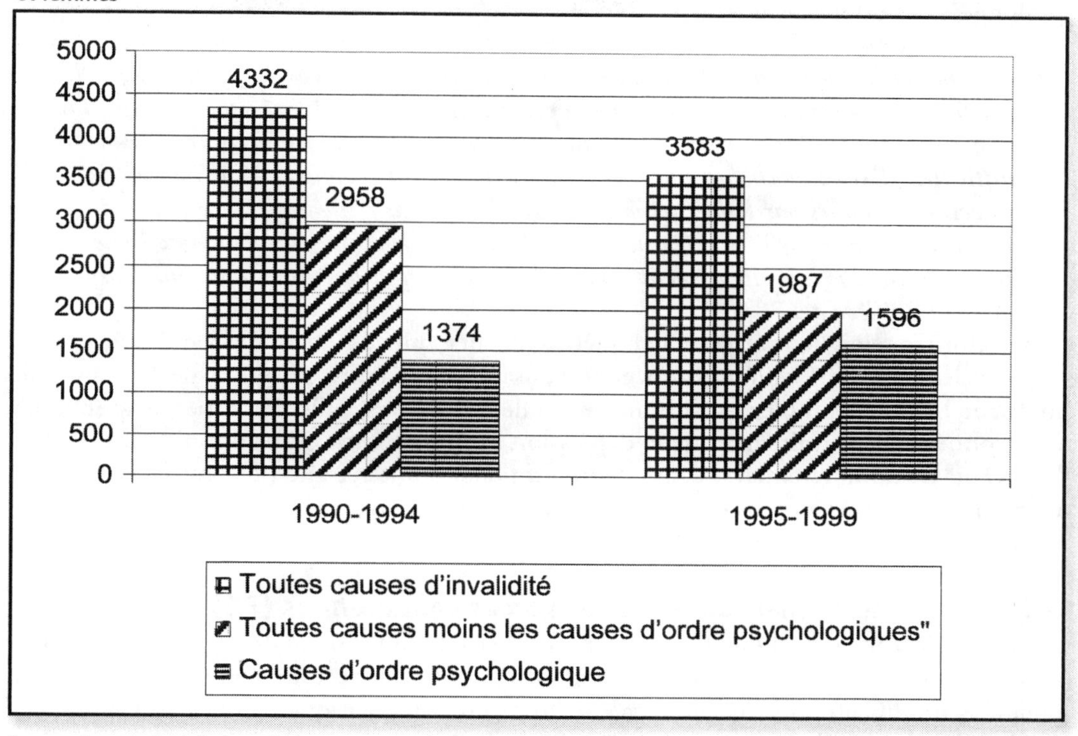

Source : François Boisjoli, vice-président vente et marketing, SSQ.

D'autres compagnies d'assurances privées ont publié des résultats équivalant ceux obtenus par la SSQ. En 1998, la Croix Bleue du Québec[24] présentait des chiffres montrant qu'entre 1981 et 1993, le taux d'invalidité de longue durée (ILD) avait augmenté de 51 % pour cette période de 12 ans passant de 5,7 à 8,6 par 1000.

Selon la Swiss Re Life & Health, le pourcentage des nouveaux dossiers d'invalidité liés aux troubles mentaux et nerveux est passé de 17,5 % des demandes totales en ILD en 1992 à 24,05 % en 1996, soit une augmentation de 37,5 %, plus du tiers en seulement 4 ans.

6.1.5 Les coûts reliés aux troubles de santé mentale

Le Groupe vie Desjardins-Laurentienne[25] abondait dans le même sens tout en montrant l'importance des coûts engendrés par les problèmes de santé mentale au travail. Suivant une extrapolation pour le Canada des données établies pour les États-Unis, les coûts annuels directs et indirects s'élevaient à 24 milliards en 1997. Ceux reliés à l'absentéisme s'élevaient à 4 milliards et ceux pour dépressions non traitées, soient des invalidités prolongées, à 300 millions :

> *« Dans ce contexte, écrit la RRSSS de Montréal-Centre, on comprend mieux les résultats de l'enquête du printemps 2000 menée par la firme Watson Wyatt, qui révèle que la moitié des organisations canadiennes (privées et publiques) estiment que le plus grand problème à l'avenir sera la hausse des réclamations d'indemnisation à cause de difficultés d'ordre psychologique. Cette inquiétude vient surtout du fait que les coûts directs occasionnés par l'absentéisme au travail et les cas d'invalidité – à 5,6 % de la masse salariale en 1997 – s'élèvent aujourd'hui à 7,1 % et que, si l'on ajoute les coûts indirects, comme le remplacement des absents et le recul de la productivité qui s'ensuit, la facture s'élève à 17 % »*[(26)].

Ces chiffres rejoignent ceux de l'enquête déjà citée, menée par le BIT en 2000, suivant laquelle les pays de l'Union européenne consacreraient entre 3 et 4 % de leur produit intérieur brut aux problèmes de santé mentale. Aux États-Unis, les dépenses publiques occasionnées par le traitement de la dépression se situent entre 30 et 44 milliards de dollars. Dans de nombreux pays, l'anticipation du départ à la retraite pour cause de troubles mentaux est de plus en plus courante, à tel point que ces troubles sont en voie de devenir le premier motif de versements des pensions d'invalidité.

6.1.6 La santé mentale dans les Forces canadiennes (FC)

Suite à la plainte du caporal Christian McEachern, l'ombudsman des Forces canadiennes a été amené à produire un imposant rapport portant sur le traitement systémique des membres des FC atteints du syndrome du stress post-traumatique (SSPT)[(27)]. Ce rapport révèle les contours d'une situation institutionnelle pour le moins inquiétante.

Après avoir établi la prévalence historique indéniable de ce qu'il appelle un *risque opérationnel,* un risque lié au travail spécifique à des soldats agissant sur le terrain d'une opération militaire, l'ombudsman cite le DSM-IV selon lequel :

> *« Des études menées au niveau des collectivités démontrent que pour une durée de vie normale, la prévalence du syndrome de stress post-traumatique est d'environ 8 % dans la population adulte aux États-Unis. [...] Les études faites sur les personnes à risque (i.e. les groupes exposés à des incidents traumatiques spécifiques) donnent des résultats variables avec les taux les plus élevés (allant d'un tiers à plus de la moitié des personnes exposées) trouvés parmi les survivants de viol, de confrontation militaire et de captivité ainsi que d'internement et de génocide motivés par des raisons ethniques ou politiques »*[(28)].

Qu'en est-il dans les Forces canadiennes, principalement chez les officiers, soldats et réservistes appelés à servir à l'occasion des nombreuses missions de maintien de la paix dans des zones troubles et traumatisantes s'il en est, nous pensons à la Bosnie, au Ruanda, etc. ?

Faute de pouvoir compter sur des bases de données fiables quant au nombre exact de membres des forces régulières et de réserve affectés par le SSPT, par le suicide et par des problèmes de santé mentale en général, l'ombudsman est contraint d'établir la prévalence du SSPT sur des bases anecdotiques, ce qui témoigne, comme nous le verrons plus loin, d'un problème systémique fondamental. Incidemment, cette absence de banque de données fera l'objet de ses trois premières recommandations sur les 31 que comporte le rapport.

Les témoignages d'un échantillon de personnes capables, à divers titres, d'apporter un éclairage lucide, principalement des officiers de haut rang et des dirigeants des services de santé mentale, psychiatres et travailleurs sociaux, estiment à environ 20 % le nombre de cas de SSPT au retour d'une première mission. Faute de personnel suffisant pour limiter les tours et les espacer dans le temps, les soldats et les réservistes appelés en renfort sont cependant appelés à participer à plusieurs missions en quelques années seulement, dans ces cas, le nombre de membres affectés serait de 50 % et plus. Et il ne s'agit ici que des cas de SSPT. Combien faudrait-il ajouter de dépressions, de détresses psychiques, voire de suicides ? Plus l'ombudsman élargit la question, plus la réponse est floue et fantaisiste.

Certains officiers disent qu'il n'y a jamais vraiment eu de problèmes, *«... que le SSPT est un phénomène moderne qui reflète une tendance à se prendre pour une victime»*[29]. D'autres situent les problèmes des réservistes appelés en renfort à plus de 50 % :

> *«Si vous m'aviez demandé, au début des années 90, mon estimation au sein du personnel de renfort, je vous aurais dit que près de 75 % d'entre eux avaient un problème à différents niveaux lorsqu'ils sont revenus»*[30].

Il faut dire que les services médicaux des Forces canadiennes sont parfaitement conscients du profond malaise qui entoure la déclaration de tout mal de nature psychologique dans cet univers par trop viril. De fait, l'aveu de troubles liés au SSPT équivaut à se placer sur la voie de sortie de l'armée. Le phénomène de rejet de la part des pairs et de l'appareil militaire est tel qu'il fait dire à des témoins crédibles aux yeux de l'ombudsman :

> *«... que la culture militaire s'accommode mal de ceux qui expriment leurs sentiments ; ils voient, dans un diagnostic de SSPT, une "sentence de mort professionnelle" qui mène inexorablement à l'exclusion de l'armée»*[31].

Est-il besoin d'ajouter que les conditions de rétablissement de ces malades, de ceux qui osent s'exprimer aussi bien que de la grande majorité de ceux qui ont opté pour une stratégie de silence ou de négation, sont très loin du minimum de reconnaissance, de compassion et de collaboration institutionnelle que cela exige normalement.

6.2 La problématique *ergocindynique* de la santé mentale au travail

Devant l'ampleur des troubles de santé mentale et le rythme accéléré du développement de ce phénomène dans l'ensemble des sociétés industrialisées, la question de l'apport des composantes systémiques de la société à la survenue de ces troubles ne peut plus être éludée.

Dans la mesure où, outre les habitudes de vie et les choix individuels, le système économique, les modes et processus de production, l'organisation du travail, les modes de gestion et la société en tant que système complexe, sont des facteurs contributifs à divers degrés d'un risque psychologique majeur, laisser l'individu sans autre protection que ses limites personnelles constitue une forme grave d'irresponsabilité sociale.

Que l'on examine la question sous l'angle du nombre de personnes concernées, soit des dizaines de milliers, du nombre de jours de congé maladie que cela représente, des coûts faramineux que cela entraîne, de la souffrance vécue tant par les malades que par ceux qui sont contraints de travailler davantage pour les remplacer, la situation est plus que grave, elle est catastrophique. J'oserais dire qu'elle est scandaleuse, elle l'est dans la mesure où des problématiques sociales, économiques, politiques et organisationnelles sont vécues par des milliers de personnes comme étant tout simplement autant de petits drames relevant des seuls individus concernés.

De deux choses l'une, ou bien les instances sociales, économiques et politiques seront amenées à assumer la responsabilité de ce problème dans la mesure de leur contribution respective, ou bien on laissera aux individus et à leurs proches, le soin d'assumer les conséquences de cette catastrophe. L'enjeu est de taille : les entreprises n'ayant pas à payer le gros prix pour indemniser les victimes, elles ne sont portées ni à protéger leur main-d'œuvre en limitant les exigences inhérentes au travail, ni à en prévenir les conséquences en améliorant les conditions dans lesquelles se fait le travail, ni à promouvoir un travail respectueux de la santé et de la sécurité des personnes en emploi. Pour leur part, les individus laissés à eux-mêmes se sentent dévalorisés, honteux dans bien des cas, impuissants, victimisés, isolés et, trop souvent, enclins au découragement et à la dépression profonde.

Les sociétés occidentales ne peuvent plus faire l'économie d'une compréhension systémique du phénomène. Les critères d'analyse des *cindyniques* ont été élaborés à partir de l'étude systémique de catastrophes technologiques. Ces critères ne se rapportent pas tant à la compétence technique des systèmes technologiques qu'à la contribution de facteurs culturels présents dans ces systèmes. Les causes systémiques d'une gestion porte-crise sont les mêmes, peu importe si la conséquence est une explosion mortelle, la mort de plusieurs personnes par excès de travail (KAROUSHI en japonais) ou le burnout d'une proportion significative de la main-d'œuvre d'une grande entreprise.

La première et la plus significative des « lois » *cindyniques* voulant que le danger qui menace l'individu soit une fonction définie par l'ensemble du réseau qui l'entoure, exprime particulièrement bien la relation qui existe entre le système et l'individu. Une catastrophe, nous l'avons vu plus haut, ne se définit pas uniquement par l'ampleur des conséquences qu'elle engendre et, a fortiori, la définition d'une catastrophe ne distingue aucunement la nature physique ou psychique des affections subies par les victimes, d'où l'intérêt de retenir cette règle scientifique pour l'étude du sujet qui nous préoccupe ici.

Il est également vraisemblable que cette autre «loi» dérivée de l'étude des catastrophes, la loi de l'éthique *cindynique* voulant que la qualité des relations dans un réseau soit un facteur de réduction du danger, qu'elle influe sur la perception du danger, sur les pratiques préventives, sur la protection et sur la qualité de la gestion de crise, s'applique tout autant aux causes des problèmes psychologiques et psychiques qu'aux autres. Le rapport de l'ombudsman est particulièrement éloquent à ce sujet. Une bonne partie du rapport porte sur des questions de cette nature: le rejet des membres des forces présentant des symptômes de stress ou autres troubles à répercussions mentales, la peur vécue par les soldats et les réservistes de laisser voir une faiblesse émotive, la négation systémique de l'authenticité des troubles de santé mentale, l'entretien de préjugés quant à la véracité des symptômes de SSPT, etc.

S'il est concevable que toute différence de potentiel entre des sociétés, des cultures, des moyens financiers, des niveaux de force, induit un danger proportionnel au niveau de cette différence, comme le soutiennent certains scientifiques, il est raisonnable de penser que ce danger concerne au premier chef la santé mentale des individus qui justement se retrouvent au centre de ces déséquilibres.

Pour un travail de nature physique, il existe des critères évidents pour nous indiquer la nécessité du repos, nos muscles refusent de répondre positivement aux sollicitations du cerveau, la douleur impose sa loi et ses règles, le corps se détériore rapidement et l'esprit qui l'habite perd toute volonté de continuer. Sans avoir atteint la perfection, notre civilisation a généralement trouvé les moyens de traduire ces critères en normes légales et sociales.

Notre civilisation ne possède cependant pas de critères un tant soi peu fiables pour nous indiquer quand arrêter un travail pour lequel nous nous sentons engagés jusqu'au militantisme le plus total; une aventure dans le domaine des affaires si incroyablement intéressante qu'on en oublie tout le reste pour un temps; un engrenage d'obligations et de responsabilités professionnelles dont, nous semble-t-il, dépend le sort de nos concitoyens, quand ce n'est pas celui de l'humanité tout entière, etc.

En d'autres mots, nous ne savons pas reconnaître les limites de notre corps en situation de stimulation exceptionnelle, pis encore, c'est souvent lorsqu'il est le plus vital de se reposer que nous pensons qu'il est le plus impératif de poursuivre et d'accélérer le rythme, nous entrons alors dans le cycle infernal de la crise. S'installent alors des périodes de surmenage, de fatigue chronique, du stress, de détresse psychique, de dépression et de burnout.

La figure 6.1 illustre ces faits: la santé mentale au travail, en tant que réalité complexe, se situe au centre d'un triangle formé par la société, l'entreprise et l'individu.

Pour sa part, la figure 6.2 illustre la problématique *ergocindynique* de la santé mentale: dans un monde de plus en plus complexe, axé sur la performance extrême, la société, les entreprises et, a fortiori, les individus sont fragilisés, soumis à une dynamique dangereuse

Figure 6.1 – Les déterminants de la santé mentale au travail

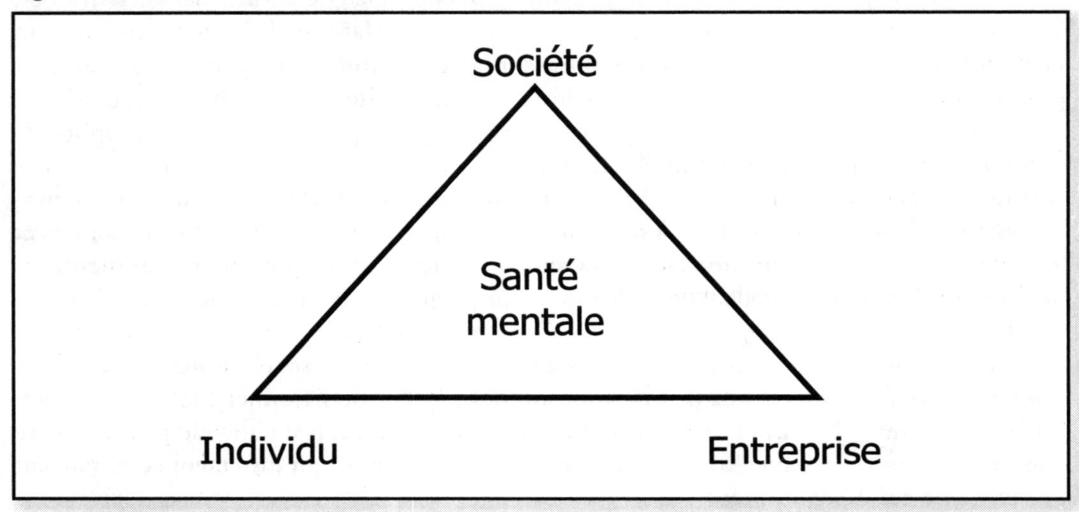

Figure 6.2 – La problématique *ergocindynique* de la santé mentale

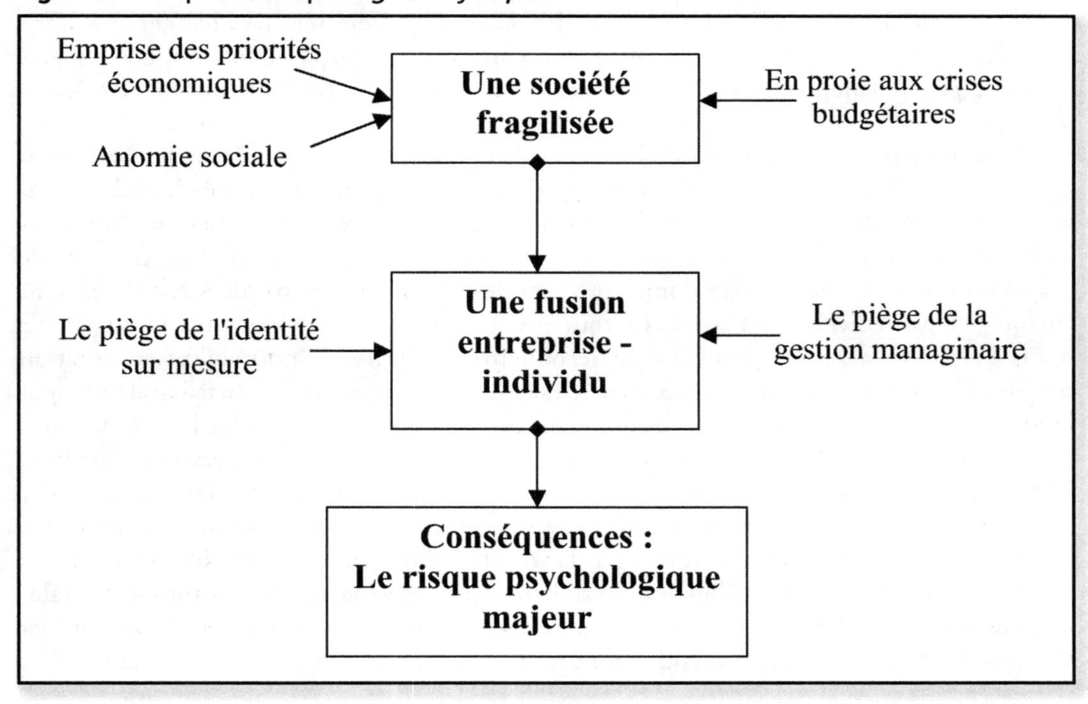

pour eux. Cette dynamique envoûtante et spectaculaire est d'autant plus risquée qu'elle se fonde sur l'idéal humain de la performance extrême symbolisée par les athlètes olympiques, un idéal pondéré par aucune contrainte préventive de nature économique, au contraire, un idéal qui tend à ne responsabiliser que la victime potentielle.

6.2.1 Une société fragilisée

Déjà dans les années 1960, le Club de Rome lançait un véritable cri d'alarme, il fallait mettre fin à l'accélération de certaines formes du progrès économique et industriel. Trente ans plus tard, le Groupe de Lisbonne centre le même débat sur la question des limites d'un système fondé sur la compétitivité:

> *« la concurrence et la compétitivité peuvent-elles régir la planète et constituer l'instrument par excellence pour résoudre les problèmes d'ordre environnemental, démographique, économique et social, de plus en plus aigus, qui assaillent la terre entière ? »*[32].

Mais la découverte qui a le plus marqué cette mouvance étourdissante est sans doute la révolution cybernétique. Ce phénomène contemporain à l'origine de la robotique, de l'informatique, etc. a eu sur la société industrielle un impact si profond et indélébile qu'il est raisonnable de le comparer à celui qu'a eu la révolution industrielle sur la société agricole du XIXe siècle.

Révolution de la miniaturisation, de la vitesse d'exécution et de la production axée sur la gestion de l'information, la cybernétique rend possible une performance extrême fondée sur la complexité et sur sa contrepartie, la vulnérabilité, pour utiliser les mots de Jacques Attali. La révolution cybernétique se traduit par la multiplication des interactions entre des organisations, des instances hiérarchiques, des individus et des technologies de pointe. Ces interactions sont autant de liens aussi rapides et efficaces que souples et ténus dont le résultat est l'accélération des processus, l'augmentation de la performance des systèmes, mais aussi la fragilisation de l'ensemble des éléments qui le composent, notamment les individus enthousiasmés par le tourbillon.

La performance dont il est ici question concerne le système social dans son ensemble: performance de la rentabilité des opérations financières à l'échelle planétaire, performance des moyens et méthodes de production des biens et des services privés et publics, performance du travail des personnes prises individuellement ou collectivement, dans la réalisation de l'œuvre économique.

Les exigences, en d'autres mots, d'une société de la performance extrême axée sur la complexité ont pour effet de fragiliser les institutions, les organisations, les personnes et, par conséquent, la société elle-même. Disons, pour utiliser une métaphore que les systèmes de production issus de la révolution cybernétique, ressemblent bien davantage à un mécanisme de montre suisse de grand luxe, qu'à un char d'assaut russe, si puissant soit-il. La performance du petit mécanisme frôle la perfection technologique, aussi, sa complexité n'a d'égale que sa fragilité.

À l'époque où le Code civil régissait les rapports de travail, les travailleurs étaient considérés les seuls responsables de tout ce qui pouvait leur arriver, y compris les blessures subies et les maladies contractées par le fait et à l'occasion du travail ; avec l'instauration d'un cadre normatif spécifique, la responsabilité de procurer aux travailleurs un milieu de travail sain et sécuritaire incombe aux entreprises. Cependant, lorsqu'il s'agit de la santé psychique, l'idéologie du XIXe siècle reprend ses droits : les individus sont considérés responsables de leur bien-être psychologique au travail, peu importe les conditions dans lesquelles ils œuvrent. Une exception confirme la règle, le cas peu fréquent où la santé psychique est affectée par un choc de type accidentel.

Le travail, tel qu'il se pratique dans les entreprises les plus performantes de la planète, exige de nous une participation intégrale du corps et de l'esprit, un engagement de la personnalité, une implication émotive, l'expression d'une culture d'organisation souvent sans âme et un effort soutenu qui bien souvent va au-delà de sa durée normale du travail pour se prolonger à travers les activités sociales et familiales.

Au plan politique, ladite *Révolution du bon sens* à la manière de la riche Ontario, traduit en termes simples, clairs et précis, le mouvement généré par les politiques des Thatcher et Reagan durant la fin du XXe siècle : réduire la taille de l'État et renforcer la place de l'entreprise privée dans la société. Au-delà du slogan, il s'agit bel et bien d'un mouvement d'envergure révolutionnaire, un ensemble de politiques dont la conséquence première est de changer le sens de la vie en société, une société dont les moyens de régulation sont affaiblis et ou la liberté d'action des entreprises est augmentée d'autant.

Dans son livre paru en 2001, le philosophe Jean-Marc Piotte souscrit à l'idée que les rapports de travail sont soumis à une logique instrumentale, il soutient de plus que l'argent est devenu la permanence par excellence de la modernité :

> *« La permanence du monde moderne se mesure donc paradoxalement au processus d'accumulation du capital de sorte qu'on parle de crise lorsque ce processus est temporairement interrompu »*(33).

Les crises économiques engendrées par des mouvements de capitaux du type de celles qu'ont connues le Mexique, le Brésil et l'Asie créent, un peu partout dans le monde, des crises budgétaires et des situations d'urgence que les gouvernements n'ont d'autres choix que de gérer en catastrophe, au dépend le plus souvent des travailleuses et des travailleurs. Les employés du secteur public québécois en savent quelque chose, eux qui ont dû assumer un supplément de travail, parfois très considérable, à la suite des mesures prises par l'État pour éliminer ses déficits budgétaires et le danger de crises encore plus graves qu'ils représentaient pour la société.

Stephen R. Covey, consultant américain de réputation mondiale, spécialiste des questions de leadership organisationnel, soutient qu'une brisure a marqué le milieu du XXe siècle : l'éthique de la personnalité venant supplanter celle du caractère. Sur la base de la totalité de la littérature américaine consacrée à la réussite, Covey remarque le caractère superficiel des écrits couvrant les 50 dernières années :

> *« Ces livres prônaient la nécessité d'avoir une bonne image sociale. Ils proposaient des recettes et des rafistolages, des emplâtres, des remèdes miracles censés guérir des mots graves. Certes, ils semblaient parfois le faire temporairement, mais ils laissaient en fait les problèmes chroniques suppurer et resurgir encore et toujours »*[34].

Au contraire, écrit Covey, la littérature des 150 années précédentes met l'accent sur ce qu'il appelle l'éthique du caractère pour justifier la réussite : *« intégrité, humilité, fidélité, sobriété, courage, justice, application, simplicité, modestie et patience »*[35]. Pour ce praticien, est-il besoin de le dire, l'éthique de la personnalité, bien qu'étant une technique positiviste et utile dans certaines circonstances, ouvre la porte à la manipulation, voire à la duperie. De là à penser que l'apport d'une certaine forme de la psychologie des relations humaines, une psychologie axée sur l'image commandée par les circonstances et sur des attitudes positivistes superficielles pour donner une impression favorable à la clientèle, est fragilisante à plus ou moins brève échéance, il n'y a qu'un pas.

Vivant sur une planète à certains égards menacée, partageant cette vie avec des espèces animales et végétales également menacées, il est pertinent de se demander si toutes les formes de pollution auxquelles nous sommes exposés ont une influence délétère sur la santé des humains en général, sur la santé mentale en particulier.

En rapport avec l'incidence de certains solvants, notamment le styrène, une équipe de chercheurs de l'Université du Québec à Montréal en est arrivée à des conclusions pour le moins inquiétantes.

> *« Les résultats montrent une relation significative entre l'acide mandélique primaire mesuré à la fin de la journée de travail (indicateur biologique de l'absorption de styrène) et certains scores obtenus sur des échelles ou indices psychométriques »*[36].

Bien que les scores obtenus soient corrigés par l'effet de quatre variables confondantes, l'âge, la scolarité, la consommation de cigarettes et celle d'alcool, les indices ne constituent pas des diagnostics de maladie mentale mais révèlent une détérioration du bien-être.

Dans un article publié en 1995, la sociologue et psychodynamicienne du travail Marie-Claire Carpentier-Roy pose la problématique de la santé mentale au travail en termes à la fois sociaux et psychologiques, assez proches tout compte fait de l'approche systémique. Elle constate un phénomène d'anomie sociale, c'est-à-dire une diminution significative de l'influence de normes, de règles, de lois communes ; les individus se retrouvent en quelque sorte sans référents sociaux, sans modèles simples auxquels se référer.

Parmi les indicateurs de l'anomie sociale, Mme Carpentier-Roy note l'effritement des dimensions affectives des rapports sociaux :

> *« L'individu, écrit-elle, est de plus en plus traité comme homo oeconomicus, homo rationalis, mais peu comme homo credens, homme de croyance, habité par des affects, des désirs, des passions qui le relient à l'Autre dans des rapports d'échange, de solidarité »*[37].

Elle note également l'effritement des systèmes référentiels sécurisants telles la religion et la famille traditionnelle au profit d'une pluralité de valeurs et de comportements, l'éclatement des réseaux de solidarité, la crise des institutions sociales.

Ces rôles traditionnels, si critiquables soient-ils, ont tendance à disparaître sans être remplacés par d'autres rôles relevant de la sphère de la vie privée. La vie professionnelle, le travail en d'autres mots, s'offre en relève à la société pour procurer aux individus un lieu et une occasion de se réaliser, de parfaire son identité, d'atteindre des objectifs de vie égaux à ses ambitions et aux compétences acquises au cours de nombreuses années de formation académique et professionnelle.

Pour théoriser la problématique de la santé mentale au travail, elle pose l'hypothèse suivante :

> «... *actuellement,* écrit-elle, *la profonde anomie sociale (et la frileuse régulation sociale qui en signe l'existence) rend problématique la construction de l'identité et pose alors le travail comme axe central de la quête identitaire; toutefois, cette position ne peut qu'être paradoxale car le travail devient à la fois lieu d'espoir et d'énormes déceptions, étant donné les échos que l'anomie sociale a nécessairement dans les rapports sociaux de travail*»[38].

La quête d'identité, c'est-à-dire cette démarche incessante pour se constituer en sujet unique, est le pivot de la problématique de la santé mentale au travail; cette identité se construit surtout dans la sphère privée autour de l'amour, mais aussi dans la sphère publique, dans le travail en particulier, autour de la reconnaissance.

Mais la finalité de l'entreprise, si elle ne nie pas nécessairement la quête de valeurs universelles, n'en demeure pas moins économique ou administrative. Un degré trop élevé de fusion entreprise-individu présente par conséquent un risque, celui d'être piégé par les besoins de la culture organisationnelle, le besoin d'une performance exclusivement consacrée à l'entreprise, le besoin de symbolisation de l'entreprise par l'individu, le besoin de partager les valeurs de l'entreprise au-delà d'un engagement de type professionnel.

Il s'ensuit un risque de développer une identité sur mesure, une identité exigée pour des besoins spécifiques et ponctuels au lieu d'une identité orientée vers ce qui nous semble universel et intemporel. Le risque augmente encore lorsque l'entreprise ne trouve plus son compte dans l'individu qui lui ne vit plus que pour elle, son identité devient quelque chose comme un objet fait sur mesure et jetable après usage. Cette violence psychologique n'a rien de banal, elle explique en partie les problèmes de santé mentale au travail.

6.2.2 La fusion entreprise-individu

La désagrégation du tissu social a pour effet de favoriser un surinvestissement du milieu de travail :

> *« Le travail, plutôt que d'être un endroit où se poursuit la quête de l'identité commencée dans la vie hors travail, devient un lieu de cristallisation de la quête identitaire »*[39].

Il s'ensuit, pour l'individu, un besoin de reconnaissance, soit un jugement favorable porté sur le travail réel, sur la connaissance, l'expérience et la compétence dérivées de la culture de métier. L'euphorie provoquée par le surinvestissement dans le travail et la surperformance qu'exigent les modes de gestion fondés sur la passion de la réussite et le désir de se surpasser, de se défoncer diraient les sportifs, ne dure qu'un temps. À l'autodiscipline succède l'anxiété, la perte de capacité de la part des travailleurs de reconnaître leurs propres désirs et d'y répondre, l'aliénation, la perte de sens :

« Mais ce qui advient, trop souvent, c'est la perte de son identité, et du même coup, la perte du sens qui conduit ou à l'aliénation – l'acteur devient sujet de quelqu'un d'autre – ou à la dérive vers différentes formes de pathologies (détresse psychologique, épuisement professionnel, somatisation, etc.) »[40].

À trop miser sur la possibilité de se construire une identité à travers et par le travail, dans un monde orienté vers des objectifs de production et de rentabilité organisationnelle, l'individu se trouve piégé, pris dans une tourmente infernale de laquelle il est difficile de sortir autrement que par la fuite ou la maladie. Pour mieux saisir la problématique de la santé mentale au travail, il importe de comprendre un peu mieux la dynamique managériale du rapport entre l'individu et l'organisation.

6.2.3 Le piège de la gestion « managinaire »

Dans un article intitulé *Le management « psychique »*, Nicole Aubert, chercheure à l'École supérieure de commerce de Paris, analyse les particularités du modèle de gestion de la performance extrême, le système qu'elle qualifie de managinaire, tel qu'il est pratiqué par des entreprises d'envergure mondiale.

Comme en écho à l'anomie sociale, l'entreprise se présente comme un des derniers lieux possibles et stables d'investissement du fait qu'elle est encore pourvoyeuse de signes, de repères, de croyances, de valeurs et de sens. On demande à l'entreprise d'être un lieu de vie, de formation, d'épanouissement, on y adhère comme à une institution porteuse de projets et d'actions sur la société dans sa double dimension économique et sociale :

« Réciproquement, l'entreprise a plus que jamais besoin des individus dans toute leur "totalité" physique et psychique, et ce double mouvement entraîne l'apparition d'un mode de management qui sollicite et mobilise fortement l'individu au niveau psychique »[41].

Le système managinaire mise sur une quête de performance, un culte de l'exploit, comme si l'œuvre à accomplir était le joyau final de l'art, l'aboutissement ultime de l'humanité, l'atteinte de l'exploit sportif par excellence. On ne gère plus seulement des corps, à l'aide d'un système disciplinaire rude et autoritaire, comme préconisé par le taylorisme ; on ne manage plus seulement des cœurs, comme à l'époque du mouvement des relations humaines ; on manage de l'imaginaire, de l'énergie et de la complexité psychique :

«...il ne s'agit plus d'imposer un ordre de l'extérieur mais de susciter, de l'intérieur, l'adhésion de l'individu à une logique d'organisation, à un projet collectif qui stimule l'imaginaire et auquel il s'identifie»[42].

La logique du système en est une d'adhésion de tous par intériorisation des valeurs, des objectifs et de la logique de l'entreprise, il ne s'agit plus de faire faire mais de faire vouloir, il ne s'agit plus de régenter des gestes mais des désirs, une logique du gagnant-gagnant par laquelle l'individu reçoit moult gratifications, un excellent salaire, mais où la réussite est obligatoire ; une logique du faire toujours plus et du faire plus avec moins. L'auteure cite un manager :

« On va vous donner une mission, deux missions, trois missions, mais en réalité on sera déçu si vous n'en faites que trois. On vous demande en fait d'aller plus loin que ce qu'on vous demande. C'est dit sans être dit. Ca doit être compris »[43].

Caractérisé par un soubassement idéologique fort, le système managinaire mise sur une éthique commerciale aussi exigeante qu'orientée vers la productivité et la performance extrême : la qualité totale, la recherche de l'excellence, le respect de l'individu, le service aux clients, le zéro défaut zéro panne, etc.

Carburant au stress, pour reprendre les mots de Mme Aubert, la mobilisation psychique comporte ce qu'il est convenu d'appeler des dispositifs de mise sous tension. Un de ces dispositifs réside dans une forme d'évaluation destinée à tirer l'individu vers le haut :

«Ainsi, à l'American Express, ceux qui ont rempli toutes les exigences de leur travail n'obtiennent que la note médiane "C"». Les deux notes au-dessus sont là pour inciter les employés à se défoncer, à aller au-delà de l'attente, ...»[44].

Seulement 10 % des employés reçoivent la note « B » et 1 % la note « A » réservée à des personnes dont les performances toutes catégories dépassent de très loin les attentes normales.

La mobilisation psychique comporte deux puissants ressorts : le management par la passion et le défi paradoxal. Puissant moteur de tant d'exploits humains, la passion devient un ressort incontournable de la quête de performance : *« Que vaut un individu hyper-compétent s'il n'est pas passionné par ce qu'il fait ? »*[45]. Quant au défi paradoxal, il consiste à placer l'individu dans une situation telle qu'il doive gérer des contradictions sans jamais dévier de la juste pensée décrétée par l'entreprise : *«... "la liberté, ici, c'est de choisir les types de contraintes auxquelles on adhère librement" explique un manager d'une multinationale célèbre...»*[46].

6.2.4 Le risque psychologique majeur

Les scientifiques ont inventé et développé le concept de risque technologique majeur au cours des années 70 et 80, pour réagir à une situation dramatique où les dommages matériels et humains générés par les inventions humaines, concurrençaient ceux générés par des causes naturelles. Alors que l'Homme semblait perdre le contrôle sur ses inventions technologiques, ces scientifiques ont dû transcender les facteurs spécifiquement techniques et rechercher dans les failles inhérentes à la connaissance et à la culture du danger, les facteurs systémiques à l'origine de ces catastrophes, afin de leur donner une explication plausible et crédible.

Deux décennies plus tard le BIT sonne l'alarme, les problèmes de santé mentale doivent faire l'objet d'une attention particulière étant devenus le principal problème de santé du travail dans les pays industrialisés. À l'instar d'une équipe de cindyniciens français intéressés par les questions de psychosociologie vécues par des praticiens œuvrant sur le terrain, nous soutenons, pour qualifier l'ensemble des malaises, maux et affections psychologiques reliés au travail, qu'il s'agit là d'un *Risque psychologique majeur*(47).

Un risque devenu excessif par l'effet cumulatif d'un ensemble de facteurs sociaux, organisationnels et individuels qui, par conséquent, dépassent de loin la responsabilité individuelle des victimes. Dans *L'archipel du danger*, Kervern et Rubise, en combinant ce qu'ils appellent la *loi d'invalidité cindynogène* et la *loi de l'éthique cindynique* pour l'appliquer à l'Homme, soutiennent que le domaine de validité de celui-ci est un contexte éthiquement positif :

> *« L'Homme est vraiment homme lorsqu'il connaît et engendre autour de lui un contexte relationnel marqué par la qualité des relations. À l'inverse, l'Homme, dans un contexte relationnel dégradé, sort de son domaine de validité et devient dangereux, consciemment ou pas »*(48). Nous sommes tentés d'ajouter : pour lui-même et pour autrui.

S'inspirant des philosophes Heidegger, Kierkegaard, Sartre et Kafka, l'ingénieur Kervern dit de l'angoisse qu'elle est une réaction de l'homme face au néant. À un premier niveau, le néant *cindynique* est défini comme la méconnaissance par l'acteur des règles, lois et axiomes élaborés par les cindyniciens et dérivés de l'étude systémique des catastrophes.

Notons quelques points pour lesquels les relations entre les individus et les organisations font largement défaut : l'estimation du risque psychologique n'est l'objet d'aucune convention entre les parties alors que la perception du danger est largement conditionnée et relativisée par la position occupée par les acteurs dans l'organisation.

Notons également l'absence de conscience du caractère ambigu et paradoxal des finalités et des valeurs propres aux divers acteurs, l'absence d'une pratique de retour d'expériences systématiques sur les facteurs de risques psychologiques inhérents à la culture organisationnelle afin de comprendre l'impact qu'a le système de production sur les individus.

Dans ce contexte, les individus tout comme les organisations adoptent de façon plus ou moins consciente des attitudes positivistes en contradiction avec les acquis de l'épistémologie de la complexité appliquée au danger, voulant que toute action humaine comporte deux composantes antagonistes : *« une composante réductrice du danger : la composante cindynolytique ; une composante créatrice ou favorable au danger : la composante cindynogène »*(49).

Plus fondamental encore, le néant *cindynique* de second niveau est défini comme l'ensemble des lacunes de ce que l'auteur appelle *l'hyperespace du danger:* les lacunes relatives à la connaissance des faits du passé, aux acquis des modèles structurés de connaissances scientifiques applicables à la problématique, aux finalités effectivement adoptées par le système, aux règles du jeu acceptées et aux systèmes de valeurs en cause.

En somme, les transformations opérées dans la société par la révolution cybernétique, par l'omniprésence de l'économique, par la mondialisation des marchés, par la déréglementation et le désengagement de l'État, par les bouleversements éthiques, par diverses manifestations de l'anomie sociale et par la fusion entreprise-individu conduisent à la notion de vertige que nous rappelle Kervern: *« De cette absence de repères naît le phénomène de "vertige" bien repéré par les philosophes de l'angoisse »*(50).

6.2.5 Les conséquences du risque psychologique majeur pour les personnes

Générés par une société fragilisée, insécurisés par la précarité d'emploi conséquente au désengagement de l'État et à la déréglementation, pris dans une dynamique fusionnelle dans laquelle ils s'investissent corps et âme, à l'instar des sportifs de niveau olympique, les enfants de la révolution cybernétique, ces adeptes de la performance extrême, sont peu nombreux à atteindre les marches du podium économique.

Qu'ils soient salariés, cadres ou professionnels, la majorité doit se contenter de la gloire incertaine d'avoir participé au grand jeu. Mais à quel prix ? La vie professionnelle n'est pas un jeu, il ne suffit pas d'atteindre le sommet à quelques reprises, il faut durer encore et encore mais vient inévitablement le jour où la performance diminue, où des difficultés personnelles se produisent, où des restructurations ou autres réaménagements exigent de nouvelles compétences, où l'entreprise mise sur de nouveaux chevaux de course, c'est alors la fin des récompenses gratifiantes, la privation de l'étayage narcissique, la tension est trop forte, c'est la crise:

> *« Lorsque l'organisation se met en retrait et ne reconnaît plus l'individu, le leurre de la symbiose apparaît et on assiste alors à des phénomènes de dépression brutale, où la personne "craque" parfois soudainement, parfois en plusieurs étapes ».* Suivons l'auteure dans la description particulièrement frappante du cas de Noémie: *« Décrivant l'effondrement qui a précédé sa dépression, elle dit: "c'est pire que si j'avais quelqu'un de mort devant moi... mais quelqu'un de très cher qui était mort... c'est toute mon image de marque qui s'est cassée...". On voit très bien, dans cette description, le clivage interne qui se produit: d'un côté, une partie du Moi de Noémie, son Moi idéal, celui qui lui était "cher", qui s'était identifié à l'organisation, s'effondre, tandis qu'une autre partie d'elle-même contemple le désastre »*(51).

Le mal-être ne conduit pas toujours à des situations extrêmes de burnout, comme c'est le cas de Noémie, mais l'idée d'un clivage interne, source de souffrance, est toujours présente chez les personnes qui ont fait l'objet d'observation clinique en relation avec une expérience de rupture du cercle vicieux d'une société qui ne reconnaît plus que des médaillés d'or, une société qui accepte de composer avec le risque psychologique majeur.

Toutes les entreprises ne pratiquent pas le management psychique et la recherche de la performance extrême, à la manière des transnationales citées par Nicole Aubert, soit qu'elles n'en ont pas les moyens, soit que le contexte ne s'y prête pas, mais ces exemples représentent la tendance forte. Les entreprises y trouvent leur compte en gain de productivité, même si les coûts de l'absentéisme sont en hausse, comme l'indique les rapports du BIT et des compagnies d'assurances. Quant aux coûts reliés à la tarification de la CSST, ils ne représentent qu'une facture minime, le gros des indemnités étant défrayé par les compagnies d'assurances dont une part importante des cotisations est payée par les travailleuses et les travailleurs.

Conclusion

Le risque psychologique majeur est déterminé par la société dans son ensemble et par deux de ses déterminants : l'individu et l'entreprise. Le cercle vicieux de l'insécurité, compensé par l'engagement dans le piège de la fusion entreprise-individu, se répercute dans la société qui s'en trouve fragilisée davantage, tout en ayant à prendre charge des personnes qui n'en peuvent plus et de celles qui ne se sentent pas capables, et pour cause, de relever le défi.

La société devient le théâtre désolant d'un monde où la principale valeur est en voie de devenir la capacité individuelle de survivre aux exigences extrêmes d'une de ses créations, des exigences qui dépassent l'échelle humaine. De là à parler d'une angoisse collective face au vide spirituel d'une société de marché, il n'y a qu'un pas. Quel paradoxe : en Occident, dans la partie la plus riche du monde, nous vivons en survivant, comme des êtres traqués par la vie, comme si notre survie dépendait de la seule performance qui soit acceptable pour les tenants du pouvoir dominant : la performance extrême. Et dire qu'on s'attend à ce que le reste du monde fasse les efforts nécessaires et suffisants pour nous rejoindre. À folie, folie et demie pourrions-nous conclure !

En somme, depuis la fin de la seconde guerre mondiale, le monde vit à un rythme accéléré : la révolution cybernétique ouvre la porte à une idéologie de la performance extrême et rend impérative une épistémologie de la complexité, la société perd une part de son emprise sur les individus, les travailleuses et les travailleurs adhèrent à des idéaux centrés sur la production, ne laissant que très peu de place à la vie hors travail et les organisations imposent des normes de performance de plus en plus élevées, plus proches du maximum que de l'optimum. Il en résulte une fragilisation de l'ensemble des composantes du système social : les entreprises y trouvent leur compte, du moins temporairement, alors que les personnes, individuellement abandonnées à elles-mêmes, en font les frais.

Bibliographie

(1) Pascal, P. (2000) "Enquête européenne sur les conditions de travail: pas d'amélioration en vue..." Santé et Travail, (33). p. 16-18

(2) Bureau International du Travail. "Rapport annuel" 1993 et Mental health in the workplace: Introduction (en anglais uniquement). Préparé par Mme Phyllis Gabriel et Mme Marjo-Riitta Liimatainen. Bureau international du Travail, Genève, octobre 2000. ISBN 92-2-112223-9

(3) Selye, H.A. Syndrom produced by divers noucuous agents Nature -1936, Vol 138, no 2

(4) Freunberger, H.J. (1970) Staff burn out, Journal of social issue, 30 (1), 159-165

(5) Veil, C. (1959) Les états d'épuisement. - Concours médical, p. 2675-2681

(6) Vézina, M. (7 mars 2003) Stress 1990-2000, données transmises par l'auteur

(7) RRSSS de Montréal-Centre, Rapport annuel 2001 sur la santé de la population, Direction de la santé publique, p. 69

(8) Gabriel, P. & Lümatainen, M. (oct. 222) Mental health in the workplace: Introduction. Bureau international du Travail, Genève, ISBN 92-2-112223-9

(9) Ranno, J.P. (2000) cité par RRSSS de Montréal-Centre, op cit, p. 69

(10) Vézina, M. & Bourbonnais, R. Incapacité de travail pour des raisons de santé mentale, dans Portrait social du Québec, données et analyses, éditions 2001, Institut de la statistique du Québec, chapitre 12, p. 279-287

(11) St-Arnaud, L. (2001) Thèse de doctorat, sciences biomédicales, Université de Montréal

(12) Vézina, M. correspondance avec l'auteur du 3 juin 2002

(13) Vahtera, J. & al. (2000) "Effect of change in the psychosocial work environment on sickness absence: a seven year follow up of initialy healthy employees". In Jornal of epidemiology and Community health, no 54: 484-493

(14) Vézina, M. & Bourbonnais, R. Incapacité de travail pour des raisons de santé mentale, dans Portrait social du Québec, données et analyses, éditions 2001, Institut de la statistique du Québec, chapitre 12, p. 285

(15) Bourbonnais et al. (1998) "Environnement psychosocial du travail" in Enquête sociale et de santé 1998 2e édition, Institut de la statistique du Québec: 571-583

(16) MSSS (novembre 2001) Rapport du comité provincial d'assurance salaire. Québec,

(17) MSSS IDEM p. 28

(18) MSSS IDEM p. 14

(19) MSSS IDEM p. 8

(20) L'Association des hôpitaux du Québec et l'Association des CLSC et des CHSLD du Québec, Augmentation des coûts de l'assurance-salaire en 1999-2000, Communiqué No 2000-29, 27 septembre 2000. Cité par MSSS IDEM p. 12

(21) MSSS, (novembre 2001) Rapport du comité provincial d'assurance-salaire. Québec, p.11

(22) MSSS IDEM p. 16

(23) Ranno, J.P. "Santé mentale et stress au travail". Vice-présidence, opérations vie et groupes invalidité, Sun Life, Montréal, Canada, 2000. Cité par Vézina, M. Bourbonnais, R., Audet, N., "Évolution au Québec de 1987 à 1998 de l'incapacité de travail pour des raisons de santé mentale", 2001

(24) Texte de conférence donnée par Mme Dominique Fortin de la Croix Bleue du Québec en juin 1998

(25) Texte de conférence donnée par Mme Suzanne Caron, vice-présidente de la compagnie Groupe vie Desjardins-Laurentienne en 1998

(26) Benoit, J. (2000), « Absentéisme et cas d'invalidité, c'est 7,1 % de la masse salariale. » La Presse, 23 novembre, p. D-16, cité par RRSSS de Montréal-Centre, op cit, p. 69

(27) Marin, A. (fév. 2002) ombudsman, Rapport Spécial, Traitement systémique des membres des FC atteints du SSPT

(28) The Diagnostic and Statistical Manual of Mental Disorders, 4e édition, cité par Marin, A., Ombudsman IDEM p. 34

(29) Marin, A. ombudsman IDEM p. 31

(30) Marin, A. ombudsman IDEM p. 40

(31) Marin, A. ombudsman IDEM p. 55

Bibliographie (suite)

(32) Groupe de Lisbonne (1995) Limites à la compétitivité, Éditions Boréal, p. 15

(33) Piotte, J-M. (2001) Les neufs clés de la modernité, Éditions QUÉBEC AMÉRIQUE, Montréal, p.203.

(34) Covey, S.R. (1996) Les sept habitudes de ceux qui réussissent tout ce qu'ils entreprennent, Éditions FIRST-Business, Paris, p.18-19

(35) Covey, S. R. IDEM p. 19

(36) Sassine, M.-P.; Mergler, D.; Larribe, F.; Bésanger, S.; Détérioration de la santé mentale chez des travailleurs exposés au styrène. Revue Épodem. et Santé Publique, 1996, 44: 14-24

(37) Carpentier-Roy, M.-C. (1995) Anomie sociale et recrudescence des problèmes de santé mentale au travail. Revue Santé mentale au Québec, p. 123

(38) Carpentier-Roy, M.-C. IDEM p. 122

(39) Carpentier-Roy, M.-C. IDEM p. 127

(40) Carpentier-Roy, M.-C. IDEM p. 133

(41) Aubert, N. (1992) Le management « psychique », Revue RIAC, 27/67, p. 161

(42) Aubert, N. IDEM p. 162

(43) Aubert, N. IDEM p. 163

(44) Aubert, N. IDEM p. 164

(45) Aubert, N. IDEM p. 164

(46) Aubert, N. IDEM p. 165

(47) Fournier, A., Guitton, C., Kervern, G.Y., Monroy, M., (1997) Le risque psychologique majeur, Introduction à la psychosociologie *cindynique*, Éditions ESKA, Paris

(48) Kervern, G.Y. & Rubise, P. (1991). L'archipel du danger, Introduction aux *cindyniques*, Éditions Économica, p. 335

(49) Fournier, A., Guitton, C., Kervern, G.Y., Monroy, M., (1997) Le risque psychologique majeur, Introduction à la psychosociologie *cindynique*, Éditions ESKA, Paris, p. 101

(50) Fournier, A., Guitton, C., Kervern, G.Y., Monroy, M. IDEM p. 133

(51) Aubert, N. (1992) Le management « psychique », Revue RIAC, 27/67, p. 166

Le travail est un champ
de bataille qui fait plus
de dommage que les guerres
(BIT)

Chapitre 7

Le système SST réalise-t-il sa mission ?

Introduction

Le système québécois de SST existe depuis plus d'un siècle, il a été instauré à partir de 1885 dans le but de sauvegarder la vie et l'intégrité physique des travailleuses et des travailleurs qui étaient confrontés aux innombrables nouveaux dangers engendrés par l'industrialisation des moyens de production. Au début du XXe siècle, on a voulu parfaire le régime en lui ajoutant la composante indemnisation des lésions professionnelles dans le but de protéger la survie économique et d'offrir des services aux victimes lourdement frappées par les conditions sécuritaires et sanitaires du travail.

Bien qu'il ait été d'abord question de protection de la sécurité, de la santé et de la vie des personnes en emploi, cette dimension dite de la prévention fut le parent pauvre du régime au profit de sa composante indemnisation axée sur la gestion des conséquences les plus évidentes qui ont été reconnues comme étant le fait exclusif du travail.

Pendant cette longue période fertile en développements de toutes sortes, le régime légal et administratif d'indemnisation a bien subi quelques corrections et l'ajout de quelques éléments importants: niveau des prestations accordées aux accidentés, listes des maladies professionnelles, réadaptation, etc. Sous l'influence des gouvernements sociaux-démocrates des dernières décennies, une nouvelle loi est venue réaffirmer les bases de la composante préventive en renforçant les principes de l'élimination des dangers à la source, de la participation des travailleurs et des employeurs à la gestion du régime, de l'implication du ministère de la Santé et des Services sociaux dans la surveillance de la santé des travailleuses et des travailleurs, du droit de refuser un travail dangereux, etc.

Parce qu'il met en cause l'intérêt microéconomique à courte échéance des entreprises d'une part, l'intérêt macroéconomique et à longue échéance de l'ensemble de la société, y compris les entreprises d'autre part, le régime a toujours été objet d'enjeux. Il a évolué par conséquent au gré des rapports de force socio-économiques, des idéologies politiques dominantes et des besoins de la production.

L'objectif du présent chapitre est de faire le point sur l'état du système de gestion globale de la SST. Essentiellement, nous partons d'un état de la question résumant l'essentiel de ce qui ressort des précédents chapitres pour ensuite appliquer au régime de SST un modèle d'analyse systémique propre aux sciences du danger, les *cindyniques.*

7.1 État de la question

Sur la base de faits connus, d'estimations scientifiques et des principaux fondements empiriques de la *cindynique,* les précédents chapitres nous ont permis d'établir un état de la question:

- l'amélioration des conditions de santé et de sécurité du travail est le fruit de luttes rendues nécessaires par autant de situations catastrophiques et scandaleuses qui, si elles n'avaient pas été dénoncées et corrigées, du moins dans leurs manifestations les plus extrêmes, auraient pu entraîner la société tout entière dans des dérives politiques, sociales et économiques dont il eut été difficile de se remettre ;

- l'amélioration du sort des populations les plus affectées par les conditions morbides de travail, réalisée sous la responsabilité de l'État, passe par des réformes politiques, légales et administratives qui, au cours du XXe siècle, ont été axées sur la protection du sort des victimes, la gestion des conséquences ;
- la vie, la santé, la sécurité et l'intégrité des personnes sont des valeurs universellement admises dans notre société, pourtant, elles entrent vraisemblablement en conflit avec l'univers de la production des biens et des services qui font l'objet de l'économie de cette société ;
- le développement d'une nouvelle discipline scientifique destinée à prévenir les conséquences catastrophiques du danger permet d'appréhender les facteurs systémiques qui sont généralement à l'origine des grandes catastrophes technologiques et industrielles aussi bien que des petites catastrophes que sont les accidents et les maladies du travail, graves ou mortels ;
- les lésions accidentelles, y compris les lésions musculo-squelettiques et les syndromes post-traumatiques, sont assez généralement reconnues par le régime de SST, elles donnent lieu à des indemnités et à des services jugés raisonnables ;
- un fort pourcentage des blessures graves et des décès survenus par le fait ou à l'occasion du travail sont analysés sans que soient considérés les facteurs systémiques qui contribuent à les générer. Par conséquent, ces causes profondes ne sont pas comprises comme faisant partie de la genèse des accidents, ni parées de façon efficace ;
- sous l'effet de revendications et de manifestations d'envergure sociale, un certain nombre de maladies sont effectivement reconnues par le régime, il s'agit presque exclusivement de pneumoconioses, de surdités professionnelles et d'inflammations ;
- les épidémiologistes des pays occidentaux ont établi qu'un pourcentage plus que significatif des milliers de décès par cancer et maladie pulmonaire, pour ne parler que de ceux-là, sont dus à l'exposition professionnelle mais ne sont que très rarement reconnus comme tels, ni indemnisés en conséquence. Ces décès sont le résultat de phénomènes multifactoriels complexes que l'on traite de façon inadéquate et simpliste avec une grille d'analyse conçue pour la reconnaissance de lésions infiniment plus simples, les blessures accidentelles ;
- alors que le BIT nous alerte sur l'existence d'une situation catastrophique en matière de troubles, de malaises et de maladies de nature psychologique liés au travail, la CSST commence à en reconnaître un certain nombre, la plus grande part de ces malaises, troubles ou maladies sont pris en charge par les assurances privées, par le régime public ou par les individus eux-mêmes ;
- ces troubles, malaises et maladies affectant la santé mentale de dizaines de milliers de travailleuses et de travailleurs sont le résultat de facteurs à la fois individuels, politiques, sociaux, économiques et organisationnels. D'une très grande complexité, ces facteurs sont largement liés au travail, ce dernier étant probablement le plus déterminant de

tous. Par conséquent, les problèmes de santé mentale des travailleuses et des travailleurs devraient effectivement être pris en charge, en tout ou en partie, par le système d'indemnisation des lésions professionnelles.

Jusqu'ici nous avons analysé diverses dimensions du système SST. Il nous reste à le voir comme un tout, ce qui est le propre de l'analyse systémique inhérente à l'*ergocindynique.*

7.2 L'efficience du régime SST vue à travers une grille d'analyse *cindynique*

Notre approche étant systémique, elle est l'occasion de questionner le régime de gestion de la SST dans sa globalité, de le voir comme un système complexe sujet à évoluer de façon positive ou négative, favorable ou défavorable à l'actualisation des valeurs sur lesquelles il repose et à l'atteinte des finalités pour lesquelles il existe. Le but de l'exercice auquel est convié le lecteur est simplement d'appliquer un modèle théorique inhérent à la *cindynique*, au système qui nous occupe, c'est-à-dire le régime de gestion de la SST, afin de déterminer s'il apparaît favorable ou pas à sa raison d'être.

Dans un livre de nature essentiellement épistémologique intitulé « Éléments fondamentaux des *Cindyniques*»[1], l'auteur inscrit dans l'hyperespace du danger la notion de déficits systémiques cindynogènes qui nous a servi tout au long de l'écriture de ce livre et en dégage les fondements scientifiques de la *cindynique.*

L'hyperespace du danger associé à tout système relationnel est le produit de cinq espaces, il peut être défini et représenté schématiquement comme suit:

Figure 7.1 - L'hyperespace du danger

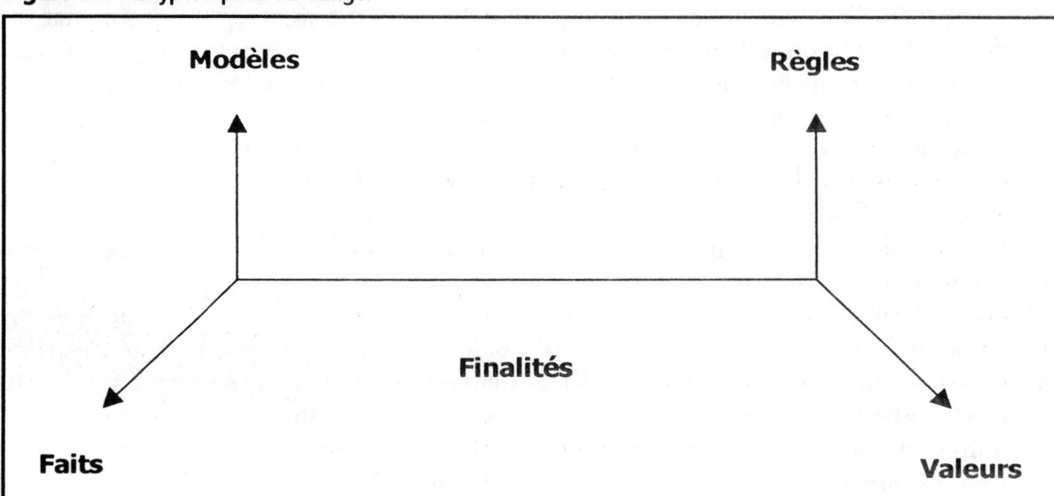

- des faits : un espace mnésique, parfois appelé statistique en méga*cindynique*, qui recueille les faits du passé ;
- des modèles : un espace épistémique qui correspond à une banque de connaissances structurées par des modèles ;
- des finalités : un espace téléologique qui est le lieu des buts et objectifs adoptés par le système relationnel ;
- des règles : un espace déontologique qui est le lieu des règles du jeu acceptées ;
- des valeurs : un espace axiologique qui est le lieu des systèmes de valeurs.

Les sources du danger ne se retrouvent donc pas que dans le matériau exploité, dans les techniques de travail, dans les attitudes des travailleurs, dans les règlements, les lois et dans les modes de gestion. Les sources du danger se retrouvent aussi et peut-être surtout dans le respect des finalités et dans les valeurs qui animent les acteurs aussi bien que dans les faits, les règles et les modèles d'application des connaissances. La source du danger réside également dans la qualité des relations entre les acteurs, dans les rapports éthiques, politiques, déontologiques, écologiques et ontologiques qu'ils entretiennent entre eux et avec les acteurs extérieurs.

Pour garder à ce livre son caractère accessible propre à un ouvrage de sensibilisation, nous n'entrons pas dans l'explicitation des fondements épistémologiques de la nouvelle science. Nous partons plutôt de l'échelle d'intensité *cindynique* élaborée à partir de ces fondements pour procéder, sur cette base, à une forme d'évaluation de l'état du système de SST québécois en ce début de siècle.

La notion d'échelle d'intensité *cindynique* reproduite ci-après a fait l'objet d'une convention entre spécialistes au début des années 1990, elle permet, sinon de réaliser une véritable évaluation factuelle d'un système, de questionner sur une base théorique éprouvée son état de santé ou de dégradation. Elle permet par conséquent de pondérer la propension du système :

- à générer des moyens pour harmoniser le rapport entre le besoin et le service rendu à la population concernée ;
- ou au contraire sa tendance à générer des problèmes, des crises et même des catastrophes dans la mesure ou les valeurs et les finalités sont trafiquées au profit d'intérêts particuliers et antinomiques.

Dans le premier cas, on dira que le système est cindynolitique, dans le second cas, on dira qu'il est cindynogène.

Selon le degré d'intensité des problèmes inhérents au système analysé, il est possible de situer ce système sur un continuum allant de problèmes superficiels, des incidents liés à des données statistiques par exemple, jusqu'à des problèmes d'une extrême gravité : l'égarement quant aux règles du jeu, l'oubli des valeurs fondamentales, le manque de transparence quant à la réalité des faits, etc., tous facteurs à l'origine de catastrophes majeures mettant en péril les systèmes complexes.

Le lecteur aura compris que:

- l'intensité de valeur 1 correspond à *Incident*, les répercussions engendrées se situent à la surface des choses, elles nécessitent des corrections au niveau de la collecte et de l'utilisation des données factuelles, des *Statistiques*;
- l'intensité de valeur 2 est associée à *Accident*, les répercussions engendrées sont plus graves, elles se situent au niveau des *Modèles* de connaissances et de leur intégration;
- l'intensité de valeur 3 associée aux *Finalités* en cause laisse entrevoir des *Catastrophes*, elle nous situe dans une zone de répercussions d'une gravité certaine;
- l'intensité de valeur 4 associée aux *Règles du jeu*, nous renvoie à la notion de *Catastrophe majeure*;
- l'intensité de valeur 5 se rapportant aux *Valeurs* sur lesquelles repose le système, nous indique qu'il faut appréhender le pire des pires, l'*Apocalypse*[2].

L'application de ce modèle nous aidera à resituer le système dans sa juste perspective.

Figure 7.2 - Le concept d'intensité *cindynique*

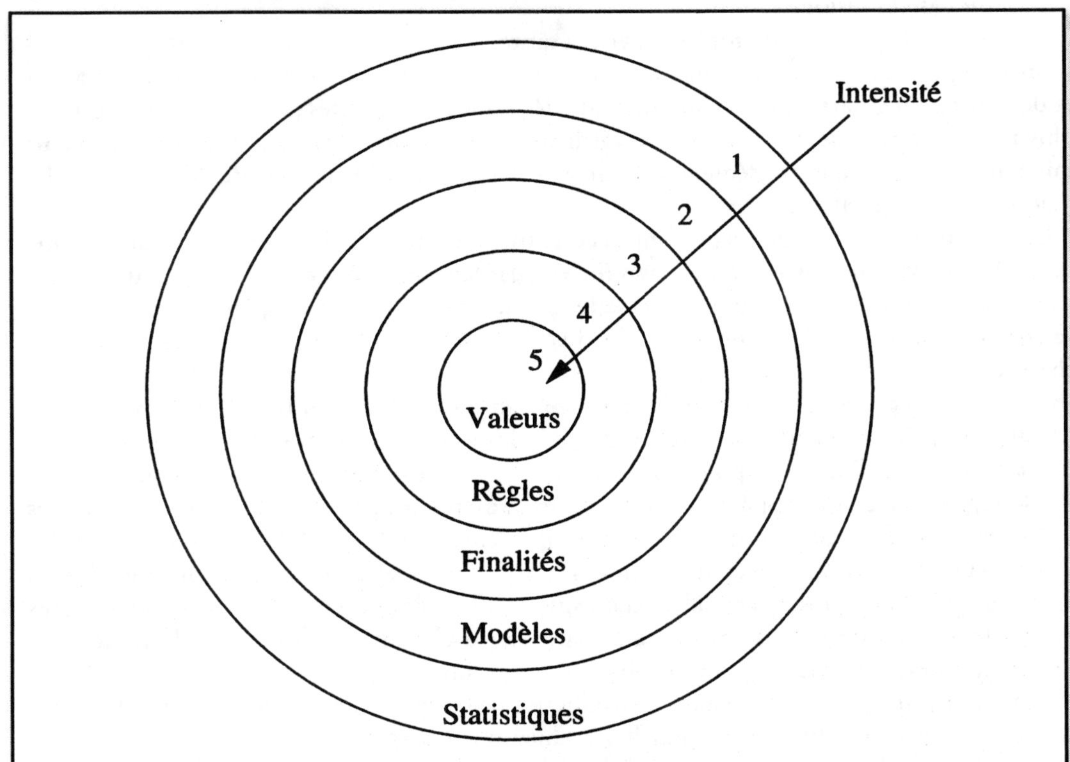

7.2.1 Les valeurs fondamentales du régime de SST

Par rapport à l'échelle d'intensité *cindynique*, nous devons considérer que le respect des valeurs sur lesquelles repose le régime de SST peut déterminer son degré d'efficience ou de perversité, l'utilité de le maintenir en vie, de le réformer dans ses fondements légaux et dans son mode d'application ou de l'abandonner au sort de tout ce qui a déjà trop vécu ou trop mal vécu.

Les valeurs premières qui sont à la base du régime SST sont données par le titre et l'objet des deux lois majeures qui définissent et régissent le domaine : *la Loi sur la santé et la sécurité du travail* (LSST) et la *Loi sur les accidents du travail et les maladies professionnelles* (LATMP). La première a pour objet *l'élimination à la source même des dangers pour la santé, la sécurité et l'intégrité physique des travailleurs.* L'objet de la seconde est *la réparation des lésions professionnelles et des conséquences qu'elles entraînent pour les bénéficiaires.* Les valeurs à préserver sont clairement exprimées, ce sont :

- au premier degré, la sauvegarde de la vie, la santé, la sécurité et l'intégrité physique des personnes en emploi ;
- au deuxième degré, la prévention des lésions professionnelles et la réparation du tort causé par ces lésions.

À l'origine, il s'agissait de protéger la vie, la santé, la sécurité et l'intégrité physique des personnes employées dans les manufactures. La protection du revenu des personnes accidentées et de leur famille, particulièrement en cas de décès ou d'incapacités graves, est venue un peu plus tard. La LSST de 1979 est venu réaffirmer que la santé et la sécurité sont des valeurs impératives et que par conséquent il faut agir à la source du danger afin de prévenir les lésions professionnelles.

La sauvegarde de ces valeurs profondes constitue l'essentiel de la raison d'être du système de SST. Ces valeurs ont-elles été ravivées et adaptées aux nouvelles réalités, au fur et à mesure de leur apparition ou à l'inverse le système s'est-il avéré incapable d'actualiser les valeurs qui sont à l'origine de sa raison d'être ? Nous avons vu au cours des précédents chapitres que :

- le régime s'est largement limité à la composante réparation du tort causé aux victimes et ce, au détriment de la prévention des lésions et de la promotion de la santé, de la sécurité et de l'intégrité physique et psychologique des personnes en emploi ;
- le régime s'est développé dans un esprit extrêmement restrictif à un point tel que des situations alarmantes ont pu se développer sur de longues périodes dans plusieurs secteurs d'activités, le secteur minier en particulier. Ces situations se sont détériorées jusqu'à provoquer des scandales reconnus par l'histoire et servir de motifs à des grèves et des manifestations d'envergure sociale afin d'obtenir un minimum de respect du droit à l'indemnisation et un minimum de pratiques préventives ;
- le régime apparaît en profonde contradiction avec les connaissances épidémiologiques relatives aux maladies professionnelles et, bien que des efforts louables aient été déployés

par de nombreux scientifiques pour dénoncer cette « faille » du régime, celui-ci n'a jamais pris les moyens de vérifier le bien-fondé des thèses scientifiques ;

- le régime reconnaît annuellement quelques centaines de troubles de santé mentale à titre de lésions professionnelles alors que les compagnies d'assurances considèrent que les problèmes liés à la santé mentale sont à l'origine de près de la moitié des causes de congés de maladie et des invalidités des travailleuses et des travailleurs des secteurs d'activités liés aux services.

Peut-on affirmer, sur cette base, que les valeurs sur lesquelles repose le régime se sont actualisées, que tout ce qui pouvait raisonnablement être fait l'a été ? Nous croyons qu'au contraire, le rapport de force qui a déterminé l'évolution du régime a fait en sorte de pondérer ces valeurs à la faveur d'une administration légaliste, restrictive et insensible aux réalités nouvelles. Il n'est donc pas étonnant d'apprendre que la Commission de réforme du droit du Canada, dans un document publié en 1986 portant sur la pollution en milieu de travail au Canada, considère que le nombre de cas de maladies du travail indemnisés par les commissions chargées de le faire est peu significatif. La commission s'exprime ainsi :

> *«... les demandes d'indemnités formées ou approuvées sont des indicateurs extrêmement peu utiles de la gravité des problèmes suscités par la pollution en milieu de travail et les maladies professionnelles»*[(3)].

Le travail demeure une activité dangereuse et par conséquent porteuse d'inconforts, de malaises, de troubles, de blessures et de maladies. Qu'est-ce à dire ? Est-ce là une fatalité inhérente à la nature de l'espèce en devenir que nous sommes et qu'à jamais nous serons ? Est-ce le résultat de la turpitude des personnes et des organisations chargées de faire en sorte que tous les moyens raisonnables de faire primer les valeurs santé et sécurité dans le travail soient mis en œuvre de façon systématique et rigoureuse ? Est-ce le fait inéluctable du développement des rapports de forces socio-politico-économiques qui privilégie la valeur paix sociale par l'élimination des sources de scandales et ce, au détriment des valeurs santé et sécurité du travail, ramenées à des considérations médico-légales, gérées au cas par cas, sans considérer les phénomènes scientifiques, technologiques et sociaux qui traversent l'histoire et transforment la réalité ?

Le travail en tant qu'activité vitale de création, de production et d'entretien des produits dont l'humain a besoin pour assurer son existence dans les meilleures conditions possibles, ne peut-il pas être fait sans mettre en péril les valeurs universellement reconnues que sont la vie, la santé, la sécurité et l'intégrité des personnes qui en assurent la réalisation concrète ? Sans miser sur l'utopie du risque zéro, est-il possible d'améliorer les conditions de santé et de sécurité du travail de façon significative, de manière à actualiser les valeurs santé et sécurité du travail ? Nous le croyons et nous croyons qu'il n'est pas difficile de le faire si on en a la volonté politique.

Lorsque le juge René Beaudry, président de la Commission d'enquête sur la salubrité dans les mines d'amiante du Québec, a remis son rapport il y a déjà vingt-cinq ans, les dirigeants des mines ont crié à la mission impossible. Selon eux, il n'était pas possible d'éliminer l'amiante, source du danger pour les mineurs, puisque c'était justement là l'objet du travail de ces hommes que de manipuler la substance minérale en l'extrayant du sol. Quelques années plus tard, M. le Juge retourna faire la visite des lieux où il trouva des dirigeants heureux de lui confier qu'environ 80 % de ses recommandations avaient été appliquées. Quatre-vingts pour cent de l'impossible avait été fait !

Lorsqu'on visite des milieux de travail, on constate qu'une minorité d'entreprises ont amélioré leur situation de 40, 60 et 80 % en l'espace de deux, trois ou quatre ans. À l'autre extrême, on rencontre une autre minorité d'entreprises où règne le laisser-aller le plus navrant, des entreprises dans lesquelles la situation est si pénible qu'on n'hésite pas à les qualifier de dix-neuvièmistes. Entre les deux, se retrouve la majorité des entreprises où on applique avec plus ou moins de résultats, dans une perspective économique à courte vue, un minimum de mesures préventives.

Les gestionnaires éclairés de la santé et de la sécurité n'hésitent pas à le confirmer : lorsqu'on s'en donne la peine, lorsqu'on prend les moyens qui s'imposent, on élimine presque totalement les lésions, et ce sans trop de difficultés. Il suffit, pour y arriver, que la haute direction fasse la preuve qu'elle croit en cette valeur, qu'elle se dote d'une politique bien articulée, qu'elle travaille avec des professionnels compétents et qu'elle implique les travailleuses et travailleurs concernés ainsi que leurs représentants dans des plans de travail à courtes et moyennes échéances.

Mais s'il est possible et même relativement facile dans bien des cas de réduire de façon considérable les lésions professionnelles, les blessures graves en particulier, mais aussi les maladies et les décès ; que faut-il penser de l'efficience d'un régime public dont la mission est justement de faire respecter, dans la mesure du possible, ces valeurs dites inaliénables et inviolables, s'il ne le fait que très partiellement ? Qui peut dire combien de blessures graves, combien de maladies physiques ou mentales, combien de décès pourraient être évités si seulement on appliquait avec rigueur les politiques, la philosophie, les règles et les méthodes qu'on applique dans les entreprises les plus performantes ? Que faut-il penser d'une société qui ne prend pas les moyens de faire à une très haute échelle ce qui se pratique de façon significative et sans contrainte à une échelle réduite ?

Peut-on parler d'un crime de laisser-aller, un crime socialement admis en quelque sorte ? Oui ! Dès lors que le travail continue à faire des dizaines de milliers de victimes alors qu'il est possible avec des moyens raisonnables et même rentables à longue échéance de les éviter, nous pouvons parler d'un phénomène de tolérance d'une violence faite à autrui, d'une violence qu'on ne peut qualifier de naturelle ou d'inévitable, d'une violence de nature criminelle. Nous n'avons plus le droit de ne pas se poser cette question. Nous n'avons pas davantage le droit de ne pas prendre les moyens d'y répondre rigoureusement.

Nous parlons bien évidemment de crime socialement admis et non de crime de droit commun contre une personne ou contre une communauté de personnes. Il arrive parfois que l'on puisse parler de responsabilité criminelle effective, au sens propre du terme, en matière de lésions professionnelles, il faut alors qu'il y ait une intention ou une négligence criminelle démontrée par une enquête pour cause. Cela ne se produit que dans une infime proportion des cas, lorsque le nombre de victimes et les circonstances incitent les gouvernements à le faire. Ce fut incidemment le cas à Val-d'Or en 1980 alors que l'effondrement invraisemblable du toit de la mine Belmoral a fait huit morts. Outre ces cas exceptionnels, les blessures et les autres morbidités découlant du travail sont classées sous le vocable « accident », un fourre-tout commode, et on ne se pose pas d'autres questions.

Considérant l'importance de la notion de valeurs incarnées et promues par un système dans l'hyperespace du danger, l'oubli de valeurs fondamentales par la gestion historique du système de SST et son inaptitude à les actualiser le font donc paraître comme étant en voie de dégénérer. Dans les faits, alors que la LSST nous convie à éliminer les dangers à la source, la gestion de la LATMP par la CSST est telle qu'on ne reconnaît que partiellement les conséquences de ces dangers et leurs sources. Comment donc peut-on collaborer à l'élimination de lésions professionnelles dans la mesure où on ne les reconnaît pas aux fins de l'indemnisation ? On a ici l'impression que les bœufs et la charrue ne sont réunis que de façon symbolique !

7.2.2 Un système dont les finalités sont floues

Suivant l'échelle d'intensité *cindynique*, les carences dans les règles du jeu sont plus graves que celles engendrées par les finalités. Mais comme les règles du jeu découlent des valeurs en cause, mais aussi des finalités poursuivies, nous présentons la critique des finalités avant celle des règles du jeu.

Les carences relatives aux finalités sont de nature à générer des catastrophes. L'absence de finalité, l'oubli d'une ou plusieurs finalités, l'absence d'ordre dans la hiérarchie et l'agencement des finalités vont de pair avec la dilution des responsabilités des acteurs en cause. La question de savoir si le régime de SST présente des carences au chapitre du « pourquoi » de son existence est donc d'une gravité certaine.

À l'instar de tous les mécanismes de régulation sociale, les finalités du régime québécois de SST traduisent l'intention des législateurs et les buts poursuivis par ces derniers au nom de l'intérêt supérieur de la collectivité qu'ils représentent. L'intention du législateur nous renvoie nécessairement à des considérations implicites, d'ordre philosophique aussi bien qu'explicites, d'ordre pratique.

Du point de vue philosophique, le système de gestion de la SST a pour finalité de protéger les citoyens contre les dangers inhérents à l'activité de production de biens et de services. En termes négatifs, la justification du régime est évidente : faire en sorte que l'activité de travail ne soit pas, dans la mesure du possible, un opérateur de détriment, de morbidité et de mortalité pour les travailleuses et les travailleurs. En termes positifs, cette justification est moins évidente et plus philosophique : faire en sorte que le travail, à titre d'activité humaine impérative, soit conçu et réalisé comme étant un opérateur de vitalité, de santé, de sécurité et de satisfaction légitime pour ceux qui en sont les premiers concernés.

Traduites en langage concret et tenant compte du cadre législatif et des valeurs sur lesquelles il repose, nous pouvons expliciter les finalités du système comme suit :

- faire en sorte que, dans la mesure du possible et de la raison, tous les moyens de prévenir les lésions professionnelles soient systématiquement développés et appliqués par les dirigeants des organisations concernées ;
- faire en sorte que le travail soit non seulement une activité exempte de source d'insatisfaction qu'il est possible de prévenir, qu'il soit une expérience humaine positive, qu'il soit organisé et réalisé de manière à procurer une satisfaction légitime aux travailleuses et aux travailleurs ;
- considérant l'impossibilité théorique et pratique d'éviter la survenue de lésions professionnelles, assurer les travailleuses et les travailleurs contre ce risque.

En 1977, le premier ministre de l'époque, René Lévesque, disait en présentant le premier consensus obtenu dans le cadre du sommet socio-économique de La Malbaie : *« L'économie qui prétendrait encore faire passer l'homme après la machine serait vouée à l'échec »*. Voilà ce qui exprime bien la finalité du régime : il s'agit de relativiser en faveur de l'humain l'importance accordée aux diverses composantes inhérentes à l'économie, et ce, pour le bien de la société, y compris celui de l'économie.

L'état de la question ne permet pas d'affirmer que le régime est fidèle à ses finalités. Il appert plutôt que la prévention des lésions est le parent pauvre du système, que les troubles de santé mentale font du travail une activité traumatisante, plus ou moins satisfaisante, que le recours à l'assurance est devenu le principal mode de gestion du risque alors qu'il devrait être une mesure d'exception et qu'enfin, une part importante de la morbidité liée au travail est laissée à la charge des victimes.

Le système se présente comme étant une vaste entreprise dont la finalité n'est pas tant de réduire les lésions mais bien de réduire les coûts à courte échéance pour les entreprises en limitant autant que possible la couverture de l'assurance.

Aussi, la part du budget du régime consacrée à la prévention, à la recherche et à l'inspection ne prend qu'un faible pourcentage du total, environ 6 ou 7 %. Du côté privé, les services de gestion de dossiers, de contestation légale et de contre-expertise en médecine professionnelle sont devenus une véritable industrie. La seule véritable évaluation qui se pratique concerne la gestion financière du régime et non l'objet pour lequel il existe. La notion de retour d'expérience est axiale dans l'évaluation des systèmes, or, nous assistons à un dialogue de sourds entre d'une part, des scientifiques dont la compétence ne peut pas être mise en doute et d'autre part, les administrations des régimes publics d'indemnisation des victimes de lésions professionnelles dont les intérêts économiques et politiques ne coïncident pas toujours avec ceux des premiers concernés.

Nous avons vu que l'immense majorité des cas de maladies physiques et de troubles de santé mentale dus en tout ou en partie à l'exposition professionnelle ou à l'organisation du travail ne sont pas reconnus, dans une mesure comparable au degré d'exposition, comme étant des lésions professionnelles. Le problème est en soi d'une grande pertinence puisqu'il est l'écho des épidémiologistes du monde entier. Il est d'autant plus important qu'il nous renvoie à une carence grave : l'absence d'un outil pour valider scientifiquement les décisions administratives.

Qui sait ce que donnerait une série d'études scientifiques menées par des chercheurs indépendants, provenant des universités les plus crédibles du monde, dans le cadre d'une commission d'enquête possédant les moyens de le faire en toute lumière ? L'éthique et la saine gestion de la société sont ici en jeu. On n'a pas le droit de refuser de réfléchir à ces questions d'intérêt public s'il en est. Il en résulte qu'en l'absence de politiques de prévention efficaces, la caisse d'indemnisation des victimes du travail est devenue si grosse qu'elle apparaît déjà monstrueuse, même si elle ne couvre qu'une fraction des lésions dues à l'exposition professionnelle.

En effet, que le régime coûte des milliards aux entreprises en frais directs et indirects, représente une situation catastrophique à trois titres :

- cette facture représente une hypothèque lourde à porter dans un contexte de forte concurrence ;
- cette facture signifie qu'un nombre extrêmement élevé de travailleuses et de travailleurs sont victimes du travail et doivent s'en remettre à l'assurance, sans compter la souffrance et les séquelles permanentes qui ne manquent pas d'accompagner une part des lésions ;
- plus grave encore, cette facture ne représente pas la totalité des coûts des lésions dues, en tout ou en partie, à l'exposition professionnelle.

Qu'en est-il incidemment des coûts partiellement ou totalement générés par des conditions malsaines et insalubres de travail et qui sont transférés aux individus directement concernés et au régime de santé publique si lourd à supporter par la population ? Comment croire que les entreprises feront le même effort de prévention des lésions générées par le travail si les coûts d'indemnisation de ces lésions sont assumés par d'autres instances de la société ?

Si tous les coûts découlant de la morbidité du travail étaient comptabilisés, aussi bien ceux assumés par les entreprises que ceux assumés par des régimes privés d'assurances, par l'État et par les victimes et leurs familles, la facture atteindrait une envergure monstrueuse et vraisemblablement catastrophique. Or, même s'ils ne sont pas comptabilisés dans le cadre du régime d'indemnisation des lésions professionnelles, ces coûts existent et sont assumés par une ou l'autre instance de la société.

Mais pour s'assurer que les entreprises assument toutes les conséquences économiques et financières des affections graves subies par les travailleuses et les travailleurs, qu'elles soient physiques ou psychologiques, par le fait ou à l'occasion du travail, ce qui les incite à pratiquer une gestion préventive, il faut un régime public éclairé par une finalité explicite, une finalité inscrite dans les visées civilisatrices d'une société à la recherche du bien commun, dans l'intérêt bien compris de toutes et chacune de ses composantes.

Sans affirmation de ses finalités, un système s'expose à toutes les dérives au gré des pressions politiques et économiques inévitables en société ouverte. Il apparaît donc évident que les finalités poursuivies par l'ensemble du régime ne sont pas suffisamment explicites, font l'objet d'oublis, sont mal hiérarchisées et génèrent une dilution de responsabilité. Les finalités du régime doivent être ce phare périodiquement renouvelé, cette affirmation de la conscience collective dont les humains et les sociétés ont tellement besoin pour transcender les intérêts particuliers et à courte vue qui faussent les orientations et provoquent des dérives difficiles à parer, des dérives génératrices de crises et de catastrophes.

Comment ne pas suivre à nouveau la Commission de réforme du droit du Canada :

> *« En matière de santé professionnelle, bon nombre des solutions mises en œuvre par les politiques de l'État visent inéluctablement non pas à régler des désaccords d'ordre scientifique, bien que ceux-ci transparaissent souvent, mais à choisir parmi les valeurs et les priorités lesquelles il convient de retenir en cas d'incertitude. L'industrie et les autorités gouvernementales peuvent bien affirmer que toute intervention visant à limiter l'exposition aux substances toxiques doit être appuyée sur des bases scientifiques solides, le véritable enjeu est de savoir quelle partie saura imposer son point de vue dans l'appréciation des risques et des avantages que représente une réglementation trop sévère ou trop laxiste. La détermination du degré de preuve requis pour établir l'existence d'un danger déterminé avant que les premières mesures (ou d'autres mesures) soient prises pour protéger les employés exposés, est une décision politique et non scientifique »*[4].

7.2.3 Un système dont les règles du jeu obscures ne sont pas partagées par les partenaires

Le grand jeu de société dont il est ici question consiste donc, en principe, à protéger et à promouvoir des valeurs inaliénables et inviolables afin d'atteindre des finalités préventives et réparatrices hautement civilisatrices. Cependant, comme les valeurs et les finalités en jeu ne sont pas rigoureusement respectées, il en résulte un danger : celui de voir des enjeux secondaires prendre un caractère impératif au détriment de l'enjeu primordial.

Ces autres enjeux sont d'abord économiques et politiques : l'intérêt à courte échéance des entreprises, la réputation et le rayonnement des responsables du régime. Ces enjeux peuvent également être pratiques : le gain de temps et d'énergie pour les professionnels concernés, la facilité pour les travailleuses et les travailleurs à obtenir des indemnités par la voie de l'assurance privée, etc.

Les règles du jeu de ce système des plus complexes sont principalement données par les deux lois ci-devant citées, par la multitude de normes et de règlements qui en découlent, par les règles et conventions administratives des institutions chargées de le faire appliquer et par les stipulations inhérentes aux règles de pratiques professionnelles. L'enjeu n'étant pas évident, il y a fort à parier que le respect des règles du jeu ne le sera pas davantage.

La première règle consiste à établir des règlements et des normes et à les faire respecter par les entreprises spécialisées. L'application de certaines parmi ces règles relève des obligations de professionnels jouissant d'une authentique liberté de pratique qui leur est conférée par des lois, sur la base de compétences reconnues, afin de protéger le public. C'est le cas des ingénieurs, des architectes, des géologues et des autres professionnels membres obligés de corporations professionnelles. Le prix d'une faute professionnelle étant généralement élevé, il en résulte une application relativement rigoureuse de ces règles et des normes qui en découlent.

Les autres règles et normes relèvent du devoir moral des entreprises. C'est le cas par exemple pour les normes relatives au bruit, à la présence de produits toxiques dans l'environnement du travail, des espaces de travail, de la température, de la protection des machines, etc. Des inspecteurs nommés par le gouvernement sont chargés de voir à l'application de ces règles. C'est ici que le bât blesse. Ces inspecteurs ne sont pas assez nombreux pour surveiller de près tous les lieux de travail et doivent parfois travailler pendant des années avant de convaincre des employeurs parmi les plus récalcitrants à se soumettre aux exigences légales. Bien qu'ils possèdent d'indéniables compétences professionnelles, ni eux ni la CSST n'ont à assumer une responsabilité professionnelle ou corporative lorsque leurs recommandations ne sont pas suivies par les entreprises et occasionnent ainsi des conséquences pour la santé ou la sécurité des travailleuses et les travailleurs.

Dans l'éventualité ou une entreprise ne traduit pas en pratique les recommandations éclairées des inspecteurs, ni l'entreprise, ni l'inspecteur, ni la CSST, ni personne ne s'exposent à assumer les conséquences d'une faute professionnelle. Ainsi, des négligences, des malveillances et même des fautes graves peuvent être commises au détriment de la santé, de la sécurité et de la vie des personnes en emploi sans qu'aucun professionnel ne soit responsable devant le public.

Un tel système d'inspectorat vaut surtout pour traiter les cas vraiment scandaleux et pour enquêter après le fait pour établir les responsabilités d'un drame et corriger les causes immédiates. Il en résulte que seulement une minorité des entreprises s'assurent de l'application un tant soit peu rigoureuse du cadre normatif. Dans les faits, c'est la volonté politique de ces dernières qui fait la différence et non le travail relativement ingrat des inspecteurs.

De plus, trop souvent, les normes ne sont créées qu'à la suite de la découverte de malaises et de maladies contractées par le fait et à l'occasion du travail, comme si les travailleuses et les travailleurs étaient de véritables cobayes. Le rôle des médecins et des hygiénistes de la santé publique en est un de surveillance et de recommandations et non d'inspection. Ces derniers ne remplacent pas les professionnels qui seraient responsables, devant le public, du respect des normes.

Enfin faut-il ajouter que tout ne peut pas faire l'objet de normes. Les conditions propices à la survenue de malaises psychologiques sont le plus souvent engendrées par l'organisation du travail, par la recherche de performance, par des idéologies productivistes préconisées par les gouvernements et valorisées par les instances et les acteurs les plus influents de la société. L'univers normatif n'inclura sans doute jamais les critères et les balises nécessaires à l'établissement d'un travail satisfaisant et structurant même si ce sont là des conditions de santé mentale et de sécurité personnelle.

La seconde règle du jeu réside dans le principe d'imputabilité inhérent à l'assurance publique du risque professionnel : l'entreprise verse à la caisse du régime une cotisation devant correspondre à son expérience en matière de lésions professionnelles. La règle repose sur une logique simple : si une entreprise présente une excellente expérience basée sur un dossier comportant peu de lésions professionnelles, il ne lui en coûtera qu'une faible contribution au financement du régime ; si, à l'inverse, l'expérience de l'entreprise est mauvaise, comportant de nombreuses lésions professionnelles dont le taux de gravité est élevé, il lui en coûtera proportionnellement beaucoup plus cher. L'entreprise a donc un avantage certain à présenter un excellent dossier.

Face à une réalité complexe, le danger existe de voir une logique simple sombrer dans le simplisme. Il n'est pas du tout certain en effet que l'expérience établie sur la seule base des dossiers de lésions des entreprises corresponde à la réalité des faits, une réalité qui serait établie par une équipe de scientifiques indépendants et compétents. En effet, les entreprises ont un intérêt évident à faire en sorte que le nombre de cas reconnus par la CSST soit le plus petit possible. Le jeu se joue donc sur le terrain de la reconnaissance des lésions par la commission. Il faut dire que cette dernière ne cherche généralement pas à augmenter le nombre de lésions reconnues, une telle pratique aurait pour effet d'influencer la hauteur des déficits de l'institution et par conséquent de questionner la qualité des gestionnaires du régime.

Lors de la présentation des rapports annuels, il est question presque exclusivement d'amélioration de la situation financière. La logique du système présente les faits comme si l'absence de déficit traduisait une amélioration des conditions sanitaires et sécuritaires de travail. Pourtant, le contraire est plus plausible : un plus faible taux de reconnaissance des lésions professionnelles se traduit infailliblement par une amélioration de la situation financière.

La reconnaissance des lésions professionnelles est le résultat d'un siècle de rapport de force inégal entre les travailleurs blessés ou malades d'une part, les employeurs d'autre part. Il faut se rappeler que ces derniers ont historiquement pu compter sur la complicité de la commission. Pendant une bonne partie du XXe siècle, à l'époque ou elle se nommait encore Commission des accidents du travail, cette dernière s'est comportée comme si elle était un gestionnaire à la solde des bailleurs de fonds, les entreprises cotisantes. Ce comportement a-t-il complètement disparu ?

La règle effective ne consiste donc pas à reconnaître, sur une base objective et scientifique, l'existence d'un lien entre le travail effectué par une personne dans des conditions particulières et certaines conséquences morbides qui peuvent en résulter. Non, avec le temps, des règles précises sont venues délimiter ce qui peut être admis et ce qui ne peut pas l'être. Une maladie physique doit être liée à une industrie particulière, un trouble psychologique doit être le résultat d'un traumatisme, etc. De plus, les entreprises possèdent toujours le pouvoir de contester les décisions de la CSST et ce pour toutes sortes de raisons juridiques ou stratégiques, ce qui fait de la reconnaissance d'un droit un enjeu politique. De ce fait, ce droit devient de plus en plus théorique. À la fin, la démarche est si complexe qu'elle décourage les travailleuses et les travailleurs qui, on le comprend, préfèrent s'en remettre à l'assurance privée ou au régime public de l'assurance-maladie.

Si les règles du jeu étaient évidentes, comme cela est davantage le cas des compagnies d'assurances collectives, la personne en droit de recevoir une indemnité de la CSST parce qu'elle a contracté par exemple un cancer typique à son milieu de travail, n'aurait qu'à faire la preuve médicale de sa maladie et du lien de celle-ci avec le travail, pour obtenir réparation du tort causé par ce travail, et ce après un délai de quelques semaines. Tel n'est pas le cas, loin s'en faut. Lorsqu'il s'agit de maladies professionnelles tels certains cancers, la surdité professionnelle, le burnout, etc., il faut vraisemblablement être, en matière médico-légale, un maître de l'expertise, de la contre-expertise et de la plaidoirie devant les instances administratives et quasi judiciaires de la CSST. Et il faut s'armer de patience. Certaines causes prennent jusqu'à 4 ou 5 ans avant d'aboutir mais si vous êtes cet expert, vous avez de très bonne chance d'y arriver.

Une fois cette cause gagnée et ce gain confirmé par une indemnité juste et raisonnable, le collègue de travail de ce bénéficiaire d'une indemnité, ce collègue dont la situation est identique, devra lui aussi s'avérer un expert et refaire la même preuve et attendre le même temps pour savoir si la justice existe toujours. En ces matières, le cas par cas est de rigueur et l'expérience cent fois répétée demeure anecdotique. Il y a quelques années un de ces experts d'un quart de siècle d'expérience me disait : *« la loi est bonne, j'ai gagné toutes mes causes sans être ni médecin ni avocat, le problème c'est l'application… »*, le problème réside en effet dans les règles du jeu, des règles pour experts, des règles qui plient devant la puissance de l'expert tout en niant toute forme de précédent. Des règles qui, de ce fait, nient le droit à l'indemnité de ceux et celles, l'immense majorité, qui ne sont pas des experts et qui n'ont pas les moyens financiers d'accéder à l'expertise.

Comment dans de telles circonstances, ne pas comprendre les travailleuses et les travailleurs qui, devant un défi insurmontable, préfèrent s'en remettre à l'assurance individuelle ou collective ? Dans ce cas, les règles sont généralement simples et les délais courts. *Un tiens vaut mieux que deux tu l'auras.* Il faut dire que pour les compagnies d'assurances, la masse des cas n'est pas un problème mais plutôt une heureuse augmentation du chiffre d'affaires.

Dans l'éventualité d'une augmentation des *sinistres*, il suffit d'augmenter la prime, comme cela se fait actuellement et le tour est joué. Pour les entreprises, le fait de passer par une assurance privée plutôt que par la CSST a pour effet de réduire de deux à quatre fois le coût de gestion de la lésion.

La CSST fonctionne de plus en plus comme une simple compagnie d'assurances redevable aux bailleurs de fonds et donc de moins en moins redevable de ses décisions et de sa gestion devant l'État et par conséquent devant le public.

Le bât blesse ici également : où est l'éthique ? Point n'est besoin d'un régime public pour gérer une entreprise dont le but serait similaire à celui d'une simple compagnie d'assurances. Mais pour assumer la composante éthique et la responsabilité sociale qui en découle, oui il faut un tel régime. Personne n'ignore qu'il vaut mieux prévenir que guérir. Nous savons tous qu'une travailleuse ou un travailleur heureux et en santé produit plus, que des gens travaillant dans la quiétude et la sérénité font un travail de meilleure qualité tout en réduisant les rebuts. Nous savons également que les acquis économiques les plus importants ne s'obtiennent qu'à long terme, sur la base de stratégie de longue haleine. Enfin, peut-on solutionner un problème de société autrement que par des pratiques gouvernementales ?

Bien sûr que nous le savons, nous savons également que ces belles vérités ne sont pas du ressort des entreprises prises individuellement. La finalité de l'entreprise est économique, sa perspective est le court terme, le trimestre et l'année. Il ne lui appartient pas à elle de s'assurer du bien-être de l'humanité si ce bien-être ne passe pas par ses règles à elle : profit, productivité, compétitivité, rentabilité à courte échéance et survie devant la concurrence.

Appliquer la logique de l'entreprise à une problématique de société conduit à la déresponsabilisation de cette société, à la confusion des rôles et à une forme d'anarchie. L'institution porteuse de cette responsabilité risque alors de tomber en disgrâce, son utilité est questionnée et niée, d'autres institutions ou organismes prennent la relève, c'est exactement ce qui se produit dans le cas des maladies professionnelles et des troubles psychologiques relativement graves. Les régimes publics et les compagnies d'assurances prennent la relève, on assiste à une forme de privatisation en douce du régime public de gestion sociale des lésions professionnelles.

Ici encore, nous convoquons les propos de la Commission de réforme du droit du Canada qui exprime mieux que nous saurions le faire la nécessité de revoir les règles du jeu en matière de lésions professionnelles et les conséquences en matière de santé publique des choix politiques à faire pour y parvenir :

> *« Il est utile de préciser davantage notre propos en formulant le problème de la pollution professionnelle de deux façons différentes. Ainsi posé, ce problème appelle des solutions politiques très distinctes. La première définition peut être qualifiée de <u>réactive</u>. Dans ce cadre, la nécessité de limiter l'exposition à un polluant déterminé devrait reposer sur de solides données scientifiques établissant la relation causale entre l'exposition et les*

atteintes à la santé des travailleurs. Même en présence de contaminants dont les risques potentiels pour la santé sont reconnus, les organismes de réglementation peuvent décider d'intervenir, non pas en imposant des limites d'exposition ni en instaurant des contrôles, mais en exigeant la tenue d'une étude sur la santé des travailleurs visés. Il s'agit dans une certaine mesure de se servir des sujets comme de cobayes, c'est-à-dire, de mettre en évidence la nécessité du contrôle des effets cliniques qui suivent l'exposition plutôt que le besoin de prévenir toute exposition. De même, on fait peu de cas du risque que comporte la décision d'attendre des données plus concluantes.

La deuxième formulation peut être appelée préventive. L'exigence d'une vérification complète des hypothèses scientifiques est atténuée par le fait que l'inaction ou la poursuite des recherches constituent en elles-mêmes une décision, et que des stratégies efficaces de lutte contre les maladies dans le domaine de la santé publique ont dans le passé été élaborées et mises en œuvre bien avant que les causes précises de la maladie soient déterminées de façon certaine. On insiste non plus sur l'appréciation de la valeur probante des preuves qui lient un polluant déterminé à une affection particulière, mais sur l'importance des répercussions que pourrait avoir sur la santé des travailleurs le fait de ne pas contrôler les expositions ou de ne pas éliminer les risques.

Cette approche préventive est beaucoup plus défendable, et cela pour deux raisons. En premier lieu, elle est beaucoup mieux adaptée à l'inéluctable incertitude entourant l'étendue des atteintes, facteur dont il faut tenir compte dans l'élaboration des politiques et des dispositions légales en matière de santé professionnelle. En second lieu, elle reflète mieux dans quelle mesure le respect de la vie, de la santé et de l'intégrité physique sont des valeurs fondamentales, et le fait que les décisions politiques concernant la pollution professionnelle sont souvent des questions de vie ou de mort (ou la santé et de maladie devrait-on dire)»[5].

En somme, sans règles du jeu universellement reconnues, comprises et appliquées sur une base également universelle à l'encontre d'un fonctionnement au cas par cas, sans affirmation de ces règles comme découlant de finalités et de valeurs civilisatrices, sans professionnels compétents et autorisés à exercer un pouvoir à la hauteur de la gravité des problèmes rencontrés, le système est devenu incohérent et dangereux, cindynogène par conséquent.

7.2.4 Une montagne de connaissances sans modèle intégrateur

Sans modèle intégrateur des développements scientifiques et technologiques, tout système risque de sombrer dans la désuétude et l'anachronisme le plus navrant.

Le rapport au danger est un rapport au monde universel et intemporel, il fait partie de ce qui définit l'humain au même titre que le rapport à l'environnement, à la connaissance, à la communication, à la nutrition, etc. Toutes les disciplines scientifiques, tous les champs de pratiques professionnelles sont concernés de près ou de loin par le danger et ses manifestations structurantes ou dégénérantes. Les récents développements de la *cindynique*, ou des *cindyniques*, témoignent justement de l'impérative nécessité de se munir de moyens scientifiques éprouvés pour réagir aux conséquences d'une gestion erratique du danger et pour agir de façon préventive face aux conséquences qu'il ne manque pas d'avoir sur des systèmes complexes. Pas étonnant de constater que les manifestations du danger dans l'activité de production des biens et des services de toute nature soient l'objet annuellement de dizaines de milliers de documents scientifiques, juridiques, techniques et autres, qui constituent une richesse incontestable.

Pourtant, en l'absence d'un champ de pratique professionnelle agissant comme principe intégrateur destiné à l'appréhension des manifestations du danger inhérent à l'activité de travail, cet univers de connaissances demeure disparate, éclaté et largement inutilisable. Les disciplines spécialisées que sont l'ergonomie, l'hygiène du travail, la toxicologie du travail et la psychodynamique du travail, jouent évidemment un rôle indispensable et irremplaçable dans la compréhension, l'analyse et la prévention en matière de lésions professionnelles, cependant aucune d'elles n'intègre l'ensemble des connaissances et des expériences pertinentes.

Aussi, malgré le travail remarquable des spécialistes de ces disciplines, malgré le travail inlassable de nombreux avocats et d'une foule de militants, la réalité humaine que constitue le rapport au danger inhérent à l'activité de travail continu d'être vue et comprise comme une incidence à gérer parmi d'autres incidences. Prise dans sa globalité, la SST n'est pas encore reconnue comme étant un authentique principe intégrateur comportant ses impératifs propres, elle demeure un objet à gérer en vertu de principes intégrateurs qui lui sont étrangers.

Bien sûr, il faut gérer les dossiers, gérer la prévention, gérer tout ce qui a trait à la SST, cette réalité n'est pas désincarnée, cela n'empêche pas qu'elle doit être comprise comme un impératif parmi d'autres impératifs. En comparaison, il est indispensable de gérer la médecine, de gérer l'information, etc. il n'en demeure pas moins que la médecine et le journalisme existent en eux-mêmes, ce sont ce que j'appelle des principes intégrateurs d'un rapport au monde, ils comportent des impératifs qui leur sont propres, ces impératifs sont reconnus et respectés par les professionnels et par les gestionnaires, ils confèrent à des personnes compétentes et formellement reconnues comme telles par la société une marge de liberté, un jugement qui ne peut être contesté à la légère sur la base de préjugés sociaux, d'arguments intéressés ou de simples négligences.

L'apport fondamental, unique et crucial de la *cindynique* et, par extension de l'*ergocindynique*, est de reconnaître au danger sa dimension universelle et intemporelle de rapport au monde. Il s'agit par conséquent de faire du rapport au danger inhérent à l'activité de travail le centre de phénomènes systémiques :

- l'objet d'une épistémologie de la maîtrise du danger inhérent à l'activité de travail ;
- une vision globale, objective et sans complaisance des phénomènes liés aux lésions professionnelles ;

- un regard lucide et une attitude scientifique épurée, autant que possible, de tout préjugé et du tout moralisme culpabilisant.

Nous parlons de ce qui constitue un socle solide sur lequel fonder une discipline scientifique et un champ professionnel intégrateur, structurant et efficace. À l'instar des autres disciplines scientifiques spécialisées, cet apport consiste également à reconnaître, du point de vue de la pratique préventive, l'existence de facteurs de danger et non seulement d'événements accidentels, comme étant le point de départ de la compréhension et de l'analyse des causes des lésions professionnelles. On se distingue ainsi des régimes d'indemnisation des lésions et des sinistres, ce qui est le propre des compagnies d'assurances, pour se centrer sur les causes profondes de ces événements.

En l'absence d'un tel modèle intégrateur, n'importe qui peut prétendre n'importe quoi: la victime est coupable, elle n'avait qu'à..., c'est une erreur humaine, un opérateur a omis de..., c'est un problème technique, la machine s'est brisée..., c'est une question légale, la norme n'a pas été respectée..., c'est une question scientifique, le poste a été mal conçu..., un problème d'organisation du travail, un problème de..., autant de discours légitimes qui pourraient être tout à fait justes s'ils étaient pondérés par une logique intégrative autorisée et compétente.

De la même façon, les instances administratives du régime possèdent des compétences financières, juridiques et administratives incontestables, mais des dirigeants capables de faire une analyse *cindynique*, ergonomique, psychodynamique, hygiénique, etc., s'ils existent, sont particulièrement rares et leurs points de vue rarement promus. Que dirait-on d'un journal où l'influence des journalistes serait invisible? D'un conseil d'administration d'hôpital où le corps médical serait représenté par un fiscaliste ou un avocat? C'est ainsi que le régime de SST gère une somme gigantesque de cas, sans compréhension profonde et compétente des facteurs systémiques qui contribuent à les générer, sans une compréhension suffisante des facteurs ergonomiques, hygiéniques, psychodynamiques, médicaux, pouvant servir à les expliquer.

Nous avons été à même de constater, à travers l'expérience d'un professionnel en matière de SST, la conséquence navrante d'un fonctionnement au cas par cas dans la pratique préventive. À l'emploi de la CSST depuis plusieurs années, là où il a développé une véritable expertise dans la prévention des accidents du travail lors de la construction de grands chantiers hydroélectriques, un ingénieur compétent et consciencieux est embauché par la grande entreprise publique en rapport avec laquelle il avait, au cours de ces années, réalisé plusieurs études et fait des recommandations techniques sur l'ensemble des questions de sécurité spécifiques à ce type de chantier.

La première question qu'il posa en débutant dans ses nouvelles fonctions fut relative, on s'en doute bien, aux rapports toujours pertinents qu'il avait transmis à l'entreprise au cours des années, depuis son bureau de la CSST. Quelle ne fut pas sa surprise devant la réponse absurde, illogique mais réelle qu'il obtint : « *En changeant de chantier, on a tout jeté cela* ». Or, le nouveau chantier était en tout point semblable au précédent, les documents étaient encore totalement pertinents, il fallait tout recommencer. Voilà qui illustre bien l'absurdité de la gestion d'une question impérative comme s'il s'agissait d'une simple incidence secondaire. Voilà également une attitude qui ne contribue en rien à faire du travail un opérateur de santé et de vitalité...

7.2.5 Un système muni d'une mémoire défaillante

Sans mémoire de l'ensemble des faits le concernant directement, sans analyse des faits du passé sur des bases variées, sans ouverture aux besoins des praticiens, des chercheurs et des analystes indépendants, sans propension à l'interaction avec les instances critiques des systèmes, sans politique de transparence digne d'un organisme au service du public, tout système voué à des finalités à la fois complexes et d'intérêt public est susceptible d'égarements ponctuels ou permanents.

Il est reconnu qu'en matière de santé physique, les données concernant les décès constituent une base de validation de l'efficience d'un régime voué à la santé et à la sécurité de la population desservie. Aussi, avons nous voulu connaître l'évolution du nombre de décès survenus au cours du vingtième siècle. Pour ce faire, nous avons demandé à la CSST de nous transmettre les données disponibles ; nous avons appris que ces données ne couvraient que les deux dernières décennies et qu'elles correspondent aux statistiques publiées dans les rapports annuels de l'institution. Sur cette base, nous savons qu'en moyenne, environ 200 personnes sont mortes annuellement des suites d'un accident ou d'une maladie du travail, ce qui donne un total de 4000 personnes au cours des vingt dernières années.

Qu'en est-il des décès couvrant les années 1900 à 1979 ? Encore en 1970, les statistiques de mortalité consécutive à un accident du travail étant partiellement collectées à partir des journaux locaux..., les entreprises ne faisant pas toujours rapport des cas de décès à la CAT, on peut imaginer la distorsion possible entre les chiffres et la réalité. Et que dire des décès consécutifs à une maladie professionnelle...? Que dire des cas de suicides consécutifs à un burnout, à de la violence, à du harcèlement, à une dépression situationnelle ou à tout autre problème de santé mentale lié au travail ?

Si on se donnait la peine de consulter les rapports annuels de la CSST et de son ancêtre la CAT, on obtiendrait des chiffres qui ne tiendraient pas compte des cas qui n'ont été classés définitivement qu'après la parution du rapport annuel et comportant, par conséquent, une omission de 25 % dans le cas des accidents du travail et d'environ 300 % dans le cas des maladies du travail. En faisant des calculs aussi sophistiqués que risqués, on parviendrait probablement à démontrer que le nombre de morts de lésions professionnelles est en hausse. Mais cette donnée pourrait bien être contredite par des estimations d'épidémiologistes. En effet, s'il est vrai qu'entre 1 500 et 2 000 travailleuses et travailleurs québécois meurent annuellement des suites d'une intoxication, est-il crédible de se fonder sur le nombre de décès pour maladie du travail afin d'établir que l'ensemble des décès est en hausse alors que le régime n'en reconnaît qu'une centaine ? Le nombre de décès est peut être passé de 1500 à 1200 au cours des dernières années...

Ce que nous pouvons affirmer avec certitude, c'est que du point de vue de l'épidémiologie, le Québec ne connaît qu'une fraction du nombre de personnes mortes des suites d'une maladie du travail au cours des dernières décennies: environ 2,5 ou 3 % du nombre de décès estimé par les épidémiologistes serait indemnisé et rapporté par les statistiques de la CSST. Le lecteur intéressé par les grands nombres peut s'évertuer à faire des projections à partir des deux sources de données, il pourra conclure qu'au cours du vingtième siècle, le travail a fait plus de morts que les guerres, comme l'écrivait le BIT en pleine guerre du Viêt-nam.

En ne considérant que les deux dernières décennies, il pourra faire osciller ces chiffres entre 4 000 et 30 000 ou 40 000 décès. Si le lecteur désire trouver un chiffre valable pour le vingtième siècle en entier, il pourra obtenir des chiffres variant entre 20 000 et 150 000 ou même 200 000 si le cœur lui en dit. Mais tout cela ne serait pas sérieux.

La triste réalité est la suivante: nous nageons dans l'univers de l'occulte et de l'invraisemblance, la seule chose que nous savons avec certitude, c'est que nous ne savons à peu près rien quant au nombre de morts consécutives à une lésion professionnelle au Québec, nous l'ignorons pour les années actuelles et encore plus pour les décennies du vingtième siècle.

Combien de personnes et de familles à l'échelle de la société québécoise actuelle sont affectées directement ou indirectement de façon significative par la morbidité résultant essentiellement ou partiellement du travail et des conditions dans lesquelles il est réalisé ? La question est certes légitime. Serait-il pertinent de pouvoir dire, du moins de façon approximative, combien de personnes n'ont plus accès au marché du travail ou sont absentes du travail pour des raisons de santé ou de sécurité du travail ? Si la question mérite une réponse affirmative, ce qui nous apparaît évident, force est d'admettre qu'il est tout à fait impossible actuellement de trouver cette réponse en se fondant sur une ou sur quelques banques de données statistiques provenants d'institutions, d'entreprises ou de sources scientifiques.

Est-ce dire que notre société est inconsciente, qu'elle ne juge pas la chose assez importante pour y consacrer les moyens nécessaires et suffisants ? Est-ce dire que cette société ne peut pas le savoir pour des raisons de trop grande complexité ou qu'elle ne veut pas, pour des raisons obscures, se donner les moyens de connaître effectivement l'incidence du travail sur la santé, la sécurité et l'intégrité des travailleuses et des travailleurs ?

Les statistiques de l'institution chargée d'indemniser les travailleuses et travailleurs dont la santé et la sécurité sont affectées par le travail, devraient en théorie constituer une banque de données correspondant à peu de chose près aux chiffres recherchés par notre questionnement. Dans les faits cependant, la commission applique une loi et des règles administratives qui n'ont rien à voir avec la finalité scientifique et la rigueur méthodologique qu'exigerait l'établissement d'une éventuelle banque de données capable de répondre aux attentes des scientifiques les plus vivement intéressés par le rapport travail/santé.

Dans les faits, les statistiques de la commission visent et servent essentiellement à répondre aux besoins administratifs d'une gestion financière à courte échéance, comme s'il s'agissait d'une simple compagnie d'assurances privées. Doit-on considérer que notre société n'accorde à ces questions qu'un intérêt de gestion économique ?

Les données de la CSST couvrent relativement mieux les cas de blessures accidentelles, du moins lorsqu'elles sont graves ou très graves, qu'elles ne couvrent les cas de troubles psychiques et de maladies professionnelles. Mais pour savoir combien de travailleuses et de travailleurs ont subi des blessures au sens de la LATMP, il faudrait consulter les registres de toutes les entreprises puisqu'un grand nombre d'accidents, parmi ceux qui ne comportent pas officiellement de perte de temps, sont soumis à un régime d'affectation temporaire, et de ce fait ne sont pas déclarés à la commission.

Les données relatives aux autres lésions relèvent des agences gouvernementales, des compagnies d'assurances ou des entreprises elles-mêmes. Elles ne distinguent pas nécessairement les origines totalement ou partiellement professionnelles de ces lésions. Il n'en demeure pas moins que les milliers de cas de maladies, estimés être dus à l'exposition professionnelle par les épidémiologistes, de même que les cas aussi nombreux, sinon plus, de lésions psychiques ne font l'objet d'aucune statistique spécifique.

Est-il besoin d'ajouter que du point de vue de la connaissance de la réalité, de la mémoire des faits et de la transparence de l'institution, le système apparaît bel et bien cindynogène.

7.3 L'action du système est-elle en adéquation avec ses enjeux ?

Pour faciliter la compréhension de cette problématique appliquée aux trois objets de notre étude, les lésions accidentelles, les maladies professionnelles et les troubles de santé mentale, nous emprunterons au professeur Thierry Pauchant[6] un outil pédagogique particulièrement bien adapté. Pour l'essentiel, la figure reproduite ci-après nous permet de mettre en lumière les problèmes qui découlent de l'inadéquation entre la nature des enjeux et la nature de l'action menée par les acteurs, selon qu'il s'agisse de situations simples, compliquées ou complexes.

Laissons l'auteur définir les éléments de la figure et illustrons-les par un exemple :

> « *Un enjeu simple – du latin* sim, *qui évoque la notion de singularité, comme dans les mots "similaire" ou "semblable", et du grec* plec, *qui évoque la notion de "pli" et de "pliage" – exprime l'idée de "n'avoir qu'un pli", de "n'être plié qu'une seule fois". Un problème simple comporte peu d'éléments strictement séparés les uns des autres, mais qui peuvent cependant être reliés par des relations de cause à effet. Comme le suggère la figure ci-dessus, dans une feuille de papier pliée en deux, un seul pli sépare les variables "A" et "B", reliées entre elles par un lien de causalité. En administration, les problèmes*

Figure 7.3 - Adéquation entre enjeux et actions

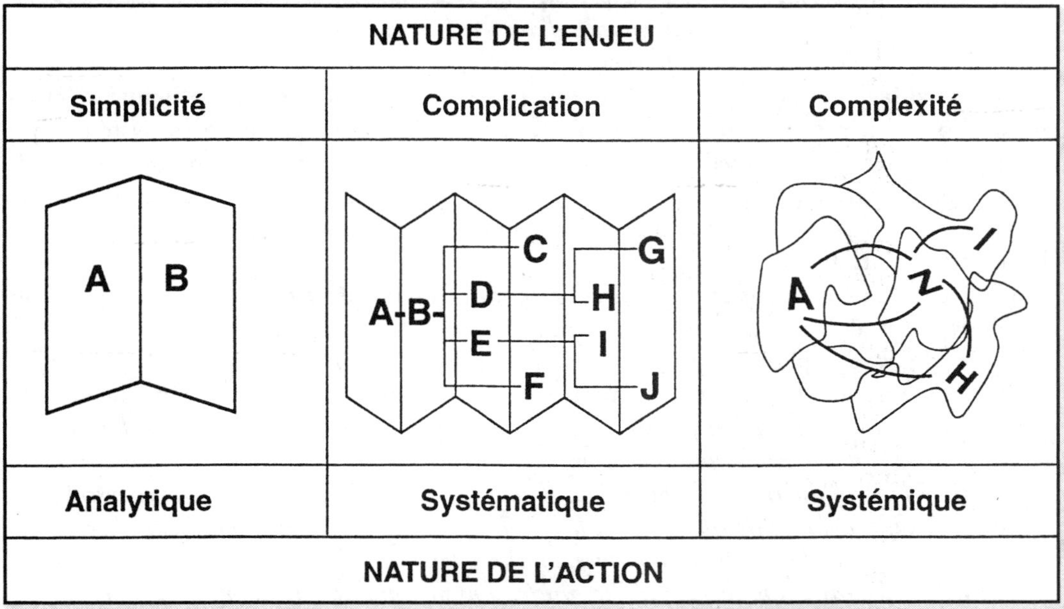

NATURE DE L'ENJEU		
Simplicité	**Complication**	**Complexité**
A B	A-B- C D E F G H I J	A N I H
Analytique	**Systématique**	**Systémique**
NATURE DE L'ACTION		

> *simples peuvent être abordés par des méthodes* analytiques. *La fonction de ces méthodes est d'étudier les éléments, de les mesurer et d'établir leurs relations causales* »[7].

Ainsi, par exemple, lorsqu'il s'agit d'une lésion accidentelle dont l'occurrence est établie sur la base d'une preuve d'évidence sensible à l'aide d'un témoignage, l'enjeu est simple. En pareil cas, le problème peut généralement être abordé à partir de méthodes analytiques, il s'agit d'établir le simple rapport de cause à effet. Mais les problèmes ne sont pas toujours aussi simples :

> « *Un enjeu* compliqué *requiert une approche systématique.* Compliqué *vient du latin* cum, *qui évoque la notion d'être ensemble, comme dans le mot "compagnon", et du grec* plec *ou "pli". La notion de complication exprime l'idée d'"avoir plusieurs plis" ou d'"être plié plusieurs fois". Dans la figure ci-dessus, les multiples plis de la feuille forment différentes zones, chacune incluant plusieurs éléments, soit "A", "B", "C". Pourtant, malgré cette complication, il est toujours possible de différencier ces éléments les uns des autres et d'établir entre eux des relations de causalité. En gestion, l'approche du PERT, par exemple, a été inventée durant la Seconde Guerre mondiale aux États-Unis afin d'organiser efficacement la fabrication de sous-marins dont l'assemblage requiert des milliers de pièces. La planification dite "stratégique" ou la "gestion de projets" procèdent essentiellement d'une approche similaire : l'objectif à atteindre est clair et les étapes à*

suivre sont strictement définies. Ces approches tentent de "systématiser" l'analyse et l'action et permettent aux activités organisationnelles d'être – ce que leur nom suggère - "organisées"»[8].

Il arrive donc pour reprendre le même exemple, que l'enjeu se complique: absence de témoins crédibles, soupçons quant à la nature professionnelle de la cause, difficulté d'établir un diagnostic clair, etc... En pareil cas, il faudra procéder par une approche systématique afin de contrôler les faits et valider le diagnostic. C'est alors que la question des rapports de force inégaux entre en jeu, c'est alors que les coûts des contestations, des expertises et des contre-expertises peuvent faire la différence, comme s'il s'agissait d'une compétition et non de l'exercice d'un droit.

Si la situation ne peut pas être appréhendée par une méthode systématique, il est probable que nous ayons affaire à un enjeu complexe:

> «*Des enjeux* complexes *requièrent, pour leur part, des approches différentes, appelées non plus* systématiques, *mais* systémiques. Complexe v*ient du mot latin* cum, *comme nous l'avons vu ci-dessus, et* plexus *évoque la notion d'"entrelacement", comme dans les expressions "plexus cardiaque" ou "complexe psychologique". La notion de complexité exprime l'idée d'interrelation, de fusion, d'amalgame, de plis entremêlés et enchevêtrés, de malaxage. Dans la figure ci-dessus, la feuille de papier n'est plus simplement pliée en deux ni même, de façon plus compliquée, plusieurs fois; elle est froissée en une boule "difforme", c'est-à-dire sans forme prédéterminée, sans organisation apparente. Dans les cas précédents, les plis formés étaient rectilignes et déterminaient des zones relativement claires, séparées strictement les unes des autres, mais reliées entre elles par des relations de cause à effet. Dans le cas de la boule de papier, ces plis sont maintenant difformes et ne déterminent plus des zones séparées. Il est probable que des éléments comme "A", "Z" ou "H" soient maintenant juxtaposés à l'intérieur de la boule, sans ordre préexistant, et qu'il soit impossible de déterminer des relations strictes de causalité entre eux, les causes formant des effets qui forment des causes... De même, la texture de la feuille de papier, sa matière organique, cache dans ce cas non seulement les éléments constituants mais aussi leurs relations, ce qui réduit d'autant la possibilité de les identifier et de les mesurer rigoureusement. Enfin, cette boule peut facilement se déplacer, liant le local au global et, comme une boule de neige, elle peut potentiellement grandir démesurément en intégrant toutes sortes d'éléments dans son roulement, pour le meilleur et pour le pire. L'image de cette boule difforme échappe à la caractéristique essentielle de toute pratique organisationnelle traditionnelle, celle d'être "organisée"; elle est plutôt "auto-organisée"»*[9].

Ainsi, si la même blessure se produit dans les mêmes conditions matérielles, avec cette différence près que l'entreprise, considérant qu'il s'agissait d'un travail particulièrement dangereux, l'a fait exécuter à contrat par un travailleur autonome non couvert par la CSST. Cet accident survenu par le fait et à l'occasion du travail ne sera pas considéré comme un accident du travail au sens de la LATMP, ne sera jamais indemnisé par l'institution ni jamais compilé dans les statistiques des lésions professionnelles. Tout est ici légal mais tout n'est pas pour autant éthique ou moral. Le principe de l'assurance du risque professionnel est faussé par une astuce un peu vicieuse.

À l'échelle des rapports contractuels simples, nous pouvons dire de ce dernier cas :

- que l'entreprise a évité un problème en se fondant sur une démarche analytique simple ;
- que l'individu concerné s'en trouve pris avec un problème plus compliqué, surtout s'il ne dispose pas d'une police d'assurances adéquate ;
- que la société est prise avec un problème plutôt complexe puisqu'il lui faudra revoir plusieurs de ses lois si elle veut faire en sorte que ce genre de pratique devienne impraticable ou illégale. Le système pouvant être contourné, la solution du problème exigera une démarche systémique.

Lorsqu'il s'agit d'une maladie professionnelle dont l'occurrence doit être établie sur la base d'une preuve d'évidence scientifique, l'enjeu comporte dès lors de nombreuses complications. Dans ce cas, le problème exigera une démarche systématique afin d'inscrire le lien étiologique dans un cadre normatif et administratif très strict.

L'identification, la déclaration et la reconnaissance des maladies professionnelles passent par une démarche systématique couvrant parfois la totalité de l'histoire professionnelle de la personne malade. En pareil cas, les possibilités de voir le problème se compliquer à l'extrême sont alors très nombreuses : l'exposition date de plus de vingt ans, la personne malade a occupé de nombreux autres emplois depuis son exposition initiale, cause de sa maladie, ses habitudes de vie peuvent avoir des effets similaires sur sa santé, etc. Dans ces cas, les preuves exigées sont parfois extrêmement coûteuses et parfois impossibles à établir. La pression des rapports de force inégaux joue encore plus dans le présent cas, jusqu'à devenir presque odieuse.

Pour que s'applique le principe de l'assurance du risque professionnel et sa contrepartie le principe d'imputabilité des coûts à l'entreprise responsable, il faudra envisager des solutions systémiques.

Lorsqu'il s'agit d'un trouble de santé mentale, l'occurrence doit comporter une preuve d'évidence sensible, être liée à un fait accidentel en quelque sorte. Plusieurs cas de figures sont ici possibles :

- une caissière d'une caisse populaire est victime d'un hold-up, elle succombe en quelques heures au syndrome du stress post traumatique, elle sera indemnisée sans trop de difficultés. Le cas est simple ;
- notre caissière ne sombre pas dans le syndrome du stress post traumatique, du moins pas dans les heures qui ont suivi, elle a cependant des malaises qui l'amènent à voir une psychologue dans un contexte privé et après trois mois, dépressive, elle a de plus en plus de difficultés à travailler et son médecin lui recommande un congé de maladie de quelques semaines avec la possibilité qu'il soit renouvelé. Elle fait une demande d'indemnisation à la CSST et, sur la base de nombreux témoignages, à l'aide d'un avocat

et d'un médecin disponible et compétent, elle parvient, après plusieurs mois de démarches coûteuses et harassantes, à faire la démonstration du lien de cause à effet entre le hold-up et son malaise. Le cas ayant donné lieu à des complications relativement simples, il a été possible de faire reconnaître une lésion professionnelle en procédant de façon systématique ;

- dans un contexte de restructuration et de réorganisation de l'organisation du travail, la même caissière n'est pas victime d'un hold-up, elle est cependant contrainte à changer de tâche, elle doit dorénavant passer la majeure partie de son temps à faire de la vente de service par téléphone ; ayant choisi le métier de caissière pour travailler avec le public, la vente par sollicitation téléphonique lui répugne, sa santé se détériore lentement, après six mois de ce régime de travail, elle tombe en dépression. Elle fait une demande d'indemnisation à la CSST qui la rejette attestant qu'aucun fait accidentel n'est à l'origine du malaise. Notre caissière s'en remet à l'assurance privée, elle passera finalement dix-huit mois en congé maladie. Dans son cas, le système n'est pas adapté à traiter la demande, il ne peut considérer les changements organisationnels et le changement d'affectation comme étant des événements pouvant justifier le lien de cause à effet. Le cas est complexe et il n'est pas reçu.

Nous devons considérer que pour chacune des trois catégories de problèmes, leur compréhension et leur reconnaissance peuvent comporter des enjeux simples, compliqués et complexes, nécessitant des actions fondées sur des logiques analytiques, systématiques et systémiques.

Or, dès lors que les dossiers cessent d'être simples, il est difficile, voire impossible de les faire reconnaître par la CSST comme étant des cas de lésions professionnelles.

Conclusion

En somme, sur la base de l'analyse globale que nous venons de réaliser, nous avons pu constater des problèmes graves à tous les niveaux de l'échelle *cindynique*. La conclusion s'impose d'elle-même : le régime de SST, pris comme un tout, non pas comme une machine administrative mais comme un système voué à l'actualisation de valeurs et à l'atteinte de finalités civilisatrices est cindynogène et non cindynolitique, cela veut dire qu'à la limite, en ne prenant pas les moyens existants disponibles et accessibles de prévenir et de promouvoir la santé et la sécurité, le système contribue à produire du danger ou à ne pas empêcher que du danger se produise. Il s'agit d'un paradoxe historique puisque le régime a pour mission de faire l'inverse, de produire de la sécurité, de la santé, de l'intégrité et du bien-être physique et psychologique.

Plus encore, nous pouvons affirmer, sur la base de l'analyse *cindynique*, que le régime ne comporte pas seulement des problèmes simples, de nature technique, statistique ou normative. Au contraire, nous sommes devant un système en voie de fortement dégénérer par rapport à ses finalités, à ses valeurs et à son éthique, une dégénérescence telle qu'il faut parler de crise. Nous avons affaire à un système aveugle à l'existence d'une catastrophe qu'il contribue à aggraver, une catastrophe faite de plusieurs dizaines de milliers de personnes aux prises avec des malaises graves et des maladies importantes qui sont dus en tout ou en partie au travail et qui ne sont pas reconnus comme tels.

La somme des dommages de toute nature occasionnés par cette morbidité se traduit par des souffrances incalculables et des coûts faramineux assumés par les victimes et par la société, alors que dans la mesure où ils sont générés par les entreprises, le principe d'imputabilité devrait s'appliquer à elles aussi. À la faveur d'une philosophie de gestion sociale anachronique et irresponsable, le principe d'imputabilité ne s'appliquant pas, il en résulte que l'incitation à la prévention en est réduite d'autant.

Cela revient à dire que le système dédié à la gestion sociale des lésions professionnelles, à la prévention et à la promotion de la santé, de la sécurité et de l'intégrité des travailleuses et des travailleurs, que ce système a graduellement et indubitablement été détourné de sa mission première.

Il est temps d'envisager des solutions susceptibles de recentrer le système sur ses enjeux fondamentaux. Des solutions dont l'envergure rejoint la profondeur et l'étendue systémique des problèmes à régler.

Bibliographie

(1) Kervern, G .Y. (1995) Éléments fondamentaux des *cindyniques*, Éditions Économica, Paris

(2) Kervern, G .Y. IDEM p. 54

(3) Commission de réforme du droit (1986) La pollution en milieu de travail, document de travail 53

(4) Commission de réforme du droit IDEM

(5) Commission de réforme du droit IDEM

(6) Pauchant, T. et collaborateurs (2002) Guérir la santé, Éditions Fides, p. 14

(7) Pauchant, T. et collaborateurs (2002) Guérir la santé, Éditions Fides, p. 14

(8) Pauchant, T. et collaborateurs (2002) Guérir la santé, Éditions Fides, p.16

(9) Pauchant IDEM p. 17-18

«Tous les problèmes del'homme viennent
de ce qu'ilne se borne pas à ce qu'il
connaît de plus élevé»
(Beaudelaire)

«Plusieurs choses sont possibles
aujourd'hui parce qu'un jour, des gens
ont tenté des choses impossibles»
(Max Weber)

CONCLUSION GÉNÉRALE

Recentrer le système sur sa mission fondamentale

Avec ce livre, nous avons essayé de replacer les choses relatives au système SST dans leur juste perspective. Pour ce faire, nous avons appliqué au domaine de la SST, compris comme étant le rapport au danger inhérent à l'activité de travail, les acquis des sciences du danger, les *cindyniques.* Le propre des *cindyniques* étant d'étudier la problématique du danger telle qu'elle se manifeste dans les systèmes complexes et dans les réseaux de sous-systèmes technologiques, documentaires, sociaux et humains, nous avons:

- questionné les fondements du régime de SST et des pratiques qui ont cours dans ce domaine;
- porté un regard critique sur la situation des lésions graves résultant de l'activité professionnelle pour, enfin;
- proposé une problématique *ergocindynique* de ces lésions.

Cet exercice nous a permis de constater que notre société n'a pas réglé le problème des lésions dues à l'exposition professionnelle et que les moyens mis en œuvre par l'État, les entreprises et les professionnels pour sauvegarder et promouvoir les valeurs inaliénables et inviolables que sont la vie, la santé, la sécurité et la vitalité des travailleuses et des travailleurs, donnent des résultats mitigés:

- en matière de lésions accidentelles, les moyens connus, disponibles et accessibles pour prévenir ces lésions ne sont pas systématiquement mis en œuvre; de même, les causes de ces lésions qui sont inhérentes à la conception des systèmes et à la culture des personnes, des organisations et du management, ne sont qu'occasionnellement considérées par les praticiens. Il en résulte que des blessures graves et mortelles évitables continuent de se produire et à d'affliger des milliers de personnes;

- en matière de maladies professionnelles, la crédibilité du système de reconnaissance de ces maladies par la CSST est mise en doute par des études épidémiologiques reconnues dans le monde. Sur la base de ces études, nous n'avons pas le choix, il nous faut affirmer que la situation est catastrophique: seulement une très faible proportion des milliers de cas de maladies et de décès dus à l'exposition professionnelle est reconnue. Il en résulte que les entreprises n'ayant pas à assumer cette reconnaissance, non plus que les coûts d'imputabilité s'y rapportant, n'investissent pas suffisamment dans la prévention de ces maladies. Ce sont les malades qui, directement ou à travers leur assurance ainsi que les régimes publics d'assurances et de soins de santé, assument ces coûts, comme s'il s'agissait de problèmes biologiques ou autres indépendants des entreprises et des systèmes de production;
- en matière de troubles de santé mentale liés au travail, le phénomène est à ce point considérable que les spécialistes n'hésitent pas à parler de pandémie à l'échelle occidentale. Le fait que la CSST est appelée à ne reconnaître qu'un nombre relativement minime de ces troubles laisse à penser que le travail, les conditions et l'organisation du travail, ne sont qu'un facteur tout compte fait négligeable dans la survenue de ces problèmes. En effet, la presque totalité des congés de maladies dus à des troubles de santé mentale sont indemnisés par l'entremise des assurances privées, par l'assurance publique ou par les personnes concernées elles-mêmes. Il en résulte que le syndrome de la performance extrême est considéré comme une problématique individuelle, une défaillance humaine indépendante des entreprises. Ici encore, le principe d'imputabilité et l'incitation à la prévention sont largement niés. La prise en charge partielle et non systématique des coûts d'assurance de ce nouveau type de risques se fait à la faveur d'une privatisation en douce de l'assurance de ce risque professionnel.

Tous ces problèmes de santé et de sécurité du travail apparaissent au grand jour sans que personne ne conteste les valeurs et les finalités affirmées par le cadre légal et normatif mis en place pour en assurer la sauvegarde. Le problème fondamental que nous avons tenté d'élucider un tant soit peu par cet ouvrage se situe donc ailleurs.

Le problème se situe dans la profonde incompatibilité qui existe entre, d'une part, la nature complexe et systémique des enjeux inhérents à la déclaration et à la reconnaissance des lésions professionnelles et, d'autre part, le modèle médico-légal de gestion des lésions professionnelles, depuis l'identification des signes et symptômes jusqu'à l'indemnisation des victimes.

Ayant été vécue dans un contexte historique de rapport de force, d'une inégalité parfois odieuse entre les pouvoirs politico-économiques d'un côté, les blessés et les malades seuls ou aidés de leur syndicat de l'autre côté, l'incompatibilité entre les enjeux et les modèles d'action s'est traduite par un processus de relativisation et parfois de négation effective des valeurs et des finalités du régime légal. Ne dit-on pas qu'une loi ne vaut que la volonté politique de l'interpréter rigoureusement et de la mettre en œuvre intégralement?

Ce processus a eu pour effet de fausser, voire de dénaturer les enjeux, de détourner le système de sa mission. C'est ainsi que la sauvegarde et la promotion de la santé, de la sécurité, du bien-être et de la vitalité des travailleuses et des travailleurs, qui constituent la première raison d'être du cadre légal, se trouvent supplantées par des enjeux secondaires :

- pour les entreprises, il s'agit d'éviter de reconnaître toute responsabilité porteuse de culpabilité pouvant ternir leur réputation de bon citoyen corporatif et de surcroît susceptible d'entraîner de lourdes obligations financières ;
- pour les dirigeants les plus en vue des institutions, il s'agit de sauvegarder leur image de bons gestionnaires soucieux de l'équilibre financier du régime, du maintien de la paix sociale et de l'apparence de rigueur et de justice qu'exige la fonction de représentant de l'État.

Devant cette situation, les dirigeants de la société québécoise, en particulier ceux du gouvernement et des institutions directement concernées, ont le choix : guerroyer contre les critiques pour les anéantir par la force, fuir dans la négation active des faits pour éviter d'assumer toute responsabilité, apprendre de l'expérience et faire les réformes qui s'imposent. Voilà les trois réactions typiques de tout humain face à un état de crise systémique.

La société québécoise doit reconnaître deux choses :

- le système qu'elle a mis en place pour sauvegarder et promouvoir la santé, la sécurité et la vitalité des travailleuses et des travailleurs ne parvient que dans les cas simples, à faire le lien étiologique entre le travail, les conditions de travail, l'organisation du travail, le système de production dans son ensemble d'une part, les troubles de santé, de sécurité et de vitalité qui en découlent, d'autre part ;
- le principe d'imputabilité des coûts financiers sur lequel reposent à la fois la règle d'assumation de la responsabilité du tort fait à autrui et l'incitation à la prévention qui en découle, ce principe est faussé en faveur d'un chargement des coûts aux assurances gouvernementales ou privées et aux individus eux-mêmes.

En reconnaissant ces deux faits d'une importance capitale, la société québécoise se trouve à reconnaître qu'elle est en crise, dans une certaine mesure. Dès lors, il lui faut, à l'instar de la problématique systémique à l'origine de cette crise, rechercher des solutions profondes et également systémiques.

S'il est vrai qu'en matière de maladies professionnelles et de troubles de santé mentale, le simplisme et la recherche de performances extrêmes nous ont entraînés dans un cul de sac d'une ampleur catastrophique, il est tout aussi vrai qu'il n'existe pas de solution facile pour en sortir. Si les solutions pouvaient être simples, il y a longtemps qu'elles seraient en application. Mais voilà, c'est justement parce que la société s'en est remise à des solutions simplistes, répondant à des enjeux locaux et à courtes échéances, que les problèmes n'ont pas cessé de grandir et de se compliquer.

Le temps est venu de penser à des solutions d'ensemble, applicables dans les divers pays concernés, des solutions de type systémique et global, des solutions touchant les fondements mêmes des régimes de santé et de sécurité du travail dans le monde, des solutions inspirées de l'épistémologie de la complexité inhérente à la science du danger.

Dans le cas des troubles d'ordre psychologique, il peut sembler prématuré, voire prétentieux, de parler de solutions profondes et systémiques tant le phénomène est récent et, tout compte fait assez peu documenté. Cependant, la vitesse avec laquelle se développent les problèmes et la gravité des conséquences qu'ils entraînent pour des dizaines de milliers de personnes, voire des millions à l'échelle du monde occidental, nous poussent à penser qu'il faut agir rapidement, avant que l'angoisse ne se transforme en impuissance.

Voici donc, sans prétention, l'énoncé de ce qui nous apparaît le plus urgent à réaliser dans l'ébauche d'un programme de travail :

- notre société ne peut plus tolérer le soupçon d'irresponsabilité et de négligence que fait peser sur elle le questionnement plusieurs fois répété par les scientifiques occidentaux quant à l'existence de conditions de travail affectant la santé, la sécurité et la vitalité des travailleuses et des travailleurs. Pour sortir de l'ignorance chronique et malsaine qui caractérise le rapport au danger inhérent à l'activité de travail, nous devons faire l'état des lieux des troubles et maladies physiques et psychologiques dont l'origine est soupçonnée être entièrement ou partiellement professionnelle, sur la base de connaissances scientifiques ;
- pour préciser les enjeux et articuler une problématique à une échelle correspondant aux fondements économiques, sociaux et politiques de ce problème de société, nous devons tenir une série de forums d'envergure internationale sur les grandes questions de fond : l'imputabilité, les législations, l'efficience des régimes d'indemnisation, la recherche d'un modèle plus universel de gestion sociale du risque professionnel, la déresponsabilisation inhérente à la privatisation graduelle du système d'indemnisation, les moyens d'inciter les entreprises à la prévention, l'amélioration des moyens de prévention et de promotion, etc. ;
- pour sortir de l'éparpillement des connaissances et des interventions et pour pallier à l'absence d'une vision intégrative de la problématique des lésions professionnelles, pour sortir de l'ignorance propice aux préjugés sociaux et individuels, nous devons favoriser la création de l'*ergocindynique* en tant que champ professionnel intégrateur, en lien avec les disciplines scientifiques spécialisées œuvrant dans le domaine.

Il y a plus d'un siècle, il a fallu des révoltes et des scandales pour que les gouvernements des pays occidentaux décident de contraindre, par législation, les entreprises industrielles à appliquer les connaissances acquises à leur époque en matière de prévention des lésions professionnelles.

Pour provoquer la création des sciences du danger durant le dernier quart du XXe siècle, il a fallu que des catastrophes technologiques majeures se multiplient jusqu'à devenir une source d'angoisse collective. Nous assistons actuellement à un phénomène comparable en ce qui a trait à la reconnaissance des malaises, des troubles et des maladies professionnelles ; allons-nous attendre qu'il y ait des révoltes et des émeutes avant d'agir ?

Notes personnelles...

Notes personnelles...

Notes personnelles...

Dans la même collection

Évaluation des atmosphères explosives et toxiques
par Michel Legris, Brigitte Roberge et Pierrot Pépin

Le Cadenassage : Une question de survie
par Alain Daoust

Le coffre à outils... de la prévention des accidents en milieu de travail
par Michel Pérusse

Le métier de préventionniste : entre l'arbre et l'écorce
Par Jean-Pierre Brun, Claude D. Loiselle, Geneviève Gauthier et Clermont Bégin

ÉDITÉ PAR : LE GROUPE DE COMMUNICATION SANSECTRA INC. ET IMPACT DIVISION DES ÉDITIONS HÉRITAGE INC. RECOMMANDÉ PAR LE MAGAZINE TRAVAIL ET SANTÉ

POUR PLUS D'INFORMATION: www.travailetsante.net

EN VENTE DANS TOUTES LES BONNES LIBRAIRIES